ERGEBNISSE DER MATHEMATIK
UND IHRER GRENZGEBIETE

UNTER MITWIRKUNG DER SCHRIFTLEITUNG DES
„ZENTRALBLATT FÜR MATHEMATIK"

HERAUSGEGEBEN VON

NEUE FOLGE · HEFT 22

THEORIE UND ANWENDUNG DER DIREKTEN METHODE VON LJAPUNOV

VON

WOLFGANG HAHN

SPRINGER-VERLAG
BERLIN · GÖTTINGEN · HEIDELBERG
1959

ISBN 978-3-642-52770-8 ISBN 978-3-642-52769-2 (eBook)
DOI 10.1007/978-3-642-52769-2

BRÜHLSCHE UNIVERSITÄTSDRUCKEREI GIESSEN

Vorwort

Die grundlegende Arbeit von A. M. LJAPUNOV (1857 bis 1918) über die Stabilität der Bewegung, die 1892 in russischer Sprache, 1907 in französischer Übersetzung[1] erschien, hat ursprünglich nur wenig Beachtung gefunden und war lange Zeit hindurch nahezu vergessen. Erst vor etwa 25 Jahren wurden diese Untersuchungen von einigen sowjetischen Mathematikern wieder aufgegriffen. Man bemerkte dabei, daß sich die Ljapunovschen Ansätze zur Bewältigung konkreter Probleme der Physik und Technik eigneten, und seitdem befaßt man sich, wie die wachsende Zahl der Veröffentlichungen erkennen läßt, in steigendem Maße mit der von LJAPUNOV begründeten Stabilitätstheorie. Vor allem gilt das für die sogenannte *zweite oder direkte Methode.* LJAPUNOV hat sie eigentlich nur zur Ableitung von Stabilitätskriterien der theoretischen Mechanik benutzt. Jetzt verwendet man sie einerseits bei praktischen Aufgaben aus dem Bereich der mechanischen und elektrischen Schwingungen, insbesondere in der Regelungstechnik; andererseits hat man erkannt, daß die direkte Methode als leitendes Prinzip einer allgemeinen Stabilitätstheorie dienen kann, die erheblich mehr umfaßt als die bei gewöhnlichen Differentialgleichungen auftretenden Probleme.

Die Theorie der direkten Methode ist in den letzten Jahren sehr gefördert und zu einem gewissen Abschluß gebracht worden. Sie kann daher jetzt in einem zusammenfassenden Ergebnisbericht dargestellt werden. Eine Übersicht, die diese Dinge einem größeren Kreise näherbringen kann, erscheint um so mehr angezeigt, als fast die gesamte Literatur in russischer Sprache und an teilweise schwer zugänglichen Stellen erschienen ist[2].

In dem nachstehenden Bericht habe ich solche Arbeiten berücksichtigt, die sich überhaupt mit der direkten Methode beschäftigen, sei es, daß sie die Theorie weiterführen oder die Methode lediglich als Hilfsmittel benutzen. Ich habe mich dabei bemüht, die einschlägigen Veröffentlichungen bis einschließlich 1957 möglichst vollständig zu erfassen. Mit Rücksicht darauf, daß deren überwiegende Mehrzahl der Ableitung

---

[1] Vgl. LJAPUNOV [1] im Literaturverzeichnis.

[2] Von Büchern, die außerhalb der UdSSR erschienen sind, widmen nur das Handbuch von SANSONE und CONTI [1] sowie das Lehrbuch von LEFSCHETZ [1] der Ljapunovschen Methode ein Kapitel. In deutscher Übersetzung zugänglich ist das hervorragende Lehrbuch der Stabilitätstheorie von MALKIN [19].

und Anwendung von Stabilitätskriterien bei gewöhnlichen Differentialgleichungen gewidmet ist, habe ich die Stabilitätstheorie der gewöhnlichen Differentialgleichungen im Euklidischen Phasenraum in den Vordergrund gestellt und soweit entwickelt, wie man mit der direkten Methode kommen kann. Auf die von den sowjetischen Autoren als „qualitativ" bezeichneten topologischen Verfahren[1] sowie auf andere Methoden zur Stabilitätsuntersuchung, z. B. den von PERRON [1, 4] u. a. entwickelten, bin ich, von gelegentlichen Hinweisen abgesehen, nicht eingegangen.

Der Stoff ist in folgender Weise gegliedert. Die beiden ersten Kapitel enthalten den elementaren Teil der Theorie, dessen Kenntnis für die Anwendungen notwendig und im wesentlichen auch hinreichend ist. An Vorkenntnissen werden dabei nur die Anfangsgründe der Theorie der Differentialgleichungen und der Matrizenrechnung vorausgesetzt. In diesen Kapiteln sind die Haupttatsachen vollständig begründet, Nebenergebnisse und Erweiterungen in die „Bemerkungen" verwiesen. Die Anwendungen im engeren Sinne, vor allem auf technische Probleme, finden sich im Kapitel III im Zusammenhang behandelt. Ich glaube, auf diese Weise der Bedeutung dieser Fragen und der einzelnen Arbeiten eher gerecht zu werden, als bei der Einordnung der Ergebnisse nach streng systematischen Gesichtspunkten. In den Kapiteln IV bis VII wird die Theorie weiter ausgebaut. Einzelne Paragraphen (26, 28, 32, 33) sind auch hier für die Anwendungen wichtig. Das abschließende Kapitel VIII zeigt, daß die direkte Methode nicht auf Differentialgleichungen beschränkt ist, sondern daß man mit ihrer Hilfe eine wesentlich allgemeinere Stabilitätstheorie aufbauen kann. Es erfordert etwas weitergehende Vorkenntnisse; doch sind die notwendigen Verallgemeinerungen der grundlegenden Definitionen und Sätze aus den früheren Kapiteln bereits durch deren Formulierung vorbereitet. Bei den Ergebnissen und gelegentlich auch bei den Beweisen habe ich angemerkt, an welcher Stelle die erste Veröffentlichung stattgefunden hat. Es liegt auf der Hand, daß das nicht in jedem Fall mit völliger Sicherheit geschehen kann. Besonders wichtige Definitionen und Sätze sind durch Kursivdruck betont. Die derart gekennzeichneten Fassungen sind aber nicht immer diejenigen, die die größte Allgemeinheit aufweisen.

Auf die Darstellungen aus zweiter Hand bin ich nicht besonders eingegangen. Sie sind im Schriftenverzeichnis aufgeführt. Einen besonderen Hinweis verdient aber die bisher einzige Monographie über die direkte Methode, das vor kurzem erschienene Buch von ZUBOV [6]. Der Verfasser gelangt dabei, vom Begriff des dynamischen Systems (vgl. § 20) ausgehend und unter Verwendung eines von ihm selbst entwickelten

[1] Vgl. z. B. EL'SGOL'C [1], NEMYCKIJ und STEPANOV [1].

Konstruktionsverfahrens (§ 21), zu einer sehr eleganten Herleitung der Hauptergebnisse der Theorie. Seine Darstellung zielt auf möglichste Allgemeinheit und — trotz des Titels — nicht auf Anwendungen etwa im Sinne des oben genannten Kapitels III.

Der vorliegende Bericht ist auf Grund einer Anregung von Herrn Prof. Dr. F. K. SCHMIDT entstanden, dem ich dafür an dieser Stelle meinen besten Dank ausspreche.

Mein Dank gilt ferner den Herren Dr. ANDRÉ, Dr. HORNFECK und Dr. TIETZ für die Mithilfe beim Lesen der Korrekturen sowie ihre wertvollen Bemerkungen und nicht zuletzt auch dem Verlage für die bereitwillige und schnelle Durchführung der Verlagsaufgaben.

Braunschweig, am 27. April 1958

W. HAHN

Inhaltsverzeichnis

Kapitel I

Die Grundbegriffe

§ 1. Bezeichnungen

a) Die Begriffe „stabil" und „instabil" entstammen der Mechanik und sind ursprünglich Kennzeichnungen der Gleichgewichtslage eines starren Körpers. Die Gleichgewichtslage heißt stabil, wenn der Körper nach jeder hinreichend kleinen Verschiebung wieder die Ausgangslage annimmt. In ähnlicher Weise nennt man eine Bewegung stabil, wenn sie gegen kleine Störungen und Veränderungen der Ausgangsgrößen und der Parameter sozusagen unempfindlich ist. Eine Bewegung ist dabei im einfachsten Fall die zeitliche Veränderung eines Punktes, allgemeiner der Inbegriff der Bestimmungsgrößen (der Lagrangeschen Koordinaten) eines gegebenen physikalischen Systems in Abhängigkeit von der Zeit. Man kann die Bewegung auch als Bahn eines Punktes in einem Raum von genügend hoher Dimensionszahl deuten und erhält damit eine Möglichkeit, den Begriff der Bewegung ohne Bezugnahme auf physikalische Anschauung zu erklären.

Eine exakte Fassung des oben anschaulich beschriebenen Begriffs der Stabilität einer Bewegung, der natürlich die Stabilität der Gleichgewichtslage als Spezialfall umfassen muß, ist auf verschiedene Weise möglich (vgl. dazu Moisseev [5]). Als besonders zweckmäßig hat sich die von Ljapunov [1] gegebene Definition (vgl. § 2) erwiesen, mit der sich der vorliegende Bericht vornehmlich beschäftigt.

b) Wir bezeichnen die Punkte des reellen n-dimensionalen Euklidischen Raumes durch ihre Koordinaten $x_1, \ldots, x_n$. Für das Wertesystem $\{x_1, \ldots, x_n\}$ wird das Symbol $\mathfrak{x}$ gebraucht, das als n-reihiger Spaltenvektor zu behandeln ist; der dazugehörige Zeilenvektor sei $\mathfrak{x}^T$. Analog werden andere kleine Frakturbuchstaben $\mathfrak{y}, \mathfrak{z}, \mathfrak{a}, \ldots$ für n-reihige Spaltenvektoren verwandt. Treten mehrere Vektoren $\mathfrak{x}_1, \mathfrak{x}_2, \ldots$ auf, so hat $\mathfrak{x}_j$ die Komponenten $x_{1j}, \ldots, x_{nj}$.

Der Betrag des Vektors $\mathfrak{x}$ ist wie üblich die Größe

$$|\mathfrak{x}| = \sqrt{x_1^2 + \cdots + x_n^2} = \sqrt{\mathfrak{x}^T \mathfrak{x}}\,. \tag{1.1}$$

Neben dem n-dimensionalen $\mathfrak{x}$-Raum, der auch als *Phasenraum* (PR) bezeichnet wird, verwenden wir den $(n+1)$-dimensionalen Raum der Größen $x_1, \ldots, x_n, t$, den *Bewegungsraum* (BR).

c) Die Schreibweise $\mathfrak{x} = \mathfrak{x}(t)$ deutet an, daß die Komponenten x_i von $\mathfrak{x}$ Funktionen von t sind. Sind diese Funktionen stetig, so durchläuft der Punkt $(\mathfrak{x}(t), t)$ des BR für $t_1 \leqq t \leqq t_2$ ein Kurvenstück; es bildet ein Stück der zu $\mathfrak{x}(t)$ gehörenden *Bewegung*. Die t-Achse ist eine spezielle Bewegung, sie gehört zu dem *Nullvektor* $\mathfrak{x}(t) \equiv \mathfrak{o}$ mit den Komponenten $(0, \ldots, 0)$.

Die Projektion einer Bewegung auf den PR heißt die zu der Bewegung gehörende *Phasenkurve* oder *Phasentrajektorie*. Die Größe t spielt dabei die Rolle eines Kurvenparameters. Wenn $\mathfrak{x}(t)$ für alle $t \geqq t_0$ bzw. $t \leqq t_0$ erklärt ist, so entspricht diesem einseitig unendlichen Parameterintervall ein *Ast der Bewegung*, auch *Halbtrajektorie* genannt.

d) Skalare Funktionen werden durch kleine lateinische, bisweilen durch kleine griechische Buchstaben bezeichnet. Für die Funktionen $f(x_1, \ldots, x_n)$ oder $f(x_1, \ldots, x_n, t)$, die in Bereichen des PR bzw. BR erklärt sind, steht zur Abkürzung $f(\mathfrak{x})$ bzw. $f(\mathfrak{x}, t)$. Mehrere solche Funktionen $f_1(\mathfrak{x}, t), f_2(\mathfrak{x}, t), \ldots$ können zu einem Spaltenvektor $\mathfrak{f}(\mathfrak{x}, t)$ zusammengefaßt werden.

Große lateinische Buchstaben bedeuten Matrizen, abgesehen von der in e, f gleich zu nennenden Ausnahme. A^T ist die Transponierte zur Matrix A, A^I ihre Inverse, I die Einheitsmatrix. Große Frakturbuchstaben sind Punktmengen vorbehalten. Das Wort *Bereich* wird nachstehend in allgemeinerer Bedeutung, beispielsweise auch für abgeschlossene Punktmengen, verwandt.

e) Wenn die Funktion $f(\mathfrak{x}, t)$ in jedem Punkte eines Bereiches $\mathfrak{B}$ eine Lipschitzbedingung erfüllt, d. h., wenn in einer gewissen Umgebung des Punktes $(\mathfrak{x}, t)$ eine Ungleichung der Gestalt

$$|f(\mathfrak{x}_1, t) - f(\mathfrak{x}_2, t)| \leqq m\, |\mathfrak{x}_1 - \mathfrak{x}_2|$$

mit einer von $\mathfrak{x}_i$ und t unabhängigen Konstanten m besteht, so sagen wir, sie gehöre in $\mathfrak{B}$ zur Klasse C_0 ($f \in C_0$); hat f stetige partielle Ableitungen nach den x_i bis zur r-ten Ordnung, so „gehört f zur Klasse C_r." Gibt es in $\mathfrak{B}$ eine einheitliche Lipschitzkonstante m oder sind die partiellen Ableitungen gleichmäßig beschränkt, so sei $f \in \overline{C}_0$ bzw. $f \in \overline{C}_r$. C_ω ist die Klasse der reell-analytischen Funktionen.

Die Aussage „$\varphi(r)$ gehört zur Klasse K" heißt, daß $\varphi(r)$ eine im abgeschlossenen Intervall $0 \leqq r \leqq h$ erklärte stetige reelle Funktion ist, die für $r = 0$ verschwindet und mit r streng monoton wächst.

f) Die Vektordifferentialgleichung

$$\frac{d\mathfrak{x}}{dt} = \dot{\mathfrak{x}} = \mathfrak{f}(\mathfrak{x}, t) \tag{1.2}$$

ersetzt ein System von n skalaren Differentialgleichungen (Dgl.n) erster Ordnung und ist bisweilen einer einzigen skalaren Dgl. der Ordnung n

äquivalent. Im folgenden wird zwischen skalaren und vektoriellen Dgl.n im allgemeinen nicht unterschieden.

Wenn die rechte Seite von (1.2) stetig und so beschaffen ist, daß die Existenz und Eindeutigkeit der Lösung und ihre stetige Abhängigkeit von den *Anfangsgrößen* gesichert ist, so soll $\mathfrak{f}$ *zur Klasse E gehören* ($\mathfrak{f} \in E$). Die Anfangsgrößen sind der *Anfangspunkt* t_0 (es soll grundsätzlich $t_0 \geqq 0$ sein) und der *Anfangswert* $\mathfrak{x}_0$. Wenn $\mathfrak{f} \in E$ ist, so bedeute $\mathfrak{p}\,(t, \mathfrak{x}_0, t_0)$ diejenige wohlbestimmte Lösung, die für $t = t_0$ den Wert $\mathfrak{x}_0$ annimmt: $\mathfrak{p}\,(t_0, \mathfrak{x}_0, t_0) = \mathfrak{x}_0$. Eine konstante Lösung $\mathfrak{p}\,(t, \mathfrak{x}_0, t_0) = \mathfrak{x}_0$ bezeichnet man auch als *Gleichgewichtslage* oder singuläre Stelle der Dgl.; ist $\mathfrak{x}_0$ in einer Umgebung von $\mathfrak{x}_0$ die einzige konstante Lösung, so heißt sie *isoliert*.

Wenn die rechte Seite von (1.2) von t unabhängig bzw. in t periodisch ist, so heißt die Gleichung *autonom* bzw. *periodisch*. Lineare Dgl.n werden in der Matrizensymbolik geschrieben:

$$\dot{\mathfrak{x}} = A\,(t)\,\mathfrak{x}\,. \tag{1.3}$$

g) Unter den skalaren Funktionen spielen die sogenannten *Ljapunovschen Funktionen* (vgl. Def. 4.1) eine besondere Rolle. Ihnen sind die Buchstaben u, v, w vorbehalten. Sie sind meist in einer sphärischen Umgebung

$$\mathfrak{K}_h : |\mathfrak{x}| \leqq h \tag{1.4}$$

des Nullpunktes des PR oder in einer halbzylinderartigen Umgebung

$$\mathfrak{K}_{h,\,t_0} : |\mathfrak{x}| \leqq h\,,\; t \geqq t_0 \tag{1.5}$$

der t-Achse des BR erklärt. Von diesen Funktionen wird vorausgesetzt, daß sie stetig sind und stetige partielle Ableitungen nach allen Argumenten besitzen, ohne daß das immer besonders gesagt wird. Die Buchstaben $\mathfrak{K}_h$ und $\mathfrak{K}_{h,\,t_0}$ treten nachstehend immer in der durch (1.4) und (1.5) gegebenen Bedeutung auf. Die Zahl t_0 ist eine feste, nichtnegative und gegebenenfalls „hinreichend große" Zahl. Zur näheren Kennzeichnung der Ljapunovschen Funktionen benötigt man einige Definitionen.

Definition 1.1. Eine Funktion $v\,(\mathfrak{x})$ heißt *positiv (negativ) semidefinit*, wenn $v\,(\mathfrak{o}) = 0$ und in einer Umgebung $\mathfrak{K}_h$ des Nullpunkts stets $v\,(\mathfrak{x}) \geqq 0$ ($\leqq 0$) ist. Der Fall, daß v identisch verschwindet, ist darin mit eingeschlossen. Ist $v\,(\mathfrak{o}) = 0$ und $v\,(\mathfrak{x}) > 0$ (< 0) für $\mathfrak{x} \neq \mathfrak{o}$, so heißt die Funktion *positiv (negativ) definit*.

Definition 1.2. Eine in einem Bereich $\mathfrak{K}_{h,\,t_0}$ des BR erklärte Funktion $v\,(\mathfrak{x}, t)$ heißt *positiv (negativ) semidefinit*, wenn $v\,(\mathfrak{o}, t) = 0$ ($t \geqq t_0$) und bei passend gewähltem $h_1 \leqq h$ stets $v\,(\mathfrak{x}, t) \geqq 0$ ($v \leqq 0$) in $\mathfrak{K}_{h_1,\,t_0}$ ist. Die Funktion $v\,(\mathfrak{x}, t)$ heißt *positiv (negativ) definit*, wenn $v\,(\mathfrak{o}, t) = 0$ ist und wenn es eine im Bereich $\mathfrak{K}_{h_1}$ ($h_1 \leqq h$) des PR erklärte, positiv definite

Funktion $w(\mathfrak{x})$ derart gibt, daß

$$v(\mathfrak{x}, t) \geqq w(\mathfrak{x}) \quad (\text{bzw.} \leqq -w(\mathfrak{x})) \tag{1.6}$$

gilt.

Beispiel. $v(\mathfrak{x}, t) = \frac{1}{1+t}(x_1^2 + x_2^2)$ ist nicht definit, wohl aber die Funktion $\left(1 + \frac{1}{1+t}\right)(x_1^2 + x_2^2)$.

Definition 1.3. Eine im Halbraum $t \geqq t_0$ erklärte Funktion $v(\mathfrak{x}, t)$ heißt *radial unbeschränkt*, wenn sich zu jedem $\alpha > 0$ ein $\beta > 0$ so angeben läßt, daß $v(\mathfrak{x}, t) > \alpha$ wird, wenn $|\mathfrak{x}| > \beta$ ist, und zwar für alle $t \geqq t_0$[1].

Definition 1.4. Eine Funktion $v(\mathfrak{x}, t)$ heißt *dekreszent*[2], wenn

$$\lim v(\mathfrak{x}, t) = 0 \quad \text{für} \quad |\mathfrak{x}| \to 0$$

gleichmäßig in t gilt. Das ist gleichbedeutend mit der Existenz einer von t unabhängigen positiv definiten Funktion $u(\mathfrak{x})$, die die Ungleichung

$$|v(\mathfrak{x}, t)| \leqq u(\mathfrak{x}) \qquad (|\mathfrak{x}| \leqq h,\ t \geqq t_0) \tag{1.7}$$

befriedigt.

Beispiel. $x_1^2 + t x_2^2$ ist nicht dekreszent, wohl aber $x_1^2 + x_2^2 \sin t$.

h) Wenn man beachtet, daß die hier betrachteten Funktionen $v(\mathfrak{x}, t)$ stetig sind, daß sie also in einem abgeschlossenen Bereich ein Maximum und ein Minimum annehmen, kann man die Definitionen 1.1 bis 1.4 in eine für die Anwendung bequemere Form bringen.

Definition 1.5. *Eine Funktion $v(\mathfrak{x}, t)$ mit $v(\mathfrak{o}, t) = 0$ heißt positiv (negativ) definit, wenn es eine Funktion $\varphi(r)$ der Klasse K derart gibt, daß*

$$v(\mathfrak{x}, t) \geqq \varphi(|\mathfrak{x}|) \quad (\text{bzw.} \leqq -\varphi(|\mathfrak{x}|)) \tag{1.8}$$

in $\mathfrak{K}_{h,t_0}$ gilt.

Definition 1.6. *Eine Funktion $v(\mathfrak{x}, t)$ heißt radial unbeschränkt, wenn die Ungleichung* (1.8) *für beliebig großes h besteht, wobei $\varphi(r)$ mit r über alle Grenzen wächst.*

Definition 1.7. *Eine Funktion $v(\mathfrak{x}, t)$ heißt dekreszent, wenn es eine Funktion $\psi(r)$ der Klasse K derart gibt, daß in $\mathfrak{K}_{h,t_0}$*

$$|v(\mathfrak{x}, t)| \leqq \psi(|\mathfrak{x}|) \tag{1.9}$$

gilt.

Aus den Definitionen folgt sofort

Satz 1.1. Eine Funktion $v(\mathfrak{x})$, die für $\mathfrak{x} = \mathfrak{o}$ verschwindet und dort stetig ist, ist dekreszent.

Satz 1.2. Eine für $\mathfrak{x} = \mathfrak{o}$ verschwindende Funktion $v(\mathfrak{x}, t)$, deren partielle Ableitungen $\frac{\partial v}{\partial x_i}$ in $\mathfrak{K}_{h,t_0}$ beschränkt sind, ist dekreszent.

---

[1] Dieser Begriff ist bei Barbašin und Krasovskij [1] mit der Benennung „v wird unendlich groß" eingeführt worden.

[2] Bei Ljapunov und in vielen an ihn anschließenden Arbeiten wird hierfür der Terminus „v läßt eine unendlich kleine obere Schranke zu" benutzt.

Beweis. Nach dem Mittelwertsatz ist

$$v(\mathfrak{x}, t) = x_1 \frac{\partial v(\delta \mathfrak{x}, t)}{\partial x_1} + \cdots + x_n \frac{\partial v(\delta \mathfrak{x}, t)}{\partial x_n} \quad (0 < \delta < 1),$$

also wegen der Beschränktheit der partiellen Ableitungen

$$|v(\mathfrak{x}, t)| < a(|x_1| + \cdots + |x_n|).$$

Satz 1.3. Eine Funktion $v(\mathfrak{x}, t)$, die in einem Bereich $\mathfrak{K}_{h, t_0}$ eine nach Potenzen der x_i fortschreitende Reihenentwicklung ohne konstantes Glied mit in t gleichmäßig beschränkten Koeffizienten besitzt, ist dekreszent.

i) Es sei $v(\mathfrak{x}, t)$ und die Dgl. (1.2) vorgelegt. Setzt man für $\mathfrak{x}$ in v eine bestimmte Lösung $\mathfrak{p}(t, \mathfrak{x}_0, t_0)$ der Dgl. ein, so ist v längs der durch diese Lösung erklärten Bewegung eine Funktion von t allein, die wir einfach mit $v(t)$ bezeichnen wollen. Ihre Ableitung nach t ist die totale Ableitung von $v(\mathfrak{x}, t)$ nach t, d. h. die Bildung

$$\dot{v} = \frac{\partial v}{\partial x_1} f_1(\mathfrak{x}, t) + \cdots + \frac{\partial v}{\partial x_n} f_n(\mathfrak{x}, t) + \frac{\partial v}{\partial t}. \tag{1.10}$$

Sie heißt die *Ableitung von v für die Gleichung* (1.2). Gelegentlich empfiehlt es sich, unter Bezugnahme auf die jeweils in Rede stehende Dgl. dafür noch deutlicher $\dot{v}_{(1,2)}$ zu schreiben. In Fällen, in denen die totale Ableitung nicht existiert, soll (1.10) durch

$$\limsup_{\Delta t \to 0+} \frac{v(\mathfrak{x}(t+\Delta t), t+\Delta t) - v(\mathfrak{x}(t), t)}{\Delta t} \tag{1.11}$$

ersetzt werden.

§ 2. Der Begriff der Stabilität nach Ljapunov

Die Komponenten $y_i(t)$ einer Bewegung $\mathfrak{y}(t)$ mögen stetig von gewissen Parameter $a_1, a_2, \ldots$ abhängen. Eine Konstellation der Parameter sei mit dem Symbol $\mathfrak{a}$ bezeichnet; sie definiert einen Punkt im Raume der Parameter. Es sei $\mathfrak{a}_0$ ein fester Punkt im Parameterraum, und der variable Punkt $\mathfrak{a}$ gehöre einer Umgebung $\mathfrak{U}$ von $\mathfrak{a}_0$ an; $\mathfrak{y}(t, \mathfrak{a}_0)$ und $\mathfrak{y}(t, \mathfrak{a})$ seien die dazu gehörenden Bewegungen, und zwar heiße $\mathfrak{y}(t, \mathfrak{a}_0)$ die *ungestörte Bewegung*, während die Nachbarbewegungen $\mathfrak{y}(t, \mathfrak{a})$ die *gestörten Bewegungen* sind. Nach LJAPUNOV definiert man:

Definition 2.1. *Die ungestörte Bewegung $\mathfrak{y}(t, \mathfrak{a})$ heißt stabil (in bezug auf die Parametermenge $\mathfrak{U}$ und den Anfangspunkt t_0), wenn sich zu jedem* $\varepsilon > 0$ ein $\delta > 0$ *derart angeben läßt, daß aus der Ungleichung*

$$|\mathfrak{y}(t_0, \mathfrak{a}_0) - \mathfrak{y}(t_0, \mathfrak{a})| < \delta \tag{2.1}$$

die Ungleichung

$$|\mathfrak{y}(t, \mathfrak{a}_0) - \mathfrak{y}(t, \mathfrak{a})| < \varepsilon \qquad (t \geqq t_0) \tag{2.2}$$

folgt.

Die Zahl δ hängt natürlich von ε, im allgemeinen aber auch von t_0 ab.

Definition 2.2. *Ist die ungestörte Bewegung stabil und ist sogar für alle* $\mathfrak{a}$ *aus einer gewissen Umgebung* $\mathfrak{U}_0 \subseteq \mathfrak{U}$ *von* $\mathfrak{a}_0$

$$\lim (\mathfrak{y}(t, \mathfrak{a}_0) - \mathfrak{y}(t, \mathfrak{a})) = \mathfrak{o} \qquad (t \to \infty), \tag{2.3}$$

so heißt die ungestörte Bewegung asymptotisch stabil (as. st.). Eine Bewegung, die stabil, aber nicht as. st. ist, wird im folgenden auch *schwach stabil* genannt.

Definition 2.3. *Ist die ungestörte Bewegung nicht stabil, so heißt sie instabil.* Es gibt dann ein festes $\varepsilon > 0$ mit folgender Eigenschaft: Zu jedem beliebig kleinen $\delta > 0$ existiert eine Folge von Zahlen $t_1, t_2, \ldots \to \infty$ und mindestens eine spezielle Bewegung $\mathfrak{y}(t, \mathfrak{a}_1)$ derart, daß

$$|\mathfrak{y}(t_n, \mathfrak{a}_0) - \mathfrak{y}(t_n, \mathfrak{a}_1)| \geqq \varepsilon$$

wird, obwohl

$$|\mathfrak{y}(t_0, \mathfrak{a}_0) - \mathfrak{y}(t_0, \mathfrak{a}_1)| < \delta$$

ist.

Beispiele. Jede Bewegung der Schar $y = a \sin t$ $(-\infty < a < +\infty)$ ist schwach stabil, sofern $t_0 \neq k\pi$ (k ganzzahlig) gewählt wird. Für $t_0 = k\pi$ liegt Instabilität vor. Jede Bewegung der Schar $y = a\, e^{-t} \sin t$ ist as. st.

Jede Bewegung der Schar $y = \sin \omega t$ $(-\infty < \omega < +\infty)$ ist zwar beschränkt, aber instabil.

Die Bewegungen der Schar $y = e^{-\alpha t} \cos \omega t$, die zum Parameterbereich $-\infty < \omega < +\infty$; $\alpha > 0$ gehören, sind as. st.; für $\alpha \leqq 0$ ist jede Bewegung instabil.

Die Disjunktion stabil — instabil tritt beim Studium realer Bewegungen gegenüber der Unterscheidung „asymptotisch stabil" und „instabil" in den Hintergrund. Die schwache Stabilität ist ein verhältnismäßig „seltener" Sonderfall. Die meisten Scharen enthalten zwar as. st. und instabile, aber keine schwach stabilen Bewegungen. Die Stabilitätstheorie beschäftigt sich in erster Linie mit Bewegungen, die durch gewöhnliche Dgl.n definiert sind. Als Parameter dienen die Anfangswerte. Man läßt dann bei der Verwendung des Wortes „stabil" den Zusatz „bezüglich der Anfangswerte" fort. Es sei

$$\dot{\mathfrak{y}} = \mathfrak{f}(\mathfrak{y}, t) \tag{2.4}$$

die zu studierende Dgl., $\mathfrak{v}$ eine ausgezeichnete Lösung, die die ungestörte Bewegung festlegen soll. Für die Größe

$$\mathfrak{x} = \mathfrak{y} - \mathfrak{v} \tag{2.5}$$

erhält man die Dgl.

$$\dot{\mathfrak{x}} = \mathfrak{f}(\mathfrak{x} + \mathfrak{v}, t) - \mathfrak{f}(\mathfrak{v}, t), \tag{2.6}$$

die man die *Differentialgleichung der gestörten Bewegung* nennt. Sie besitzt als Gleichgewichtslage (§ 1, f) die *triviale Lösung* (tr. L.) $\mathfrak{x} = \mathfrak{o}$, die der Ruhelage (RL) entspricht, ist aber oft komplizierter als die ursprüngliche Gl. (2.4).

Die meisten Sätze der St.-Theorie geben Aussagen über St. bzw. Inst. der RL. Im folgenden wird daher grundsätzlich angenommen, daß die zu betrachtenden Dgl.n als ,,Gleichungen der gestörten Bewegung" die tr. L. besitzen, und zwar als *isolierte Gleichgewichtslage.* Ferner werden wir, wenn nicht ausdrücklich etwas anderes gesagt wird, annehmen, daß die rechte Seite der Dgl. in einem gewissen Bereich $\mathfrak{K}_{h,t_0}$ zur Klasse E gehört (§ 1, f). (Gelegentlich lassen sich Dgl.n, deren rechte Seiten diese Bedingung nicht erfüllen, z. B. in der Nähe des Nullpunkts nicht eindeutig sind, durch Einführung neuer Variabler der Theorie zugänglich machen; vgl. dazu DUBOŠIN [1].) Als Variablenbezeichnung benutzen wir nach Möglichkeit den Buchstaben $\mathfrak{x}$ und schreiben daher

$$\dot{\mathfrak{x}} = \mathfrak{f}(\mathfrak{x}, t) \qquad (\mathfrak{f}(\mathfrak{o}, t) = \mathfrak{o}, \mathfrak{f} \in E)\,. \tag{2.7}$$

Den Definitionen 2.1 bis 2.2 entspricht die für die Anwendungen wichtige

Definition 2.4. *Die RL der Dgl.* (2.7) *heißt stabil, wenn sich zu jedem* $\varepsilon > 0$ *ein* $\delta > 0$ *derart finden läßt, daß die Ungleichung*

$$|\mathfrak{x}_0| < \delta \tag{2.8}$$

die Ungleichung

$$|\mathfrak{p}\,(t, \mathfrak{x}_0, t_0)| < \varepsilon \qquad (t \geqq t_0) \tag{2.9}$$

nach sich zieht.

Ist ein $\delta_0 > 0$ *derart vorhanden, daß aus* $|\mathfrak{x}_0| < \delta_0$ *sogar*

$$\lim \mathfrak{p}\,(t, \mathfrak{x}_0, t_0) = \mathfrak{o} \qquad (t \to \infty)$$

folgt, so heißt die RL. as. st.

Es existiert dann zu jedem $\eta > 0$ eine Zahl $\tau = \tau(\eta)$ derart, daß aus $|\mathfrak{x}_0| < \delta_0$ die Ungleichung

$$|\mathfrak{p}\,(t, \mathfrak{x}_0, t_0)| < \eta \qquad (t > t_0 + \tau) \tag{2.10}$$

folgt. Die Zahl τ hängt dabei im allgemeinen auch noch von t_0 und von $\mathfrak{x}_0$ ab (vgl. dazu § 17).

Die Definition 2.4 gestattet folgende anschauliche Deutung. Im BR erklärt (2.9) eine halbzylinderartige Umgebung $\mathfrak{K}_{\varepsilon,t_0}$ der t-Achse und (2.8) eine n-dimensionale Kugel $\mathfrak{K}_\delta$ in der Hyperebene $t = t_0$ um den Punkt $(\mathfrak{o}, t_0)$. Die Bedingung für die St. der RL besagt, daß man das Verbleiben einer Bewegung in $\mathfrak{K}_{\varepsilon,t_0}$ dadurch erreichen kann, daß man die Bewegung für $t = t_0$ durch die Kugel führt. Im Falle der as. St. verbleiben die von der Kugel ausgehenden Bewegungen in einer Umgebung der t-Achse, die sich auf diese zusammenzieht.

Im Falle der as. St. bildet die Gesamtheit aller Punkte $(\mathfrak{x}_0, t_0)$, von denen Bewegungen ausgehen, die der Beziehung (2.10) genügen, den *Einzugsbereich* der RL. Die Abhängigkeit von t_0 ist dabei meist nicht wesentlich (vgl. unten Bem. 1), so daß man für gewöhnlich unter dem

Einzugsbereich nur den Teil des PR versteht, in dessen Punkten abklingende Bewegungen beginnen. Der Einzugsbereich kann auch dadurch gekennzeichnet werden, daß *jede* in ihm beginnende Lösung as. st. ist.

Gilt die Beziehung (2.10) für alle Punkte $\mathfrak{x}_0$, von denen überhaupt Bewegungen ausgehen können, so spricht man von as. St. *im Großen* (AJZERMAN [4], KRASOVSKIJ [7]). Kommen dafür alle Punkte des PR in Frage, so liegt as. St. *im Ganzen* vor (BARBAŠIN und KRASOVSKIJ [1], [2]). Die Unterscheidung der as. St. im Großen von der im Ganzen ist vielfach durch ungenaue Übersetzung der russischen Termini verwischt worden. Sie wird aber beispielsweise dann wichtig, wenn die Gl. (2.7) gar nicht für alle Punkte des PR definiert ist. Die für den weiteren Ausbau der Theorie erforderlichen Verfeinerungen des St.-Begriffes („gleichmäßig" stabil usw.) werden später (§ 17, § 22) behandelt.

Für die Instabilität der RL lautet die Definition 2.3:

Definition 2.5. Es existiere eine Zahl $\varepsilon > 0$ mit folgender Eigenschaft: Zu jedem beliebig kleinen $\delta > 0$ gibt es mindestens ein $\mathfrak{x}_0$ und eine unbegrenzt wachsende Folge von Zahlen τ_n derart, daß

$$|\mathfrak{p}(t_0 + \tau_n, \mathfrak{x}_0, t_0)| \geqq \varepsilon$$

wird, obwohl

$$|\mathfrak{x}_0| < \delta$$

ist. Dann heißt die RL instabil.

Die RL ist instabil, wenn in jeder Umgebung des Nullpunktes Lösungen beginnen, die mit wachsendem t unbegrenzt zunehmen; das ist aber keineswegs notwendig.

Ein Sonderfall der Inst. liegt vor, wenn jede Bewegung von der RL fortstrebt; ihn beschreibt die

Definition 2.6. Die RL heißt *vollständig instabil*, wenn es eine Zahl $\varepsilon > 0$ mit folgender Eigenschaft gibt: *Jede* Bewegung $\mathfrak{p}(t, \mathfrak{x}_0, t_1)$ mit $0 < |\mathfrak{x}_0| < \varepsilon$ und $t_1 \geqq t_0$ erreicht nach endlicher Zeit die Sphäre $|\mathfrak{x}| = \varepsilon$.

Bemerkungen. 1. In den vorstehenden Definitionen erscheint der Anfangspunkt t_0 als Parameter. Die Zahl δ in (2.8) hängt im allgemeinen von diesem Parameter ab. Läßt sich aber für t_0 ein der St.-Forderung entsprechendes $\delta = \delta(\varepsilon, t_0) > 0$ angeben, so existiert ein positives $\delta(\varepsilon, t_1)$ auch für jedes $t_1 > t_0$. Man kann nämlich auf Grund der Voraussetzungen über die rechte Seite der Dgl. (2.7) jede Bewegung von t_1 zu t_0 zurückverfolgen. (Vgl. dazu KAMKE [1], § 16.)

2. Wenn man die an die rechte Seite von (2.7) zu stellenden Anforderungen so abschwächt, daß nur noch die Existenz, nicht aber die Eindeutigkeit der Lösung garantiert ist, so muß man die Definitionen etwas abwandeln. Unter einer „Bewegung" versteht man dann die Vereinigungsmenge aller von $(\mathfrak{x}_0, t_0)$ ausgehenden Lösungskurven und unter dem „Abstand der Bewegung von Nullpunkt" die Größe sup $|\mathfrak{x}(t)|$, wobei

$\mathfrak{x}(t)$ bei festem t alle Punkte der Lösungen $\mathfrak{p}(t, \mathfrak{x}_0, t_0)$, aus denen sich die Bewegung zusammensetzt, durchläuft. (KURZWEIL [3]; vgl. auch § 17.5 und § 35.)

3. Bei St.-Problemen sind die zu studierenden Größen im allgemeinen reell. Die Definitionen bleiben aber auch gültig, wenn die Ausgangsgleichungen (2.4) und (2.7) komplex sind, sofern nur die unabhängige Variable t reell bleibt (VEJVODA [1]). Durch Aufspaltung der Gleichungen in Real- und Imaginärteil kann man den komplexen Fall stets auf den reellen zurückführen.

4. MOISSEEV [2, 4] hat zur genaueren Beschreibung der Verhältnisse bei instabiler RL den Begriff der Stabilitätswahrscheinlichkeit definiert. Er versteht unter einer S-Bewegung eine Lösung von (2.7) derart, daß aus $|\mathfrak{x}_0| < \delta$ für alle $t \geqq t_0$ die Ungleichung

$$|\mathfrak{p}(t, \mathfrak{x}_0, t_0)| < \varphi(\delta) \qquad (t \geqq t_0)$$

folgt; darin ist $\varphi(r)$ irgend eine Funktion der Klasse K (§, 1, e). Es sei $M_S(\delta)$ das Maß der Punkte in der Kugel $|\mathfrak{x}| < \delta$, von denen S-Bewegungen ausgehen; $S(r)$ sei das Maß der Kugel $|\mathfrak{x}| \leqq r$. Dann ist die *Stabilitätswahrscheinlichkeit* der Grenzwert des Quotienten $M_S(\delta)/S(\delta)$ für $\delta \to 0$; er hängt von der Wahl der Funktion $\varphi(\delta)$ ab. STEPANOFF [1] hat einen ähnlichen Begriff nur für autonome Bewegungen definiert: Es sei $E(R, r)$ das Maß der Menge derjenigen Punkte $\mathfrak{x}_0$ aus der Kugel $|\mathfrak{x}| < r$, für die der Ausdruck $\sup |\mathfrak{p}(t, \mathfrak{x}_0, 0)|$ für $t \geqq 0$ nicht größer als R ist. Dann ist die St.-Wahrscheinlichkeit gleich

$$\lim_{R \to 0} \lim_{r \to 0} \frac{E(R, r)}{S(r)}, \tag{2.11}$$

soweit dieser Limes existiert.

Offenbar ist im Falle Ljapunovscher St. die nach (2.11) erklärte St.-Wahrscheinlichkeit gleich eins; es gilt aber nicht die umgekehrte Aussage. Beispielsweise sind die Phasenkurven des Dgl.-Systems

$$\begin{aligned} \dot{x} &= x^2 - y^2, \\ \dot{y} &= 2xy \end{aligned} \tag{2.12}$$

außer dem Nullpunkt selbst die Kreise durch den Nullpunkt, deren Mittelpunkt auf der y-Achse liegen, und die x-Achse. Die RL ist also instabil. Das Maß $E(R, r)$ ist gleich dem Flächeninhalt der beiden Kreisbogenzweiecke, die die Kreise um $\left(0, \pm \frac{R}{2}\right)$ aus dem Kreis um den Nullpunkt mit dem Radius r ausschneiden, und es ist hier unabhängig von R

$$\lim_{r \to 0} \frac{E(R, r)}{S(r)} = 1 .$$

5. Denkt man sich in den Ungleichungen (2.8) und (2.9) die linken Seiten durch

$$\sqrt{\sum_{i=1}^{m} x_i^2(t_0)} \text{ bzw. } \sqrt{\sum_{i=1}^{m} x_i^2(t)}$$

ersetzt, wobei $m < n$ ist, zieht man also nur einen Teil der Variablen in Betracht, so gelangt man zu der von RUMJANCEV [6] näher untersuchten „St. bezüglich eines Teils der Veränderlichen".

§ 3. Die Idee der direkten Methode von Ljapunov

Die *direkte* oder *zweite*[1] *Methode* von LJAPUNOV versucht, Aussagen über die St. der RL *ohne Kenntnis der Lösungen* der Dgl., also der „gestörten Bewegungen", *allein unter Benutzung der Dgl.* selbst zu ermitteln. Sie benutzt dazu geeignete im PR oder im BR definierte Funktionen, die meist als *Ljapunovsche Funktionen* (L. F.) bezeichnet werden, und zwar diskutiert sie deren Vorzeichen und das ihrer für die Dgl. gebildeten zeitlichen Ableitung. Die Methode läßt eine wohl auf ČETAEV [8] zurückgehende geometrische Deutung zu, die sich vor allem bei den Anwendungen als nützlich erweist. Sie wird nachstehend im einfachsten Fall *plausibel* gemacht, ohne daß die folgenden Überlegungen einen Beweis ersetzen sollen. Es sei $\mathfrak{x}(t)$ die allgemeine Lösung eines Systems von zwei autonomen Dgl.n erster Ordnung. Man denke sich die Gesamtheit aller Phasenkurven gezeichnet, die die Phasenebene oder wenigstens eine Umgebung des Nullpunktes schlicht überdecken. Es sei ferner $v(\mathfrak{x})$ eine positiv definite Funktion derart, daß die Gleichungen $v(\mathfrak{x}) = c =$ konst. für hinreichend kleine positive Konstanten c eine Schar geschlossener Kurven definieren, die ebenfalls eine Umgebung des Nullpunktes schlicht überdecken. (Vgl. dazu unten Bem. 2.) Der Nullpunkt selbst liegt im Inneren jeder Kurve und entspricht dem Wert $c = 0$. Wir wollen annehmen, daß die sämtlichen von den Punkten der Kreisscheibe $|\mathfrak{x}| \leqq r$ ausgehenden Phasenkurven, wenn man sie im Sinne wachsender Werte des Parameters t durchläuft, die Kurven $v(\mathfrak{x}) = c$ von außen nach innen durchsetzen. Dann können wir schließen, daß diese Phasenkurven mit wachsendem t dem Nullpunkt beliebig nahe kommen, d. h. die RL ist as. st. Analytisch läßt sich das angenommene Verhalten der Phasenkurven so beschreiben: die Funktion $v(t) = v(\mathfrak{x}(t))$, als Funktion von t angesehen, nimmt beständig ab. Ihre für die Dgl. gebildete Ableitung $\dot{v}$ muß also für hinreichend kleine Werte von $|\mathfrak{x}|$ beständig negativ sein. Will man auf as. St. im Ganzen schließen,

[1] Der Name „zweite Methode" ist historisch bedingt, da LJAPUNOV [1] auch eine „erste" Methode verwendet. Sie umfaßt alle Verfahren, die mit der expliziten Darstellung der Lösung insbesondere durch unendliche Reihen arbeiten. In diesem Bericht wird auf die erste Methode nicht eingegangen.

so muß man $\dot{v} < 0$ für alle $\mathfrak{x}$ fordern und außerdem noch verlangen, daß die Kurven $v(\mathfrak{x}) = c$ auch für beliebig große c geschlossen sind (was z. B. für $v = x_1^2 + (exp(-x_2^2) - 1)^2$ nicht zutrifft).

Gilt $\dot{v} < 0$ nur für $|\mathfrak{x}| > r > 0$, so kann man zwar nicht für as. St., aber wenigstens für Beschränktheit der Lösungen garantieren.

Ist die Funktion $v(\mathfrak{x})$ indefinit, so gibt es in jeder Umgebung des Nullpunktes Stellen mit $v < 0$. Der Bereich $v < 0$ wird durch die Kurve $v = 0$ berandet. Gesetzt den Fall, es sei längs einer Phasenkurve, die auf der Berandungskurve $v = 0$ beginnt, $\dot{v} < 0$. Dann läuft diese Phasenkurve mit wachsendem t in den Bereich $v < 0$ hinein und kann nie wieder einen Punkt mit $v = 0$ erreichen: die RL ist instabil. Offenbar braucht man zu diesem Schluß weniger zu wissen als im St.-Fall: die Ungleichung $\dot{v} < 0$ braucht nur im Bereich $v \leqq 0$ zu gelten. Die Überlegung läßt sich leicht auf Systeme höherer Ordnung sowie auf nichtautonome Gleichungen übertragen; bei diesen muß man im BR operieren. Für die strenge Begründung der Methode (§ 4ff.) ist die geometrische Interpretation aber nicht ausreichend.

Bemerkungen. 1. Der leitende Gedanke der direkten Methode ist die Einführung der Funktion v, durch die ein verallgemeinerter Abstand vom Nullpunkt des PR bzw. von der t-Achse des BR erklärt wird. Kennzeichnend für die Methode ist aber vor allem die *systematische Verwendung derartiger Funktionen zur Herleitung allgemeiner Aussagen.* In Einzeluntersuchungen sind „Ljapunovsche Funktionen" öfter verwandt worden, ohne daß man dabei von einer allgemeinen Methode sprechen könnte, z. B. bei BENDIXSON [1] zum Studium der Dgl. $y' = \frac{P(x,y)}{Q(x,y)}$ in der Nähe eines singulären Punktes oder bei LEVINSON [1] und REISSIG [1] zum Nachweis der Beschränktheit der Lösungen gewisser Schwingungsgleichungen. Solche gelegentlichen Einzelbetrachtungen werden in diesem Bericht nicht berücksichtigt.

2. Von der Kurve bzw. Fläche $v = c$ wird bei der oben aufgeführten geometrischen Überlegung nur ein gewisser Teil gebraucht, den man folgendermaßen definieren kann. Man verbinde die Punkte einer Sphäre $|\mathfrak{x}| = r$ mit hinreichend großem Radius r durch alle möglichen stetigen Wege mit dem Nullpunkt und betrachte den geometrischen Ort aller Punkte, auf denen diese Wege die Fläche $v = c$ zum ersten Mal, vom Nullpunkt aus gerechnet, treffen. Im folgenden soll unter der Fläche $v = c$ stets dieser so definierte *Zyklus* (ČETAEV [8]) verstanden werden. Wenn v explizit von t abhängt, wird der Zyklus $v = c$ so definiert: man betrachte bei festem $t \geqq t_0$ den Zyklus $w = c$ mit der in (1.6) eingeführten Funktion w und konstruiere den geometrischen Ort aller Punkte, auf denen die vom Nullpunkt zum Zyklus $w = c$ gezogenen Wege die Fläche

$v = c$ zum ersten Mal schneiden. Offenbar „umfaßt" der Zyklus $w = c$ den Zyklus $v = c$.

3. Wie bereits bemerkt, läßt sich im autonomen Fall die Funktion $v(\mathfrak{x})$ als „Abstand" von Nullpunkt des PR auffassen. Wenn eine Funktion $u(\mathfrak{x})$ in der Gestalt

$$u = \frac{f(\mathfrak{x})}{g(\mathfrak{x})}$$

geschrieben wird, so kann sie unter gewissen Voraussetzungen über das durch $f(\mathfrak{x}) - c\,g(\mathfrak{x}) = 0$, d. h. also durch $u =$ konst., erklärte Flächenbündel als Winkelkoordinate in einem passend gewählten zylindrischen Koordinatensystem gedeutet werden. $\left(\text{Das einfachste Beispiel für } n = 3 \text{ ist } u = \frac{x_1}{x_2};\right.$ das Flächenbündel besteht aus Ebenen.$\Big)$ Die Bedingung $\dot{u} > 0$ besagt dann, daß die entsprechende Bewegung die Achse des Flächenbündels $u =$ konst. stets im gleichen Drehsinn umläuft. Wenn man außerdem weiß, daß die Bewegungen beständig innerhalb eines torusartigen Gebietes bleiben, so kann man auf die Existenz von fastperiodischen Bewegungen schließen, die einen schwingungsartigen Zustand charakterisieren. Die genaue analytische Formulierung dieses Sachverhaltes findet sich bei NEMYCKIJ [3, 4], der u als *rotierende Ljapunovsche Funktion* bezeichnet. In der Phasenebene braucht man diese Begriffsbildung nicht, da dort das Verbleiben der Phasenkurven in einem Ringgebiet bereits die Existenz periodischer Lösungen sichert.

Kapitel II

Hinreichende Bedingungen für die Stabilität oder Instabilität der Ruhelage

§ 4. Die Hauptsätze über die Stabilität

Die nachstehenden Sätze, die sich auf die RL der Dgl. (2.7)

$$\dot{\mathfrak{x}} = \mathfrak{f}(\mathfrak{x}, t) \qquad (\mathfrak{f} \in E)$$

beziehen, bilden mit denen des § 5 zusammen das eigentliche Kernstück der direkten Methode. Zu der Formulierung der Sätze sei noch bemerkt, daß man neben jede Aussage, in der eine L. F. v auftritt, eine völlig gleichwertige Aussage mit $-v$ stellen kann. Der Einfachheit halber sind die Sätze unten jeweils immer nur für ein Vorzeichen ausgesprochen.

Satz 4.1. (LJAPUNOV [1]). *Läßt sich eine positiv definite Funktion $v(\mathfrak{x}, t)$ so angeben, daß ihre für die Dgl.* (2.7) *gebildete Ableitung $\dot{v}$ nicht positiv ist, so ist die RL stabil.*

Beweis. Nach Voraussetzung existiert eine Funktion $\varphi(r)$ der Klasse K derart, daß in einem Bereich $\mathfrak{K}_{h, t_0}$

$$v(\mathfrak{x}, t) \geqq \varphi(|\mathfrak{x}|) \tag{4.1}$$

gilt. Es sei $\varepsilon < h$ vorgegeben und $\mathfrak{x}_0$ so gewählt, daß gleichzeitig

$$|\mathfrak{x}_0| < \varepsilon \quad \text{und} \quad v(\mathfrak{x}_0, t_0) < \varphi(\varepsilon) \tag{4.2}$$

ist. Da v stetig ist und am Nullpunkt verschwindet, ist eine solche Wahl möglich. Für kleine Werte von $t - t_0$ ist dann sicher $|\mathfrak{p}(t, \mathfrak{x}_0, t_0)| < \varepsilon$. Gäbe es einen Zeitpunkt $t_1 > t_0$ mit $|\mathfrak{p}(t_1, \mathfrak{x}_0, t_0)| = \varepsilon$, so wäre

$$v(t_1) = v(\mathfrak{p}(t_1, \mathfrak{x}_0, t_0), t_1) \geqq \varphi(|\mathfrak{p}(t_1, \mathfrak{x}_0, t_0)|) = \varphi(\varepsilon) \tag{4.3}$$

im Widerspruch zu der aus $\dot{v} \leqq 0$ folgenden Ungleichung

$$v(t_1) \leqq v(t_0) < \varphi(\varepsilon) . \qquad (t_1 > t_0)$$

Satz 4.2 (LJAPUNOV [1]). *Läßt sich eine positiv definite dekreszente Funktion $v(\mathfrak{x}, t)$ derart angeben, daß ihre für (2.7) gebildete Ableitung negativ definit ist, so ist die RL asymptotisch stabil.*

Beweis. Da die Voraussetzungen diejenigen von Satz 4.1 enthalten, ist die St. der RL garantiert, und man kann sicher ein δ so wählen, daß bei gegebenem $h_1 \leqq h$ die durch $|\mathfrak{x}_0| < \delta$ bestimmten Bewegungen im Bereich $\mathfrak{K}_{h, t_0}$ verbleiben. Nach Voraussetzung existieren zwei Funktionen $\chi(r)$ und $\psi(r)$ der Klasse K so, daß für $t \geqq t_0$

$$\dot{v} \leqq -\chi(|\mathfrak{p}(t, \mathfrak{x}_0, t_0)|) , \; v \leqq \psi(|\mathfrak{p}(t, \mathfrak{x}_0, t_0)|) \tag{4.4}$$

ist. Wächst t über alle Grenzen, so nimmt $v(t)$ beständig ab, und wegen $v(t) \geqq 0$ existiert

$$\lim v(t) = \lim v(\mathfrak{p}(t, \mathfrak{x}_0, t_0), t) = v_0 \geqq 0 .$$

Wäre $v_0 > 0$, so wäre $\psi(|\mathfrak{p}|)$ für alle $\mathfrak{p}(t, \mathfrak{x}_0, t_0)$ mit hinreichend kleinem $|\mathfrak{x}_0|$ positiv, da $\psi(|\mathfrak{p}|) \geqq v_0$ ist; mithin wäre $|\mathfrak{p}|$ beständig positiv,

$$|\mathfrak{p}(t, \mathfrak{x}_0, t_0)| \geqq p_0 > 0 .$$

Daraus ergibt sich

$$\dot{v}(t) = \dot{v}(\mathfrak{p}(t, \mathfrak{x}_0, t_0), t) \leqq -\chi(p_0) \qquad (t \geqq t_0)$$

und durch Integration

$$v(t) = v(t_0) + \int_{t_0}^{t} \dot{v}\, dt \leqq v(\mathfrak{x}_0, t_0) - (t - t_0)\, \chi(p_0) , \tag{4.5}$$

eine Ungleichung, die im Fall $p_0 > 0$ wegen $v(t) \geqq 0$ auf einen Widerspruch führt. Es ist also $p_0 = 0$ und $v_0 = 0$, d. h. $\lim \mathfrak{p}(t, \mathfrak{x}_0, t_0) = \mathfrak{o}$.

Satz 4.3 (BARBAŠIN und KRASOVSKIJ [2]). Läßt sich eine überall positiv definite, radial unbeschränkte, dekreszente Funktion $v(\mathfrak{x}, t)$ so angeben, daß ihre für (2.7) gebildete Ableitung negativ definit ist, so ist die RL as. st. im Ganzen.

Der *Beweis* verläuft wie der der Sätze (4.1) und (4.2); die Zahl h darf jetzt beliebig groß werden.

Definition 4.1. *Eine Funktion v, die den Bedingungen der Sätze der §§ 4 und 5 genügt, heißt eine (zur Dgl.* (2.7) *gehörende) Ljapunovsche Funktion.*

Bemerkungen. 1. Nach MOISSEEV [1] kann man auf die ursprünglich von LJAPUNOV geforderte Stetigkeit der Funktion $\dot{v}$ verzichten und endliche Sprünge zulassen.

2. Es genügt, von der rechten Seite der Dgl. (2.7) nur Stetigkeit zu verlangen, denn die Eindeutigkeit der Lösungen wird bei dem Beweis nicht benutzt. Allerdings muß man dann den Begriff „Bewegung" entsprechend allgemein erklären (§ 2, Bem. 2). Die RL muß natürlich die einzige Gleichgewichtslage in $\mathfrak{K}_{h, t_0}$ sein.

3. Läßt sich eine positiv definite, dekreszente Funktion $v(\mathfrak{x}, t)$ und eine negativ definite Funktion $v_1(\mathfrak{x}, t)$ so angeben, daß die Bildung $u = \dot{v} - v_1$ in jedem festen Bereich $0 < h_1 \leqq |\mathfrak{x}| \leqq h_2 < h$ mit wachsendem t gleichmäßig gegen Null geht, so ist die RL stabil. (MALKIN [5]; wie MASSERA [1] nachgewiesen hat, ist diese Bedingung nicht auch für as. St. hinreichend.)

Eine andersartige Abschwächung der Bedingung „$\dot{v}$ negativ definit" rührt von KUZMIN [1] her; sein Satz entspricht dem im § 5 im Anschluß an Satz 5.3 genannten Instabilitätssatz von ČETAEV [2, 6].

4. Wie die Abschätzung (4.5) zeigt, genügt es, anstelle der Definitheit von $\dot{v}$ zu forden, daß für hinreichend kleine $|\mathfrak{p}|$ eine Ungleichung der Form

$$\dot{v} \leqq -\xi(t)\ \chi(|\mathfrak{p}|)$$

besteht, wobei $\xi(t) \geqq 0$ ist und das Integral

$$\int_{t_0}^{t} \xi(\tau)\, d\tau$$

über alle Grenzen wächst.

5. Es sei $v(\mathfrak{x}, t)$ positiv definit, $\gamma(r)$ eine Funktion der Klasse K und $\dot{v} \leqq -\gamma(v(\mathfrak{x}, t))$. Dann ist die RL as. st. (MASSERA [4]).

6. In den Voraussetzungen von Satz 4.2 kann man die Bedingung „v dekreszent" durch „$\mathfrak{f}(\mathfrak{x}, t)$ beschränkt" ersetzen (MARAČKOV [1], MASSERA [1]). Man kann aber nicht auf diese beiden Bedingungen zugleich verzichten (MASSERA [1]).

7. Die Ausgangsgleichung sei autonom, $\dot{\mathfrak{x}} = \mathfrak{f}(\mathfrak{x})$. Hinreichend für as. St. der RL ist die Existenz einer positiv definiten Funktion $v(\mathfrak{x})$ mit folgenden Eigenschaften: a) außerhalb einer gewissen Kugel $|\mathfrak{x}| < r$ besteht eine Ungleichung $v \geqq s$ mit konstantem s, b) im Bereich $v < s$ ist die Ableitung $\dot{v}$ nichtpositiv, c) im Bereich $\dot{v} = 0$ liegt keine vollständige Halbtrajektorie der Dgl. mit $t \geqq t_0$. (BARBAŠIN und KRASOVSKIJ [1], TUZOV [1].) Die entsprechende Aussage läßt sich auch als Erweiterung von Satz 4.3 für as. St. im Ganzen formulieren.

8. Auf dem Umstand, daß alle im Einzugsbereich der RL beginnenden Bewegungen (vgl. § 2) as. st. sind, beruht ein Kriterium von KRASOVSKIJ [21], das mit einer *Schar* von L. F.n arbeitet. Jeder im Einzugsbereich beginnenden „gestörten Bewegung" $\mathfrak{p}(t, \mathfrak{x}_0, t_0)$ wird eine L. F.

$v(\mathfrak{x}_0, t_0; \mathfrak{x}, t)$ zugeordnet; die Anfangsgrößen sind als Parameter aufzufassen. Die Funktion v ist in einer gewissen Umgebung

$$|\mathfrak{x} - \mathfrak{p}(t, \mathfrak{x}_0, t_0)| < \delta(\mathfrak{x}_0, t_0 ; t)$$

der gestörten Bewegung definiert. Die Funktion δ ist positiv, stetig und darf — das ist das Wesentliche — mit wachsendem t gegen Null streben. Zu der Funktionenschar v gibt es vier von den Anfangsgrößen unabhängige positive Konstanten a_1, a_2, b, c derart, daß

$$a_1 |\mathfrak{x}|^b < v(\mathfrak{x}_0, t_0; \mathfrak{x}_0, t) < a_2 |\mathfrak{x}|^b ,$$
$$\frac{d}{dt} v(\mathfrak{x}_0, t_0; \mathfrak{x}(t) - \mathfrak{p}(t, \mathfrak{x}_0, t_0), t) < -c v(\mathfrak{x}_0, t_0; \mathfrak{x}, t)$$

ist; für $\mathfrak{x}(t)$ auf der linken Seite ist dabei eine von $\mathfrak{p}$ verschiedene Lösung einzusetzen. Die Existenz einer derartigen Funktionenschar ist hinreichend für die as. St. der RL (sogar für deren exponentielle St., vgl. § 22).

9. Makarov [1] betrachtet zwei simultane Gleichungen

$$\dot{\mathfrak{x}} = \mathfrak{f}(\mathfrak{x}, \mathfrak{y}, t), \quad \dot{\mathfrak{y}} = \mathfrak{g}(\mathfrak{y}, t) \tag{4.7}$$

und nennt die ungestörte Bewegung stabil, wenn sich

$$|\mathfrak{y}| < \varepsilon_1 \quad \text{und} \quad |\mathfrak{x} - \mathfrak{y}| < \varepsilon_2 \qquad (t > t_0)$$

dadurch erreichen läßt, daß für $t = t_0$

$$|\mathfrak{y}| < \delta_1, \quad |\mathfrak{x} - \mathfrak{y}| < \delta_2$$

wird. Es ist $\mathfrak{g}(\mathfrak{o}, t) = \mathfrak{o}$, aber nicht notwendig $\mathfrak{f}(\mathfrak{o}, \mathfrak{o}, t) = \mathfrak{o}$ vorausgesetzt. Man könnte natürlich $\mathfrak{z} = \mathfrak{x} - \mathfrak{y}$ als neue Variable einführen und sodann die Gleichungen für $\mathfrak{z}$ und $\mathfrak{y}$ in einem $(2n + 1)$-dimensionalen BR diskutieren; man kann aber auch mit dem System (4.7) und zwei L. F.n auf Grund des folgenden, wie Satz 4.1 zu beweisenden Satzes arbeiten (Makarov [1]): Es sei die Funktion $v(\mathfrak{x}, \mathfrak{y}, t)$ „für $\mathfrak{x} = \mathfrak{y}$ positiv definit" (d. h. es sei $v(\mathfrak{x}, \mathfrak{x}, t) = 0$ und $v(\mathfrak{x}, \mathfrak{y}, t) \geqq w(\mathfrak{x}, \mathfrak{y})$, wobei $w > 0$ für $\mathfrak{x} \neq \mathfrak{y}$ und $w = 0$ nur für $\mathfrak{x} = \mathfrak{y}$ ist); ferner sei $u(\mathfrak{y}, t)$ positiv definit. Die für (4.7) gebildeten Ableitungen $\dot{v}$ und $\dot{u}$ seien negativ semidefinit. Dann ist die ungestörte Bewegung stabil.

10. Die Anwendung der direkten Methode ist grundsätzlich auf das Reelle beschränkt. Wenn die Ausgangsgleichungen komplex sind — vgl. § 2, Bem. 3 — so muß man sie durch Zerlegung in Real- und Imaginärteil in ein System reeller Gleichungen überführen. Formal kann man diese Umrechnung dadurch umgehen, daß man (Vejvoda [1]) zu der komplexen Gleichung

$$\dot{\mathfrak{z}} = \mathfrak{f}(\mathfrak{z}, t)$$

eine L. F. $v(\mathfrak{z}, \bar{\mathfrak{z}}, t)$ mit $v(\bar{\mathfrak{z}}, \mathfrak{z}, t) = \overline{v(\mathfrak{z}, \bar{\mathfrak{z}}, t)}$ konstruiert. Die Diskussion einer solchen Funktion läuft aber doch auf die Zerlegung in Real- und Imaginärteil hinaus.

11. Bei den vorstehend formulierten St.-Sätzen ist ein isolierter singulärer Punkt der Ausgangsgleichung, der der RL entsprechende Nullpunkt, besonders ausgezeichnet. Infolgedessen ist es möglich, die L. F. v durch eine allgemeine Eigenschaft „v ist positiv definit bzw. dekreszent" zu charakterisieren, die ganz unabhängig von der besonderen Gestalt der Gleichung definiert werden kann. Wenn man die Sätze der direkten Methode nicht für die RL, sondern für eine beliebige Lösung aussprechen will, so gehen naturgemäß die speziellen Eigenschaften der Lösung in die Definition von v ein, und die Sätze verlieren ihren allgemeinen Charakter (vgl. dazu § 20).

§ 5. Die Sätze über die Instabilität

Vgl. die Vorbemerkung zu § 4.

Satz 5.1 (Četaev [1]). *Es sei die Dgl.* (2.7) *und eine Funktion* $v(\mathfrak{x}, t)$ *mit folgenden Eigenschaften vorgelegt:*

a) In jeder Kugel $\mathfrak{K}_\varepsilon$ *(mit beliebig kleinem* $\varepsilon > 0$*) gibt es Punkte* $\mathfrak{x}$ *derart, daß* $v(\mathfrak{x}, t)$ *für alle* $t \geqq t_0$ *(bei hinreichend großem* t_0*) negativ ist. Die Gesamtheit der Punkte* $(\mathfrak{x}, t)$ *mit* $|\mathfrak{x}| < h$ *und* $v(\mathfrak{x}, t) < 0$ *sei als der „Bereich* $v < 0$" *bezeichnet. Er wird von den Hyperflächen* $|\mathfrak{x}| = h$ *und* $v = 0$ *begrenzt und zerfällt möglicherweise in mehrere Teilbereiche* $\mathfrak{A}_1, \mathfrak{A}_2, \ldots$

b) v *ist in einem Teilbereich* $\mathfrak{A}$ *des Bereiches* $v < 0$ *nach unten beschränkt,*

c) In dem in b) erklärten Bereiche $\mathfrak{A}$ *des BR ist die für* (2.7) *gebildete Ableitung* $\dot{v}$ *negativ, und zwar ist* $\dot{v} \leqq -\varphi(|v|) < 0$, *wobei* $\varphi(r)$ *eine Funktion der Klasse K ist.*

Dann ist die RL instabil.

Beweis. Es sei $(\mathfrak{x}_0, t_0)$ ein Punkt aus dem Bereich $\mathfrak{A}$ mit beliebig kleinem $|\mathfrak{x}_0|$ und so, daß $v(\mathfrak{x}_0, t_0) = -\alpha < 0, \dot{v} < 0$ ist. Längs der Bewegung $\mathfrak{p}(t, \mathfrak{x}_0, t_0)$ nimmt v ab. Andererseits ist — vgl. (4.5) —

$$v(t) = v(\mathfrak{p}(t, \mathfrak{x}_0, t_0), t) = -\alpha + \int_{t_0}^{t} \dot{v}\, dt < -\alpha - \varphi(\alpha)(t - t_0), \quad (5.1)$$

und da v in dem betrachteten Bereich nach unten beschränkt ist, muß die Bewegung diesen Bereich verlassen. Das kann aber nur an der Begrenzung $|\mathfrak{x}| = h$ geschehen, d. h. die RL ist instabil.

Im Satz 5.1 ist als Spezialfall der sog. 1. *Satz von* Ljapunov *über Instabilität* enthalten:

Satz 5.2 (Ljapunov [1]). *Es sei* $v(\mathfrak{x}, t)$ *eine dekreszente Funktion, die einen „Bereich* $v < 0$" *(vgl. Satz* 5.1) *besitzt. Ihre für* (2.7) *gebildete Ableitung sei negativ definit. Dann ist die RL instabil.*

Wenn v dabei für $\mathfrak{x} \neq \mathfrak{o}$ stets negativ, insbesondere negativ definit ist, so liegt vollständige Instabilität (vgl. Definition 2.6) vor.

Eine andere hinreichende Bedingung für Instabilität bringt der sog. 2. *Satz von* LJAPUNOV [1]:

Satz 5.3. *Es existiere im Bereich* $\mathfrak{K}_{h,t_0}$ *eine beschränkte Funktion* $v(\mathfrak{x}, t)$ *mit folgenden Eigenschaften:* 1. *ihre für* (2.7) *gebildete Ableitung ist von der Form*

$$\dot{v} = gv + w(\mathfrak{x}, t), \tag{5.2}$$

wobei g *eine positive Konstante und* $w(\mathfrak{x}, t)$ *eine semidefinite Funktion ist,* 2) *wenn* $w(\mathfrak{x}, t)$ *nicht identisch verschwindet, gibt es in jedem Bereich* $\mathfrak{K}_{h_1, t_1}$ *mit beliebig großem* t_1 *und beliebig kleinem* $h_1 \leqq h$ *solche* $\mathfrak{x}$*-Werte, daß* $v(\mathfrak{x}, t)$ *und* $w(\mathfrak{x}, t)$ *für* $t > t_1$ *dasselbe Vorzeichen haben. Dann ist die RL instabil.*

Der Satz 5.1 ist für die Anwendungen meist bequemer als Satz 5.3. Vom Standpunkt der Theorie aus gesehen sind beide Sätze aber gleichwertig, denn sie liefern (vgl. dazu § 19) beide notwendige und hinreichende Bedingungen: wenn die RL instabil ist, so existieren zwei Funktionen v_1 und v_2, die die Voraussetzungen von Satz 5.1 bzw. Satz 5.3 erfüllen. Dementsprechend haben die nachstehend genannten Abschwächungen der Voraussetzungen nur für die Handhabung der Sätze Bedeutung, erweitern aber nicht ihren Geltungsbereich. Nach DUBOŠIN [7] kann man in (5.2) den Term gv durch $g(t)v^k$ ersetzen, wobei $k \geqq 1$ ist und das Integral $\int_{t_0}^{t} g(\tau)\,d\tau$ unbeschränkt wächst. ERUGIN [4] hat einige andersartige Milderungen der Voraussetzungen gegeben; beispielsweise genügt es zu verlangen, daß das Integral $\int_{t_0}^{t} \dot{v}\,d\tau$ für eine gewisse unbeschränkt wachsende Folge $t_1, t_2, \ldots$ von oberen Grenzen unter jede Schranke sinkt, oder auch nur, daß dieses Integral für ein festes $t = \bar{t}$ kleiner als die in der Voraussetzung b) von Satz 5.1 geforderte Schranke für v wird. Eine weitere Modifikation des Satzes 5.1 stammt von MASSERA [4].

ČETAEV [2, 6] hat noch einen Satz mitgeteilt, der mit zwei Funktionen arbeitet. Es sei möglich, eine dekreszente Funktion $v(\mathfrak{x}, t)$ und eine Funktion $w(\mathfrak{x}, t)$ folgendermaßen zu wählen: 1. Der Bereich $v\dot{v} > 0$ ist für keinen Wert von t in dem abgeschlossen zu denkenden Intervall $t_0 \leqq t \leqq \infty$ leer, 2. im Bereich $v\dot{v} > 0$, und zwar für beliebig kleine $|\mathfrak{x}|$ existiert ein Bereich $w > 0$, auf dessen Begrenzung $w = 0$ die Ableitung $\dot{w}$ einheitliches Vorzeichen hat. Dann ist die RL instabil.

MAKAROV [1] hat analog zu den am Schluß von § 4 unter 9. erwähnten St.-Sätzen auch zwei Inst.-Sätze aufgestellt, bei denen die Voraussetzungen aus Satz 5.1 sinngemäß für jeweils eine der Funktionen u und v gefordert werden.

Ähnlich wie Satz 5.1 beweist man

Satz 5.4 (S. K. Persidskij [1]). Es existiere eine Funktion $v(\mathfrak{x}, t)$, die in einem Bereich $\mathfrak{K}_{h,t_0}$ folgende Eigenschaften besitzt: 1. es ist $v > 0$ für $\mathfrak{x} \neq \mathfrak{o}$, 2. es ist $\dot{v} \geqq 0$, 3. die Funktion v strebt mit wachsendem t gleichmäßig bezüglich $\mathfrak{x}$ gegen Null. Dann ist die RL vollständig instabil.

Die in Satz 5.4 auftretende Funktion v braucht nicht definit zu sein. Daß man auf die in 3. geforderte Gleichmäßigkeit nicht verzichten kann, zeigt die Dgl. $\dot{x} = -\frac{x}{4}$, die eine as. st. RL hat. Die Funktionen $v = x^2 \exp(t - t^2 x^4)$, $\dot{v} = \left(\frac{1}{2} - 2t x^4 + t^2 x^4\right) v$, erfüllen für $t_0 \geqq 2$ alle Voraussetzungen des Satzes bis auf die Gleichmäßigkeit. Das gleiche Beispiel beweist übrigens, daß man in Satz 5.3 die Beschränktheit von v in $\mathfrak{K}_{h,t_0}$ nicht fallen lassen darf.

Kapitel III

Anwendungen der Stabilitätssätze auf konkrete Probleme

§ 6. Grundsätzliches über die Anwendungen

Mit Hilfe der Sätze des Kap. II lassen sich bei zahlreichen konkreten Problemen Aussagen über das St.-Verhalten gewinnen. Man muß die Methode allerdings den Besonderheiten des jeweiligen Falles anpassen; denn man kennt kein allgemein verwendbares Verfahren zur *Konstruktion* einer L. F. (Wegen der *Existenz*frage vgl. Kap. IV.) Im einzelnen lassen sich vornehmlich die folgenden Aufgabengruppen angreifen:

1. Klärung der Frage, ob die RL stabil oder instabil ist. Wenn die St. einer von der RL verschiedenen Bewegung geprüft werden soll, muß man zunächst die Dgl. der gestörten Bewegung (vgl. § 2) herstellen. (Vgl. z.B. Ergen, Lipkin und Nohel [1].)

2. Abschätzungen für den *St.-Bereich der Anfangswerte.* Er umfaßt diejenigen Punkte $\mathfrak{x}_0$ des PR, von denen Bewegungen ausgehen, die bei schwacher St. in vorgeschriebener Nähe des Nullpunktes bleiben, bzw. bei as. St. diesem beliebig nahe kommen. Im letzten Fall spricht man auch, wie schon erwähnt (§ 2), vom Einzugsbereich der RL (oder der trivialen Lösung).

3. Abschätzungen für den *St.-Bereich der Parameter.* Vielfach treten in den Bewegungsgleichungen Parameter auf, die besonders bei technisch deutbaren Dgl.n innerhalb gewisser Grenzen veränderlich sind. Dabei interessiert die Frage, für welche dieser Parameterkonstellationen die St. der RL gesichert ist. Man deutet zweckmäßig die Parameter als Koordinaten in einem Parameterraum und nennt die Gesamt-

heit aller „Punkte“, denen eine Bewegungsgleichung mit as. st. RL entspricht, den *Stabilitätsbereich der Parameter*. Bei den physikalisch-technischen Anwendungen fordert man sogar meist as. St. im Ganzen.

4. Ableitung von *Bedingungen für die Nichtlinearitäten*. Es handelt sich dabei um Wachstumseigenschaften, Schranken für die Höchst- und Tiefstwerte, Integralungleichungen usw., und zwar um Eigenschaften, die die nichtlinearen Bestandteile der Dgl.n erfüllen müssen, wenn die as. St. der RL gesichert sein soll. Eine scharfe Trennung dieser Fragestellung von der unter 3. genannten ist nicht immer möglich.

5. *Abschätzungen für die Lösungen*. Wie aus der im § 3 skizzierten geometrischen Interpretation der direkten Methode hervorgeht, besteht eine Beziehung zwischen den Absolutbeträgen der Lösungen und den Werten der L. F. Man kann daher die Lösungen mit Hilfe der L. F. abschätzen. Derartige Ungleichungen sind allerdings nur dann von Wert, wenn die L. F. hinreichend einfach gebaut ist. Bisweilen genügt es auch schon, das Verhalten von v in gewissen Bereichen des BR zu kennen, die nicht notwendig Umgebungen der t-Achse zu sein brauchen (MEL'NIKOV [1]).

Die unter 2. bis 4. genannten Probleme pflegt man in der Weise zu behandeln, daß man eine L.F. konstruiert und feststellt, für welche Anfangswerte, Parameterkonstellationen oder wann sonst sie ihre charakteristischen Eigenschaften verliert. Da die Sätze des § 4 hinreichende Bedingungen liefern, erhält man auf diesem Wege im allgemeinen keine „besten“ Ergebnisse. Es muß aber betont werden, daß manche Fragen bisher überhaupt nur mit der direkten Methode angegriffen werden können (§ 13, § 14).

Die bisher bekannten Anwendungen beziehen sich fast ausschließlich auf autonome Dgl.n, was nicht nur in der größeren Schwierigkeit der nicht-autonomen Gl.n begründet ist, sondern auch darin, daß die in der Praxis vorkommenden Bewegungsgleichungen konkreter Systeme meistens autonom sind.

§ 7. Bewegungsgleichungen mit definiten ersten Integralen

Wenn die Bewegungsgleichung (2.7) ein definites erstes Integral $v = \text{const.}$ besitzt, so kann man dieses als L. F. verwenden. Es ist dann ja $\dot{v}$ identisch Null, so daß man auf Grund von Satz 4.1 auf die St. der RL schließen kann.

Es seien beispielsweise die Bewegungsgleichungen eines autonomen Systems in kanonischer Gestalt vorgelegt:

$$\dot{q}_i = \frac{\partial H}{\partial p_i}\,; \quad \dot{p}_i = -\frac{\partial H}{\partial q_i} \qquad (i = 1, 2, \ldots, n)\,. \tag{7.1}$$

Sie haben das Energie-Integral $H =$ konst. Die kinetische Energie ist eine positiv definite Form der Impulse p_i. Wenn nun die potentielle Energie $U(q_1, \ldots, q_n)$ für die Gleichgewichtslage $q_1 = \cdots = q_n = 0$ ein Minimum annimmt, das man immer gleich Null wählen kann, so ist die Gesamtenergie positiv definit. Satz 4.1 liefert dann den bekannten Satz von LAGRANGE, daß die Gleichgewichtslage stabil ist, wenn die potentielle Energie dort ein Minimum annimmt. (Vgl. hierzu auch § 26 und POŽARICKIJ [1].)

Wenn H nicht definit ist, kann man versuchen, durch Addition einer Zusatzfunktion $w(\mathfrak{p}, \mathfrak{q})$ eine definite Funktion $v = H + w$ zu konstruieren. Die für (7.1) gebildete Ableitung dieser Funktion ist gleich dem negativ genommenen Poissonschen Klammerausdruck:

$$\dot{v} = -(W, H) = -\sum_{i=1}^{n} \left(\frac{\partial w}{\partial p_i} \frac{\partial H}{\partial q_i} - \frac{\partial w}{\partial q_i} \frac{\partial H}{\partial p_i} \right),$$

dessen Definitheitsverhalten mithin zu diskutieren ist (LJAPUNOV [1], DUBOŠIN [2]). Wenn die potentielle Energie eine homogene Funktion der Koordinaten q_i ist, die in beliebiger Nähe des Nullpunktes negative Werte annimmt, so ist die Gleichgewichtslage instabil. Man zeigt das mit Hilfe der L. F.

$$v = H \sum_{i=1}^{n} p_i q_i$$

unter Verwendung des Satzes 5.1 (ČETAEV [8]).

Ein spezielles Anwendungsfeld für derartige Überlegungen bietet die Kreiseltheorie. Im einfachsten Fall des um den Schwerpunkt rotierenden Kreisels haben die Bewegungsgleichungen die Gestalt

$$a\dot{p} + (c - b)\,q r = 0\,; \quad b\dot{q} + (a - c)\,p r = 0\,; \quad c\dot{r} + (b - a)\,p q = 0\,.$$

(a, b, c sind die Hauptträgheitsmomente; p, q, r die Komponenten des Geschwindigkeitsvektors im Koordinatensystem der Hauptträgheitsachsen.) Wenn man die St. der speziellen Bewegung

$$p = 0, q = 0, r = \hat{r} \neq 0$$

untersuchen will, so betrachtet man die durch die Substitution

$$x_1 = p,\ x_2 = q,\ x_3 = r - \hat{r}$$

entstehende Dgl. der gestörten Bewegung. Sie besitzt die beiden Integrale

$$\frac{a-c}{b} x_1^2 + \frac{b-c}{a} x_2^2 \pm (a x_1^2 + b x_2^2 + 2c\hat{r} x_3 + c x_3^2)^2,$$

die für $a \geqq b > c$ und für $a \leqq b < c$ definit sind. Man schließt daraus, daß die Rotation um die größte und die kleinste Achse stabil ist. Die Instabilität der Rotation um die mittlere Achse folgt aus Satz 5.1 unter Verwendung der L. F. $v = x_1 x_2$ (ČETAEV [7, 8]).

Bei der allgemeinen Kreiselbewegung sind die aus der Theorie her bekannten ersten Integrale für gewöhnlich nicht definit. Man kann dann aber unter Umständen durch geeignete Kombinationen aus diesen Integralen ein definites Integral herstellen und zu St.-Bedingungen gelangen. So verfahren ČETAEV [7, 8] und SKIMEL' [1] beim gewöhnlichen, MOROSOVA [1] beim elastisch aufgehängten Kreisel, RUMJANCEV [1, 5], ŽAK und CHARLAMOV [1] studieren die Kreiselbewegung in einer Flüssigkeit, BELECKIJ [1] die Bewegung in einem allgemeinen Newtonschen Kraftfeld.

Eine allgemeinere Fragestellung greift AMINOV [1] an. Er betrachtet die Bahnen von Massepunkten, nämlich die durch

$$\ddot{q}^j + \Gamma^j_{\alpha\beta}\,\dot{q}^\alpha\,\dot{q}^\beta = 0$$

bestimmten geodätischen Linien in einer Riemannschen Mannigfaltigkeit. (Der Punkt bedeutet hier wie oft in der Differentialgeometrie üblich die Ableitung nach der Bogenlänge.) Es wird die „Stabilität" beim Übergang zu „gestörten" Bahnen $\hat{q}^j = q^j + p^j$ untersucht. Unter gewissen Annahmen über die Abhängigkeit der metrischen Fundamentalform von den Störungen p^j lassen sich erste Integrale der Gleichungen und damit St.-Bedingungen angeben.

§ 8. Konstruktion einer Ljapunovschen Funktion für eine lineare Gleichung mit konstanten Koeffizienten

Es sei

$$\dot{\mathfrak{x}} = A\,\mathfrak{x} \tag{8.1}$$

die Bewegungsgleichung. Die Matrix $A = (a_{ij})$ habe die Eigenwerte $p_1, \ldots, p_n$. Die L. F. soll als quadratische Form

$$v = \mathfrak{x}^T B\,\mathfrak{x} \qquad (B^T = B) \tag{8.2}$$

bestimmt werden mit der Maßgabe, daß ihre Ableitung für (8.1) gleich einer vorgegebenen negativ definiten quadratischen Form $-\mathfrak{x}^T C\,\mathfrak{x}$ ist. Das führt auf die Bestimmungsgleichung

$$A^T B + BA = -C \qquad (C \text{ positiv definit}) \tag{8.3}$$

für die unbekannte Matrix B. Sie entspricht einem System linearer Gleichungen für die $\frac{n(n+1)}{2}$ Elemente b_{ik} von B. Dieses lineare Gleichungssystem ist genau dann eindeutig auflösbar, wenn keine der Zahlen p_i und keine der Summen $p_i + p_j$ $(i, j = 1, 2, \ldots, n)$ verschwindet. Die so errechnete Matrix B ist genau dann Matrix einer positiv definiten quadratischen Form (8.2), wenn alle Eigenwerte p_i negative Realteile haben:

$$\operatorname{Re} p_i < 0 \qquad (i = 1, 2, \ldots, n)\,. \tag{8.4}$$

(Beweis z. B. bei HAHN [3].) Wenn die Bedingung (8.4) erfüllt ist, ist mithin eine den Voraussetzungen von Satz 4.2 genügende L. F. konstruierbar, und man erhält den

Satz 8.1. *Haben alle Eigenwerte der Matrix A negative Realteile, so ist die RL der Gleichung* (8.1) *as. st.*

Wenn Eigenwerte mit positivem Realteil auftreten, so ist die Lösung B von (8.3), falls sie existiert, Matrix einer indefiniten bzw. im Fall Re $p_i > 0$, $i = 1, 2, \ldots, n$, einer negativ definiten Form, und die Funktion (8.2) genügt den Voraussetzungen von Satz 5.2. Wenn sich die Gleichung (8.3) nicht auflösen läßt, weil einer der Ausdrücke $p_i + p_j$ verschwindet, so läßt sich sicher eine Zahl $q > 0$ so finden, daß die Matrix $A_1 = A - qI$ ebenfalls noch Eigenwerte mit positiven Realteilen besitzt, aber nicht mehr zu den Ausnahmefällen gehört. Man kann dann B gemäß der Gleichung

$$A_1^T B + B A_1 = - C \qquad (C \text{ positiv definit}) \tag{8.5}$$

bestimmen; die nach (8.2) gebildete L. F. genügt den Voraussetzungen von Satz 5.3. Zieht man noch den Zusatz zu Satz 5.2 heran, so folgt

Satz 8.2. *Hat wenigstens einer der Eigenwerte von A einen positiven Realteil, so ist die RL von* (8.1) *instabil; sind alle Realteile positiv, so ist die RL vollständig instabil.*

Eine Dgl. der Gestalt (8.1) die den Voraussetzungen von Satz 8.1 oder Satz 8.2 genügt, soll in Zukunft als eine Gleichung von *prägnantem Verhalten* der RL bezeichnet werden. Die Matrix hat dann also entweder nur Eigenwerte mit negativen Realteilen oder mindestens einen Eigenwert mit positivem Realteil. Bei einer Dgl. mit *kritischem Verhalten* der RL ist zwar kein Realteil positiv; es treten aber verschwindende Realteile wirklich auf. Wie sich später (§ 22) zeigen wird, besteht die eigentliche Bedeutung des prägnanten Verhaltens darin, daß die Lösungen der Dgl. exponentiell abgeschätzt werden können: es ist mit passenden positiven Konstanten entweder

$$|\mathfrak{p}(t, \mathfrak{x}_0, t_0)| \leqq a |\mathfrak{x}_0| e^{-\alpha(t-t_0)}$$

für alle Lösungen, oder es gibt Lösungen mit

$$|\mathfrak{p}(t, \mathfrak{x}_0, t_0)| \geqq a |\mathfrak{x}_0| e^{+\beta(t-t_0)}$$

während in kritischen Fällen die nicht abklingenden Lösungen beschränkt bleiben oder höchstens wie eine Potenz von t wachsen.

Zur Beurteilung des St.-Verhaltens in kritischen Fällen kann man folgendermaßen verfahren (HAHN [3]): Man wählt eine nichtsinguläre Matrix L so, daß $LAL^I = J$ eine Jordansche Normalform wird, und setzt $\mathfrak{z} = L\mathfrak{x}$. Die Dgl.

$$\dot{\mathfrak{z}} = J\mathfrak{z} \tag{8.8}$$

für $\mathfrak{z}$ und die Dgl. (8.1) sind bezüglich des St.-Verhaltens der RL gleichwertig. Die Dgl. (8.8) zerfällt im allgemeinen in mehrere Gleichungen von niedrigerer Dimension. Für diejenigen Teilgleichungen, die zu Eigenwerten mit negativem Realteil gehören, gilt Satz 8.1. Ist der zu einem Eigenwert mit verschwindendem Realteil gehörende Elementarteiler einfach, so kann man die Teilgleichung auf die Gestalt

$$\dot{z}_1 = 0 \quad \text{bzw.} \quad \dot{z}_1 = k z_2, \dot{z}_2 = -k z_1 \qquad (k \text{ reell}) \tag{8.9}$$

bringen. Setzt man $v = z_1^2$ bzw. $v = z_1^2 + z_2^2$, so wird in beiden Fällen $\dot{v}$ identisch Null, und man kann Satz 4.1 anwenden. Treten Elementarteiler zweiter Ordnung auf, so liegen Teilgleichungen mit den Matrizen

$$\begin{pmatrix} 0 & 1 \\ 0 & 0 \end{pmatrix} \quad \text{bzw.} \quad \begin{pmatrix} 0 & -k & +1 & 0 \\ +k & 0 & 0 & +1 \\ 0 & 0 & 0 & -k \\ 0 & 0 & +k & 0 \end{pmatrix}$$

vor. Man wählt hier $v = z_1 z_2$ bzw. $v = z_1 z_3 + z_2 z_4$ mit $\dot{v} = z_2^2$ bzw. $\dot{v} = z_3^2 + z_4^2$ und schließt mit Hilfe von Satz 5.1 bzw. des daraus durch Übergang von v zu $-v$ entstehenden Satzes (vgl. die Vorbemerkung zu § 4) auf Instabilität. Diese bleibt auch bei höherer Ordnung der Elementarteiler erhalten, und es folgt

Satz 8.3. In einem kritischen Fall ist die RL von (8.1) schwach stabil, wenn die zu den Eigenwerten mit verschwindenden Realteilen gehörenden Elementarteiler alle einfach sind. Beim Auftreten von Elementarteilern höherer Ordnung ist die RL instabil.

Bemerkung. Der eben skizzierte Beweis schließt die as. St. der RL nicht aus. Die schärfere Aussage „schwach stabil“, die sofort aus der bekannten expliziten Darstellung der Lösungen durch Exponentialfunktionen abzulesen ist, läßt sich zwar auch mit der direkten Methode gewinnen; man muß aber dazu aus den tiefer liegenden Umkehrsätzen (§ 18) folgern, daß die RL keinesfalls as. st. sein kann, wenn keine positiv definite L. F. mit negativ definiter Ableitung existiert. Man sieht nun leicht, daß die für (8.9) gebildete Ableitung einer positiv definiten Funktion niemals negativ definit sein kann. Es genügt dazu, die quadratischen Glieder der sicher existierenden Potenzreihenentwicklung für v (vgl. § 18) zu betrachten.

Die Sätze 8.1 bis 8.3 gelten auch für eine Matrix A mit komplexen Koeffizienten. Man beweist das entweder mit einer analog zu (8.2) konstruierten Hermiteschen Form oder unter Zurückführung auf das Reelle (Vejvoda [1], Hahn [7]).

Die Elemente b_{ik} der durch (8.3) definierten Matrix B kann man in geschlossener Form darstellen. Für $C = 2I$ ist zum Beispiel

$$b_{ik} = \sum_{r,s}^{n}{}_{1} \frac{d_{ir}(p_s)\, d_{kr}(-p_s)}{d'(p_s)\, d(-p_s)}, \tag{8.10}$$

wobei $d(p)$ das charakteristische Polynom der Matrix A bezeichnet, dessen Nullstellen p_s als einfach vorausgesetzt sind; die Größen $d_{ik}(p)$ sind die algebraischen Komplemente der Elemente der Matrix $A - pI$. Man erhält (8.10) am einfachsten im Anschluß an BEDEL'BAEV [1] mit Hilfe einer Formel vom MALKIN [15] (vgl. Satz 24.5). Aus (8.10) leitet BEDEL'BAEV noch weitere Formeln zur Berechnung der b_{ik} ab.

Anstelle der quadratischen Form (8.2) kann man als L. F. für (8.1) auch eine Form höherer Ordnung benutzen. Es gelten hierzu die folgenden Sätze von LJAPUNOV [1], die sich auf die Dgl. (8.1) beziehen:

Satz 8.4. Wenn alle Re $p_i < 0$ sind, gibt es genau eine positiv definite Form m-ter Ordnung, deren für (8.1) gebildete Ableitung $\dot{v}$ gleich einer willkürlich vorgegebenen negativ definiten Form der Ordnung m ist.

Satz 8.5. Ist wenigstens ein Re $p_j > 0$, so kann man zu einer vorgegebenen Form w der Ordnung m eine Form v der gleichen Ordnung und eine Zahl $q > 0$ derart bestimmen, daß für (8.1) $\dot{v} = qv + w$ ist, wobei die Voraussetzungen des Satzes 5.3 gelten.

Von gewissen Ausnahmefällen abgesehen, kann man unter den Voraussetzungen von Satz 8.5 auch eine Form m-ter Ordnung konstruieren, die die Voraussetzungen von Satz 5.2 erfüllt.

Bei LJAPUNOV [1] wird zum Beweis der Sätze 8.1 bis 8.3 bzw. 8.4 und 8.5 das St.-Verhalten der RL von (8.1) benutzt, das aus der expliziten Darstellung der Lösungen abgelesen wird. LJAPUNOV beweist die Aussagen über die RL von (8.1) also nicht mit Hilfe der direkten Methode.

§ 9. Einfache Stabilitätsbetrachtungen bei nichtautonomen linearen Gleichungen

Die St.-Theorie der allgemeinen linearen Dgl.n erfordert trotz deren einfacher Gestalt tieferliegende Hilfsmittel, insbesondere die Ljapunovsche Theorie der charakteristischen Zahlen (vgl. § 25). Wenn man aber weiß, daß die Eigenwerte der zu der Gleichung

$$\dot{\mathfrak{x}} = A(t)\,\mathfrak{x} \tag{9.1}$$

gehörenden, als beschränkt vorausgesetzten Matrix $A(t)$ für jedes feste $t \geqq t_0$ negative Realteile haben, kann man durch Modifikation der im § 8 entwickelten Verfahren zu einigen hinreichenden St.-Bedingungen gelangen.

Man berechne die von t abhängige symmetrische Matrix $B(t)$ aus der zu (8.3) analogen Gleichung

$$A^T(t)\,B(t) + B(t)\,A(t) = -C\,. \tag{9.2}$$

Wenn die gegebene konstante symmetrische Matrix C positiv definit ist, ist $B(t)$ wegen der Voraussetzungen über A bei festem t eindeutig bestimmt und hat positive Eigenwerte. Sodann sei $\varphi(t)$ eine für $t \geqq t_0$

positive, beschränkte, stetig differenzierbare Funktion. Als L. F. für (9.1) wählt man die quadratische Form

$$v = \varphi(t)\, \mathfrak{x}^T B(t)\, \mathfrak{x}\,. \tag{9.3}$$

Ihre für (9.1) gebildete Ableitung ist von der Form

$$\dot{v} = \varphi(t)\, \mathfrak{x}^T G(t)\, \mathfrak{x}$$

mit

$$G(t) = -C + \dot{B}(t) + \frac{d \log \varphi(t)}{dt} B(t)\,.$$

Bezeichnet man die größte Wurzel der Gleichung

$$\det(\dot{B} - C - \mu B) = 0 \tag{9.4}$$

mit $\hat{\mu}(t)$ und setzt

$$\gamma(t) = \varphi(t_0) \exp\left(-\int_{t_0}^{t} \hat{\mu}(\tau)\, d\tau\right), \tag{9.5}$$

so ist die Bedingung

$$\frac{d \log \varphi}{dt} < \frac{d \log \gamma}{dt} = -\hat{\mu}\,.$$

notwendig und hinreichend dafür, daß die Matrix $G(t)$ nur negative Eigenwerte besitzt; $\dot{v}$ ist dann negativ. Man muß nun die Funktion $\varphi(t)$ außerdem noch so wählen, daß v positiv definit ist. Nach LEBEDEV [3] ist dafür z. B. hinreichend, daß der Ausdruck $\varphi(t)\sqrt{\beta(t)}$ stets größer als eine feste positive Zahl δ bleibt; $\beta(t)$ bezeichnet den kleinsten Eigenwert von $B(t)$. Man erhält dann als *hinreichende Bedingung für die St. der RL* die Ungleichung (LEBEDEV [3])

$$\sqrt{\beta(t)}\, \exp\left(-\int_{t_0}^{t} \hat{\mu}(\tau)\, d\tau\right) \geqq \delta > 0 \qquad (t \geqq t_0)\,. \tag{9.6}$$

Auf as. St. kann man nicht ohne weiteres schließen, weil die Definitheit von $\dot{v}$ nicht gesichert ist. Liegen die Realteile der Eigenwerte von $A(t)$ beständig unterhalb einer von t unabhängigen negativen Schranke, so ist (9.3) auch für $\varphi(t) \equiv 1$ positiv definit.

In ähnlicher Weise kann man eine Bedingung für eine Dgl. mit „langsam veränderlichen Koeffizienten" aufstellen. Bei diesen ist die Ableitung $\dot{A}(t)$ gleich einer Matrix $\gamma Q(t)$ mit beschränktem $Q(t)$. Bestimmt man B nach (9.2) so ist $\dot{B} = \gamma R(t)$ mit beschränktem $R(t)$, und für $v = \mathfrak{x}^T B\, \mathfrak{x}$ erhält man

$$\dot{v} = -\mathfrak{x}^T (C - \gamma R(t))\, \mathfrak{x}\,.$$

(RAZUMICHIN [5].) Die Forderung, daß $\dot{v}$ negativ semidefinit bzw. negativ definit sein soll, liefert Schranken für γ. Ohne nähere Voraussetzungen über $A(t)$ kann man allerdings auch nur wieder auf schwache St. der RL schließen (ČETAEV [2, 3]).

Bisweilen ist es zweckmäßig, einen neuen Zeitmaßstab einzuführen. Die Realteile der Eigenwerte von $A(t)$ mögen beständig kleiner als eine feste negative Zahl sein. Ferner sei τ eine neue Variable und

$$t = t(\tau) \qquad (t_0 = t(0), \tau \geqq 0)$$

eine stetige und stetig differenzierbare Funktion. Die Ableitung nach τ, die durch einen Strich bezeichnet sei, soll ständig zwischen zwei festen positiven Zahlen liegen:

$$0 < k_1 < t'(\tau) < k_2 .$$

Die Ausgangsgleichung (9.1) geht in

$$\mathfrak{x}' = t'(\tau)\, A(t(\tau))\, \mathfrak{x} \tag{9.7}$$

über, und an die Stelle von $B(t)$ tritt die Matrix $B^*(\tau) = \frac{1}{t'} B(t(\tau))$. Die für (9.7) gebildete Ableitung der L. F. $\bar{v} = \mathfrak{x}^T B^* \mathfrak{x}$ ist

$$\bar{v}' = \mathfrak{x}^T(\dot{B}(t) - B(t)\,\dot{s} - C)\,\mathfrak{x} .$$

Darin ist $\log t' = s$ gesetzt, und zwar ist diese Größe als Funktion von t anzusehen. Wegen der Voraussetzungen über t' sind diese Bildungen stets sinnvoll. Man sucht $\bar{v}'$ dadurch negativ definit zu machen, daß man $\dot{s}(t)$ hinreichend groß wählt, z. B. größer als die größte Wurzel $\tilde{\mu}(t)$ der Gleichung

$$\det(\dot{B}(t) - \mu B(t) - C) = 0 ,$$

die formal mit (9.4) übereinstimmt. Es ist dann

$$t' = e^s = \exp\left(\int_{t_0}^{t} \dot{s}\, dt\right) \geqq \exp\left(\int_{t_0}^{t} \tilde{\mu}(\tau)\, d\tau\right).$$

Da t' beschränkt ist, ergibt sich die von Razumichin [3] angegebene hinreichende Stabilitätsbedingung in der Gestalt:

$$\int_{t_0}^{t} \tilde{\mu}(\tau)\, d\tau \qquad \text{beschränkt.} \tag{9.8}$$

Es sei die Matrix $A(t)$ in (9.1) periodisch mit der Periode ω, und $C = \frac{1}{\omega}\int_0^\omega A(t)\, dt$ sei einer Diagonalmatrix D ähnlich. Bringt man die Ausgangsgleichung durch eine lineare Transformation auf die Gestalt

$$\dot{\mathfrak{y}} = D\mathfrak{y} + F(t)\,\mathfrak{y} ,$$

so führt die Diskussion der als L. F. zu benutzenden Hermiteschen Form

$$v = \mathfrak{y}^T (D + \bar{D})\, \bar{\mathfrak{y}}$$

zu der folgenden hinreichenden Bedingung für St. bzw. as. St. der RL: D negativ definit, $G = (D + \bar{D})^2 + (D + \bar{D})\, F + F^T(D + \bar{D})$ positiv bzw. D negativ definit, G positiv definit (Nougmanova [1]).

Für die schon von LJAPUNOV untersuchte spezielle Dgl. $\ddot{x} + p(t)\,x = 0$ bzw. für das System

$$\dot{x} = y,\ \dot{y} = -p(t)\,x$$

gewinnt DUBOŠIN [3] hinreichende St.-Bedingungen mit Hilfe einfacher L. F. Ist z. B. $p(t)$ für große t negativ, so ist die RL instabil, wie man unter Verwendung von $v = xy$ und Satz 5.1 feststellt. Ist $\lim p(t)$ für $t \to \infty$ vorhanden und positiv, und ist zuletzt $\dot{p}(t) < 0$, so ist die RL as. st. Hier wählt man $v = (p x^2 + y^2)\, e^p$.

§ 10. Gleichungen mit linearem Hauptbestandteil

Es sei

$$\dot{\mathfrak{x}} = A\mathfrak{x} \tag{10.1}$$

eine autonome lineare Dgl. mit prägnantem St.-Verhalten (vgl. § 8). Es sei eine auf Grund der Sätze des § 8 konstrierte L. F. v^0 bekannt, und zwar sei v^0 eine Form der Ordnung m. Bei der Behandlung praktischer Probleme wird man meist $m = 2$ wählen. Die Ableitung $\dot{v}^0{}_{(10.1)}$ ist dann definit; nur im Ausnahmefall $(p_i + p_i = 0)$ hat sie die Gestalt $qv +$ definite Form $(q > 0)$.

Neben (10.1) wird die im allgemeinen nichtlineare Dgl.

$$\dot{\mathfrak{x}} = A\mathfrak{x} + \mathfrak{g}(\mathfrak{x}) \tag{10.2}$$

betrachtet, aus der (10.1) durch *Verkürzung*, d. h. durch Fortlassen des Zusatzgliedes $\mathfrak{g}(\mathfrak{x})$ hervorgeht. Man versucht, für (10.2) eine L. F. durch Abänderung von v^0 zu gewinnen, und setzt

$$v = v^0 + v^z.$$

Das Zusatzglied v^z sucht man so zu bestimmen, daß

1. v das gleiche Definitheitsverhalten zeigt wie v^0,
2. $\dot{v}_{(10.2)}$ das gleiche Definitheitsverhalten zeigt wie $\dot{v}^0{}_{(10.1)}$.

Dabei ist

$$\dot{v}_{(10.2)} = \dot{v}^0{}_{(10.1)} + \sum_{i=1}^{n} \frac{\partial v^0}{\partial x_i}\, g_i + \dot{v}^z{}_{(10.1)} + \sum_{i=1}^{n} \frac{\partial v^z}{\partial x_i}\, g_i\ . \tag{10.3}$$

Wenn man v^z in der angegebenen Weise wählen kann, sind die Dgl.n (10.1) und (10.2) hinsichtlich des St.-Verhaltens der RL gleichwertig. Bei der Berechnung von v^z sind natürlich die speziellen Eigenschaften von $\mathfrak{g}(\mathfrak{x})$ zu benutzen.

Sonderfälle. a) Die Funktionen $g_i(\mathfrak{x})$ mögen in der Umgebung des Nullpunkts Entwicklungen nach Potenzen der Variablen $x_1, \ldots, x_n$ besitzen, die mit Gliedern mindestens zweiter Ordnung beginnen. Man nennt dann die Gl. (10.1) die zu (10.2) gehörende *Gleichung der ersten Näherung* und sagt, daß sie aus (10.2) durch *Linearisierung* entsteht.

In diesem Fall kann man die Zusatzfunktion $v^z \equiv 0$ wählen, weil der zweite Term in (10.3) rechts in den x_i mindestens von der Ordnung $m+1$ ist, so daß er das Definitheitsverhalten des Terms $\dot{v}^0{}_{(10.1)}$ nicht beeinflussen kann. Es folgt der wichtige *Satz über die Stabilität nach der ersten Näherung.*

Satz 10.1 (LJAPUNOV [1].) *Wenn die Dgl. der ersten Näherung prägnantes St.-Verhalten zeigt, hat die RL der vollständigen Gl. dasselbe St.-Verhalten wie die RL der verkürzten Gl.*

Man kann diesen Satz auch auf anderen Wegen beweisen (vgl. z. B. PERRON [1], dort mit schwächeren Voraussetzungen über $\mathfrak{g}(\mathfrak{x})$ bzw. $\mathfrak{g}(\mathfrak{x},t)$; vgl. unten b) und c)); der kürzlich von SALTYKOW [1] vorgelegte Beweis beruht aber auch auf der Konstruktion einer L. F.

In kritischen Fällen wird das St.-Verhalten nicht nur durch die Glieder erster Ordnung bestimmt. Man kann dann sogar, wie LJAPUNOV [1] gezeigt hat, durch Abänderung der Glieder höherer Ordnung bei festgehaltenem Linearteil nach Belieben Inst. oder as. St. der RL erreichen.

b) Die in a) getroffene Voraussetzung über $\mathfrak{g}(\mathfrak{x})$ ist sehr stark und bei vielen Problemen nicht erfüllt. Sie sei deshalb durch die folgende schwächere Annahme über die Funktionen $g_i(\mathfrak{x})$ ersetzt: Jede Funktion $g_i(\mathfrak{x})$ läßt sich durch zwei feste Linearformen abschätzen, d. h. es gibt Vektoren $\mathfrak{g}_i'$, $\mathfrak{g}_i''$ $(i = 1, 2, \ldots, n)$ derart, daß

$$\mathfrak{x}^T\mathfrak{g}_i' \leqq g_i(\mathfrak{x}) \leqq \mathfrak{x}^T\mathfrak{g}_i'' \quad \text{bzw.} \quad \mathfrak{x}^T\mathfrak{g}_i' \geqq g_i(\mathfrak{x}) \geqq \mathfrak{x}^T\mathfrak{g}_i'' \quad (i = 1, 2, \ldots, n) \tag{10.4}$$

gilt. Ferner sei vorausgesetzt, daß alle Eigenwerte $p_1, \ldots, p_n$ der Matrix A negative Realteile haben, so daß die RL der verkürzten Dgl. as. st. ist. Die Aufgabe besteht darin, solche Schranken für die Komponenten g_{ik}', g_{ik}'' der Vektoren $\mathfrak{g}_i'$, $\mathfrak{g}_i''$ zu finden, daß die Ungleichungen (10.4) die as. St. der RL von (10.2) sichern. Zur Lösung dieser Aufgabe betrachtet man neben (10.1) die lineare Hilfsgleichung

$$\dot{\mathfrak{x}} = (A + G)\,\mathfrak{x}\,, \tag{10.5}$$

in der eine noch zu bestimmende Matrix G mit konstanten Koeffizienten auftritt. Man bildet die Ableitung der quadratischen Form (8.2) für (10.5) und erhält eine quadratische Form mit der Matrix

$$M = -C + G^TB + BG\,. \tag{10.6}$$

Wählt man G so, daß M negativ definit ist, so ist wegen Satz 4.2 die RL von (10.5) as. st. Die Definitheitsbedingungen für M liefern n Ungleichungen für die n^2 Elemente g_{ik} der Matrix G, deren gemeinsame Lösungen im Raum der g_{ik} einen wohlbestimmten Bereich bilden, der sicher nicht leer ist, weil er eine Umgebung des Nullpunktes enthält. Wenn nun die Zahlen g_{ik}', g_{ik}'' jeweils in dem Intervall liegen, in dem

g_{ik} variieren darf, ohne den genannten Bereich zu verlassen, dann ist (8.2.) eine L. F. für die Dgl. (10.2), sofern (10.4) erfüllt ist (AJZERMAN [4], HAHN [2]). Der Grad der Ungleichungen, die zur Bestimmung der Elemente von G zu lösen sind, ist höchstens $2r$, wenn r die Anzahl der von Null verschiedenen Komponenten des Vektors $\mathfrak{g}(\mathfrak{x})$ bezeichnet (HAHN [2]). Bei praktischen Problemen ist vielfach nur eine der n skalaren Gleichungen, die der Vektorgleichung (10.2) entsprechen, wirklich nichtlinear, so daß die Ungleichungen quadratisch werden. Die Rechnung ist auch dann verhältnismäßig mühsam (AJZERMAN [4], PESTEL [1]).

Abschätzungen der Gestalt (10.4) lassen sich sicher angeben, wenn $|\mathfrak{g}(\mathfrak{x})| < a\,|\mathfrak{x}|$ mit $a > 0$ ist; in diesem Fall gilt also auch der Satz von der St. „nach der ersten Näherung" (bei hinreichend kleinem a) (PERRON [1]). Es liegt auf der Hand, daß die Methode oft nur recht rohe Ergebnisse liefert. Diese sind aber nicht grundsätzlich schlechter als bei anderen Methoden; sondern die Güte des Resultates hängt wesentlich von den Eigenschaften des Linearteils ab, wie MALKIN [17] durch Untersuchung eines Spezialfalls festgestellt hat.

c) Die Überlegungen von b) bleiben erhalten, wenn die rechte Seite von (10.2) explizit von t abhängt, sofern nur die linearen Abschätzungen (10.4) für $t \geqq t_0$ gleichmäßig in t gelten (PERRON [1]). Dies ist beispielsweise der Fall, wenn die Ausgangsgleichung die Gestalt

$$\dot{\mathfrak{x}} = (A + Q(t))\,\mathfrak{x} \tag{10.7}$$

hat; die Matrix A ist konstant, während $Q(t)$ beschränkte Elemente besitzt, die mit wachsendem t gegen Null streben. Das St.-Verhalten von (10.7) wird durch die „Grenzgleichung" (8.1) bestimmt, sofern für diese nicht ein kritischer Fall vorliegt (ČETAEV [8]). Diese Aussage läßt sich aber noch wesentlich verallgemeinern (vgl. § 26, Bem. zu Satz 26.2).

Bei ERUGIN [1] hat die Matrix des Linearteils die Form $A + \varepsilon F(t)$. Die Elemente von $F(t)$ sind trigonometrische Polynome, ε ist ein kleiner Parameter. Die Überlegungen von a) und b) werden hier zweimal angewandt; man bekommt im ersten Schritt Schranken für den Parameter und dann Schranken für die nichtlinearen Zusatzglieder.

§ 11. Schranken für die Anfangswerte

Der lineare Hauptteil (10.1) der Dgl. (10.2) habe eine as. st. RL. Wir betrachten die für den linearen Hauptteil konstruierte L. F. v und ihre für (10.2) gebildete Ableitung $w(\mathfrak{x})$. Die Funktion v sei radial unbeschränkt, was z. B. für (8.2) oder überhaupt für eine definite Form stets der Fall ist. Wenn überall $\mathfrak{g} \in E$ gilt und $w(\mathfrak{x})$ im ganzen PR negativ definit ist, so liegt nach Satz 4.3 as. St. im Ganzen vor. Wenn dagegen

$w(\mathfrak{x})$ für gewisse Punkte $\mathfrak{x} \neq \mathfrak{o}$ verschwindet, kann man nicht so schließen. Solange aber eine der Hyperflächen $v(\mathfrak{x}) = \text{konst.}$ ganz im Inneren des durch die Fläche $w(\mathfrak{x}) = 0$ umschlossenen Gebietes liegt (vgl. dazu § 3, Bem. 2), gehört sie sicher dem Einzugsgebiet des Nullpunktes an. Es kommt also darauf an, diejenigen Flächen $v = \text{konst.}$ zu bestimmen, die die Fläche $w = 0$ von innen berühren, und unter ihnen diejenige mit dem kleinsten Wert v_0 der Konstanten auszusuchen. Dann ist der Bereich

$$v(\mathfrak{x}) < v_0 \tag{11.1}$$

ein Teilbereich des Einzugsgebietes. An einem Punkt $\mathfrak{y}$, in dem sich die beiden Flächen berühren, ist grad v parallel zu grad w; es gilt daher

$$w(\mathfrak{y}) = 0 \text{ und Rang } \left.\frac{\partial(v, w)}{\partial(x_1, \ldots, x_n)}\right|_{\mathfrak{x}=\mathfrak{y}} = 1\,. \tag{11.2}$$

Bei der Konstruktion der L. F. hat man gewisse Freiheiten; beispielsweise kann die Matrix C in (8.3) als willkürliche symmetrische positiv definite Matrix vorgegeben werden. Dadurch ist es möglich, den Bereich (11.1) durch passende Wahl von v in gewisser Weise zu variieren. Rechnungen zur Erzielung eines Optimums finden sich für den Fall $n = 2$ bei Kunin [1] und Kartvelišvili [1], wo ein technisches Problem (St. des Wasserbewegung im Ausgleichsbecken eines Kraftwerks) behandelt wird.

Eine Störung der durch die Überlegungen von 10 b) bzw. 10 c) garantierten St. kann auch dadurch eintreten, daß die linearen Abschätzungen (10.4) nicht für alle $\mathfrak{x}$ gelten. Es sei beispielsweise (10.4) nur im Inneren des Parallelepipeds $|x_i| \leqq a_i$ gültig, während für $|x_i| > a_i$ die Ungleichungen verletzt sind. Man betrachtet dann diejenigen Flächen $v = \text{konst.}$, die die Hyperebenen $x_i = \pm a_i$ berühren [die Bedingung dafür ergibt sich ähnlich wie (11.2)], und wählt wieder die Fläche mit dem kleinsten Wert der Konstanten aus. Die zu (11.1) analoge Ungleichung liefert dann wie oben einen Teilbereich des Einzugsgebietes.

Wenn die Ungleichungen (10.4) erst für große $|\mathfrak{x}|$, etwa für $|x_i| > a_i$ in Kraft treten, ist $w = \dot{v}$ nach Konstruktion nur für große Werte von $|\mathfrak{x}|$ mit Sicherheit negativ. Man kann dann nur schließen, daß die von großen Anfangswerten ausgehenden Phasenkurven einer Umgebung des Nullpunktes zustreben, die sie nicht wieder verlassen. Eine naheliegende Abänderung der obigen Überlegung führt zu einer Abschätzung dieser Umgebung und damit zu Schranken für die Bewegung selbst (Ajzerman [4], Hahn [4]).

Sieht man (8.1) als Spezialfall eines nichtlinearen Systems

$$\dot{\mathfrak{x}} = \mathfrak{f}(\mathfrak{x}) \qquad (\mathfrak{f} \in C_1) \tag{11.3}$$

an, so ist $A\mathfrak{x} = f(\mathfrak{x})$ und A gleich der Funktionalmatrix

$$J(\mathfrak{x}) = \left(\frac{\partial(f_1, \ldots, f_n)}{\partial(x_1, \ldots, x_n)}\right)$$

an der Stelle $\mathfrak{x} = \mathfrak{o}$, und Satz 8.1 läßt sich als St.-Aussage auf Grund einer Eigenschaft der Funktionalmatrix ansehen. Eine sinngemäße Übertragung auf den allgemeinen Fall liefert der

Satz 11.1 (Krasovskij [9, 10, 21]). Es sei $\mathfrak{f}(\mathfrak{x}, t)$ im ganzen BR stetig nach den x_i differenzierbar und $\mathfrak{f}(\mathfrak{o}, t) = \mathfrak{o}$. Es existiere eine reelle symmetrische positiv definite Matrix B mit konstanten Elementen derart, daß die (von $\mathfrak{x}$ und t abhängigen) Eigenwerte der mit der oben erklärten Matrix J gebildeten Matrix

$$M = \frac{1}{2}(J^T B + B J) \qquad (0 \leqq t_0 \leqq t < \infty) \tag{11.4}$$

für alle $\mathfrak{x}$ aus einem gewissen Bereich $\mathfrak{K}_r$ unter einer festen negativen Schranke $-\delta$ liegen. Dann ist die RL von $\dot{\mathfrak{x}} = \mathfrak{f}(\mathfrak{x}, t)$ as. st. Sind die Eigenwerte für alle $\mathfrak{x}$ im PR kleiner als $-\delta$, so ist die RL. as. st. im Ganzen.

Beweis für autonome Dgl.n. Die Realteile der Eigenwerte der Matrix BJ liegen zwischen dem größten und dem kleinsten Eigenwert ihres symmetrischen Anteils M, sind also kleiner als $-\delta$. Mithin ist in $\mathfrak{K}_r$

$$|\det(BJ)| \geqq \delta^n,$$

und die Funktion

$$|\det J| = \omega(\mathfrak{x}) \tag{11.5}$$

bleibt in $\mathfrak{K}_r$ stets oberhalb einer festen positiven Zahl η. Daher ist die durch die Beziehung $\mathfrak{f} = \mathfrak{f}(\mathfrak{x})$ vermittelte Abbildung des $\mathfrak{x}$-Raumes auf den $\mathfrak{f}$-Raum in einer gewissen Umgebung des Nullpunktes umkehrbar, woraus folgt, daß die Dgl. (11.3) die Stelle $\mathfrak{x} = \mathfrak{o}$ als isolierte Gleichgewichtslage besitzt. Die L. F.

$$v = \mathfrak{f}^T(\mathfrak{x})\, B\, \mathfrak{f}(\mathfrak{x}) \tag{11.6}$$

ist daher als Funktion von $\mathfrak{x}$ positiv definit. Ihre für (11.3) gebildete Ableitung

$$\dot{v} = \mathfrak{f}^T(\mathfrak{x})\, (J^T B + B J)\, \mathfrak{f}(\mathfrak{x})$$

ist nach der Voraussetzung über M negativ definit. Damit ist die as. St. bewiesen, und zwar zunächst „im Kleinen". Gilt nun $\omega(\mathfrak{x}) > \eta$ überall, so erkennt man, daß (11.3) im Endlichen überhaupt keine Gleichgewichtslage außer $\mathfrak{x} = \mathfrak{o}$ hat. Ferner ergibt sich durch Integration des Volumenelementes im $\mathfrak{f}$-Raum und im $\mathfrak{x}$-Raum

$$\int d\mathfrak{f} = \int \omega(\mathfrak{x})\, d\mathfrak{x} \geqq \eta \int d\mathfrak{x}\,.$$

Daraus folgt, daß mindestens eine der Komponenten von $\mathfrak{f}$ mit wachsendem $|\mathfrak{x}|$ über alle Grenzen wächst. Die Funktion (11.6) ist also radial unbeschränkt, und nach Satz 4.3 ist die RL von (11.3) as. st. im Ganzen. Die Übertragung des Beweises auf den nicht-autonomen Fall findet sich bei KRASOVSKIJ [21]; dabei wird der in § 4, 8 genannte Hilfssatz benutzt.

Anstelle der Matrix (11.4) kann man in Satz 11.1 auch die folgendermaßen definierte Matrix N verwenden. Man bestimmt die Matrix $A(\mathfrak{x}, t)$ durch die Gleichung $A^T J + J A = I$ und setzt

$$C = \sum_{j=1}^{n} \frac{\partial A}{\partial x_j} f_j(\mathfrak{x}, t) .$$

Dann sei $N = C + \frac{\partial A}{\partial t} - I$ (KRASOVSKIJ [21]).

Für die nichtautonome in Matrizenform geschriebene Dgl.

$$\dot{\mathfrak{x}} = F(\mathfrak{x}, t)\, \mathfrak{x} \tag{11.7}$$

beweist ZUBOV [1] den

Satz 11.2. Sind in einem gewissen Bereich $\mathfrak{K}_{h, t_0}$ alle (von $\mathfrak{x}$ und t abhängigen) Eigenwerte der Matrix $\frac{1}{2}(F^T + F)$ nicht positiv, so ist die RL von (11.7) stabil. Liegen die Eigenwerte sogar unterhalb einer Größe $-\delta(t)$ und divergiert das Integral $\int_{t_0}^{\infty} \delta(t)\, dt$, so ist die RL as. st. Existiert $\lim F(\mathfrak{o}, t)$ für $t \to \infty$ und haben alle die zu diesem Limes gehörenden Eigenwerte negative Realteile, so ist die RL von (11.7) ebenfalls as. st.

Man beweist den ersten Teil des Satzes mit Hilfe der L. F. $|\mathfrak{x}|^2$ und der Sätze 4.1 bzw. 4.2 und § 4, Bem. 4. Für den zweiten Teil benötigt man eine Schlußweise wie in § 10, c.

Der Beweis zu Satz 11.1 läßt sich leicht so abwandeln, daß man eine Abschätzung für das Einzugsgebiet erhält (KRASOVSKIJ [7] für $n = 2$, [10] allgemein). Es sei (11.3) autonom und die in Satz 11.1 erklärte Matrix B gleich I. Ferner sei

$$m(r) = \min |\mathfrak{f}| , \quad \mu(r) = \max |\mathfrak{f}|$$

und $\lambda(r)$ das Minimum der Absolutbeträge der Eigenwerte von (11.4). jeweils für $|\mathfrak{x}| = r$. Dann gilt

Satz 11.3 (KRASOVSKIJ [7, 10]). Die Kugel $|\mathfrak{x}| \leqq r$ liegt ganz im Einzugsgebiet des Nullpunkts von (11.3), wenn die Eigenwerte von (11.4) in jedem Bereich $\mathfrak{K}_h$ negativ sind, für den die Ungleichung

$$\int_{r}^{h} m(s)\, \lambda(s)\, ds > \frac{1}{2} \mu(r) \tag{11.8}$$

besteht. Wenn das von Null bis ∞ erstreckte Integral divergiert und die Eigenwerte im ganzen PR negativ sind, liegt as. St. im Ganzen vor.

Der Beweis arbeitet mit der L. F. $|\mathfrak{f}|^2$; die Integralbedingung (11.8) sichert, daß der Bereich $\mathfrak{K}_h$ außerhalb des Einzugsgebietes etwaiger von $\mathfrak{o}$ verschiedener Singularitäten von (11.3) liegt. Ein weiterer Satz von KRASOVSKIJ [7, 20] gestattet, die für Satz 11.1 geforderte Differenzierbarkeit der Funktionen f_i durch eine etwas schwächere Bedingung zu ersetzen.

Zur Abschätzung des Stabilitätsbereichs vgl. auch die im § 21 genauer besprochenen Arbeiten von ZUBOV, ferner NEMYCKIJ [2]. Wenn die Matrix A in (10.2) Dreiecksgestalt hat, läßt sich mit Hilfe eines Satzes von PERRON [1] bisweilen ein günstigeres Ergebnis erzielen. Eine einfache technische Anwendung bringt VOREL [1].

§ 12. Abschätzungen für den Stabilitätsbereich der Parameter

Die Methoden von § 10, insbesondere 10b) und 10c), liefern neben den Aussagen über die St. der RL zusätzlich Abschätzungen für den im § 6, 3 erklärten St.-Bereich der Parameter. Diese dürfen dabei auch zeitabhängig sein. Nachstehend sind die bisher behandelten Gleichungen und die Ergebnisse zusammengestellt, soweit sie mit der direkten Methode erzielt worden sind. Es handelt sich dabei durchweg um praktische Probleme aus der nichtlinearen Mechanik; die Bewegungsgleichungen sind deshalb auch vielfach nicht in Vektorform, sondern als skalare Gleichungen höherer Ordnung geschrieben.

a) Zur Untersuchung der Gleichung

$$\ddot{x} + p(t)\,\dot{x} + q(t)\,x = 0\,, \tag{12.1}$$

in der die Funktionen $p(t)$ und $q(t)$ für $t > 0$ stetig sind und den Ungleichungen

$$0 \leqq l_1 \leqq p(t) \leqq l_2\,, \quad 0 \leqq m_1 \leqq q(t) \leqq m_2$$

genügen, wählt STARŽINSKIJ [1] eine von t unabhängige quadratische Form in x und $\dot{x}$ als L. F. v und wertet die durch $\dot{v} = 0$ gelieferte Beziehung zwischen den Koeffizienten aus. Er erhält als hinreichende Bedingungen für as. St. der RL von (12.1) die Ungleichungen

$$l_2 < \frac{m_2 + 2\sqrt{m_1 m_2} + 5 m_1}{\sqrt{m_2} - \sqrt{m_1}}\;;\; l_1 > \sqrt{m_2} - \sqrt{m_1}\,. \tag{12.2}$$

Ein Spezialfall von (12.1) ist die *Mathieusche Gleichung mit Dämpfungsglied*

$$\ddot{x} + a\dot{x} + \left(1 + b\cos\frac{2}{\mu}\,t\right)x = 0 \qquad (0 < a,\, 0 < b < 1\;;\; a \text{ und } b \text{ konstant}), \tag{12.3}$$

die auch von AJZERMAN [3] behandelt worden ist. Aus (12.2) ergibt sich in diesem Fall die Bedingung

$$a > \sqrt{1+b} - \sqrt{1-b}\,,$$

die besser ist als die Ajzermansche. Die zeitabhängige L. F.

$$v = x^2 + \frac{1}{q(t)} \dot{x}^2$$

liefert die unter Umständen noch günstigere Schranke

$$a > \frac{b}{\mu \sqrt{1-b^2}} .$$

b) Staržinskij [2, 3] hat auch Gleichungen dritter und vierter Ordnung behandelt; die Rechnungen werden dabei schon ziemlich kompliziert. Bei der speziellen Dgl.

$$x^{(3)} + p\ddot{x} + \dot{x} + r(t)\, x = 0 \qquad (0 < p,\, 0 \leqq r(t) \leqq \varrho)$$

lautet eine hinreichende Bedingung für as. St.

$$\varrho \leqq p - \frac{p^3}{4}, p \leqq \sqrt{2} \text{ bzw. } \varrho \leqq \frac{1}{p}, p \geqq \sqrt{2}.$$

Im Falle der Dgl.

$$x^{(4)} + p\,x^{(3)} + q\ddot{x} + \dot{x} + s(t) = 0 \qquad (0 < p,\, 0 < q,\, 0 \leqq s(t) \leqq \sigma)$$

sind hinreichende Bedingungen

$$\left(\frac{p^3}{4} - pq + 2\right) p \leqq \sigma \leqq \frac{1}{q} \text{ für } \frac{1}{8p}\left(p^3 + 8 + \sqrt{p^6 + 16\,p^3}\right) \leqq q \leqq \frac{p^2}{4} + \frac{2}{p}$$

bzw.

$$\sigma \leqq \frac{1}{q} \text{ für } q \geqq \frac{p^2}{4} + \frac{2}{p} .$$

c) Gelegentlich treten nichtautonome lineare Gleichungen auf, die von einem Parameter abhängen und für spezielle Werte dieses Parameters von t unabhängig werden. Eine solche Dgl. ist z. B.

$$\dot{\mathfrak{x}} = (A + \gamma\, P(t))\, \mathfrak{x} . \tag{12.4}$$

$P(t)$ sei beschränkt, γ ist der Parameter und $\gamma = 0$ der ausgezeichnete Wert. Man vergleicht (12.4) mit (8.1) und benutzt die L. F. (8.2). Ihre Ableitung für (12.4) ist

$$\dot{v} = -\mathfrak{x}^T (C - \gamma (P^T B + B P))\, \mathfrak{x} ,$$

und die Forderung „$\dot{v}$ sei für $t \geqq t_0$ negativ definit" liefert Schranken für den Parameter γ (Četaev [8]).

Einen Spezialfall behandelt G. A. Rjabov [1]. Er betrachtet eine sog. geradlinige Partiallösung des Dreikörperproblems und stellt für diese die Dgl. der gestörten Bewegung auf, die dem System

$$\dot{x}_1 = x_2 \,;\, \dot{x}_2 = 2\,x_4 + \frac{\alpha}{1 + \gamma \cos t}\, x_1 \,;$$

$$\dot{x}_3 = x_4 \,;\, \dot{x}_4 = -2\,x_2 - \frac{\beta}{1 + \gamma \cos t}\, x_3$$

äquivalent ist. Darin sind α, β und γ gewisse Konstanten; t ist nicht die Zeit, sondern bezeichnet einen Winkel, den die geradlinige Bewegung mit einer durch die Anfangsgrößen des Problems bestimmten Richtung bildet. Von Interesse ist die Frage, welche Werte von γ auf instabile Bewegungen führen. RJABOV beantwortet sie auf dem eben skizzierten Wege unter Verwendung von Satz 5.1.

§ 13. Das Problem von AJZERMAN und seine Modifikationen

a) Das Problem von AJZERMAN, das zu einer verhältnismäßig großen Anzahl von Einzeluntersuchungen Anlaß gegeben hat, gehört zu den in § 6 unter 4. genannten Fragestellungen. Es handelt sich dabei um folgendes. Bei der Diskussion der Gl. (10.2) wurde die lineare Hilfsgleichung (10.5) benutzt. Abschätzungen für die Elemente der Matrix G ergaben sich mit Hilfe der L. F. (8.2); sie lieferten zugleich Bedingungen für den nichtlinearen Bestandteil $\mathfrak{g}(\mathfrak{x})$. Es liegt auf der Hand, daß das angegebene Verfahren nicht die bestmöglichen Abschätzungen für die Elemente von G erzielen kann (vgl. § 10, Schluß von b)). Wenn man dagegen die Linearität von (10.5) benutzt und Satz 8.1 heranzieht, erhält man die genauen Grenzen für die Elemente von G. Man stellt für die charakteristische Gleichung der Matrix $A + G$ die Hurwitzschen Ungleichungen auf (vgl. SCHMEIDLER [1]): ihre Auswertung ergibt im Raum der g_{ik} den genauen St.-Bereich der Dgl. (10.5) bzw. der Dgl. (10.2) im Falle eines *linearen* Zusatzgliedes $\mathfrak{g}(\mathfrak{x})$. Es entsteht nun die Frage, ob man diese genauen Grenzen auch für *nichtlineare* Zusatzglieder verwenden kann, ob also die Schranken, die für die Elemente g'_{ik}, g''_{ik} in den Ungleichungen (10.4) zulässig sind, mit den genauen Schranken für die linearen Zusatzglieder übereinstimmen.

Diese Frage ist der Inhalt des Ajzermanschen Problems in allgemeinster Fassung. Es wurde von AJZERMAN [1] ursprünglich sehr viel spezieller formuliert, und zwar unter der Voraussetzung, daß der Vektor $\mathfrak{g}(\mathfrak{x})$ nur eine einzige von Null verschiedene Komponente hat, die noch dazu nur von einem einzigen Argument abhängt. Das Problem kann dann in folgender Form ausgesprochen werden:

Es seien die skalaren Dgl.n

$$\begin{aligned} \dot{x}_1 &= \sum_{k=1}^{n} a_{1k} x_k + f_1(x_j) \qquad && (f_1(0) = 0,\ \ f_1(x) \in E) \\ \dot{x}_i &= \sum_{k=1}^{n} a_{ik} x_k && (i = 2, 3, \ldots, n) \end{aligned} \tag{13.1}$$

vorgelegt; j bezeichnet eine feste Zahl zwischen 1 und n. Daneben wird ein lineares Vergleichssystem betrachtet, in dem die Funktion $f_1(x_j)$ durch $a\,x_j$ ersetzt ist. Die Ungleichung

$$\alpha x_j^2 < x_j f_1(x_j) < \beta x_j^2 \qquad (x_j \neq 0) \tag{13.2}$$

sei für jedes Zahlenpaar α, β erfüllt, für das aus

$$\alpha < a < \beta \tag{13.3}$$

die as. St. des linearen Vergleichssystems folgt. Kann man unter diesen Annahmen auf die as. St. der RL von (13.1) im Ganzen schließen oder nicht? (Das maximale Intervall für „zulässige" Werte von a ergibt sich, wie schon bemerkt, aus den Hurwitzschen Bedingungen.)

Das Ajzermansche Problem entstammt einer konkreten Fragestellung: die Dgl.n (13.1) können als die Bewegungsgleichungen eines automatischen Regelsystems mit einem einzigen nichtlinearen Übertragungsglied aufgefaßt werden, wie sie in der Praxis häufig auftreten. Die as. St. der RL im Ganzen bedeutet dabei, daß der Regelvorgang auch nach beliebigen endlichen Anfangsstörungen wieder abklingt. Die Ungleichung (13.2) besagt, daß die Kennlinie des nichtlinearen Elementes in einem festen Winkelraum verbleibt, sonst aber keinen weiteren Bedingungen unterworfen ist.

Das Problem ist bisher nur für den Fall $n = 2$ vollständig gelöst, und zwar ist die Frage zu bejahen, wenn man von einem (für die Praxis bedeutungslosen) Ausnahmefall absieht. Man hatte ursprünglich vermutet, daß die Frage allgemein zu bejahen ist; die nachfolgende Zusammenstellung der bisher erzielten Teilergebnisse läßt aber erkennen, daß man schon für $n = 3$ zusätzliche Annahmen über die Nichtlinearität braucht. Erst recht gilt das natürlich im allgemeinen Fall, bei dem mehrere Gleichungen nichtlinear sind und die nichtlinearen Funktionen von mehreren Veränderlichen abhängen.

b) Das erste vollständige Ergebnis stammt von Erugin [2] und Malkin [16] und bezieht sich auf die Gleichungen

$$\dot{x} = f(x) + by, \quad \dot{y} = cx + dy \qquad (f(0) = 0). \tag{13.4}$$

Ersetzt man $f(x)$ durch hx mit konstantem h, so lautet die Hurwitzsche Bedingung für das lineare Ersatzsystem

$$h + d < 0\,, \quad hd - bc > 0\,; \tag{13.5}$$

die der Ungleichung (13.2) entsprechende Bedingung für die Nichtlinearität ist hier also

$$x(f(x) + dx) < 0\,, \quad x(df(x) - bcx) > 0 \qquad (x \neq 0). \tag{13.6}$$

Wenn $d^2 + bc \neq 0$ ist, sind diese Ungleichungen wirklich hinreichend für die as. St. der RL von (13.4) im Ganzen. Das gilt sogar, wenn man für die Funktion $f(x)$ nur Stetigkeit voraussetzt, auf die eindeutige Bestimmtheit der Lösungen also verzichtet (Erugin [5]).

Beim Beweis benutzt man nach Malkin [16] die positiv definite L.F.

$$v = \int_0^x (f(\xi)d - bc\xi)\,d\xi + \frac{1}{2}(dx - by)^2\,, \tag{13.7}$$

deren für (13.4) gebildete Ableitung

$$\dot{v} = (f(x) + dx)(df(x) - bcx)$$

wegen (13.6) nichtpositiv ist. Daraus folgt sofort die St. der RL; die as. St. ergibt sich nach § 4, Bem. 7, wenn man $f(x) \in C_1$ voraussetzt. Um auch die as. St. im Ganzen zu sichern (die dann auch für den Ausnahmefall $d^2 + bc = 0$ gilt), muß man noch fordern, daß der Ausdruck

$$\gamma = \lim \int_0^x (f(\xi)d - bc\xi)\, d\xi \qquad (|x| \to \infty) \qquad (13.8)$$

unbeschränkt ist; v ist dann radial unbeschränkt. Diese Voraussetzung ist beispielsweise erfüllt, wenn für alle großen $|x|$

$$d\frac{f(x)}{x} - bc \geqq \delta > 0 \qquad (\delta \text{ fest})$$

ist.

Die Diskussion der L. F. (13.7) liefert also nicht die volle Aussage des oben im Anschluß an (13.6) formulierten Satzes. Um diese zu gewinnen, muß man den Verlauf der Phasenkurven näher studieren, also „qualitative Methoden" (vgl. Einleitung) heranziehen. Man erhält dabei noch folgende Ergänzung: Wenn im Ausnahmefall $d^2 + bc = 0$ die durch (13.8) erklärte Größe γ endlich ist (mithin keine as. St. im Ganzen vorliegt), umfaßt das Einzugsgebiet des Nullpunkts den Bereich $v < \gamma$ (ERUGIN [5]). Wie PLISS [1] gezeigt hat, ist dieser Bereich im allgemeinen unbeschränkt, bildet aber einen echten Teil der Phasenebene. PLISS teilt ein Verfahren mit, durch das man den Einzugsbereich mit beliebiger Genauigkeit konstruieren kann. Daß die Ungleichungen (13.6) im Ausnahmefall für die as. St. im Ganzen nicht hinreichen, läßt ein von KRASOVSKIJ [1] mitgeteiltes Gegenbeispiel erkennen. Es sei

$$\dot{x} = f(x) + y, \quad \dot{y} = -x - y$$

mit

$$f(x) = x - \frac{e^{-2x}}{1 + e^{-x}} \; (x \geqq 1), \quad f(x) = x - \frac{e^{-2}}{1 + e^{-1}}\, x \; (x < 1).$$

Offenbar ist $d^2 + bc = 0$ und $f(x) \in C_0$. Die vom Punkte $(1;\ e^{-1} - 1)$ ausgehende Phasenkurve hat die Gleichung $y = e^{-x} - x$ und strebt mit wachsendem t nicht dem Nullpunkt zu.

c) Der zweite Fall des Ajzermanschen Problems für $n = 2$ betrifft das System

$$\dot{x} = ax + f(y), \quad \dot{y} = cx + dy, \qquad (13.9)$$

das ebenfalls von MALKIN [16] behandelt worden ist, sich aber auch einem von KRASOVSKIJ [1, 3, 4] untersuchten allgemeineren System mit zwei nichtlinearen Funktionen unterordnet. Man verfährt dabei wie im Fall b), d. h. man arbeitet zunächst mit der direkten Methode und versucht dann, durch qualitative Erörterungen die Ergebnisse zu verbessern und zu ergänzen.

Die wichtigsten der von KRASOVSKIJ gefundenen Resultate sind nachstehend aufgeführt. Von den mit $f_i(z) = z h_i(z)$ bezeichneten nichtlinearen Funktionen ist Zugehörigkeit zur Klasse C_1 und Verschwinden im Nullpunkt vorausgesetzt. Die unten formulierten Aussagen über die Funktionen h_i beziehen sich stets auf nichtverschwindende Argumente.

1. Es sei

$$\dot{x} = f_1(x) + b y\,, \quad \dot{y} = f_2(x) + d y$$

und dabei

$$d h_1(x) - b h_2(x) > 0\,, \quad h_1(x) + d < 0\,.$$

Dann ist die Bedingung

$$\underline{\lim}\left[(f_1(x) + d x)\ \operatorname{sgn} x - \int_0^x (f_1(\xi) d - f_2(\xi) b)\, d\xi\right] = -\infty \qquad (|x| \to \infty)$$

notwendig und hinreichend für as. St. im Ganzen. Die Funktion sgn x hat für positive x den Wert $+1$, für negative x den Wert -1. Ihre Erklärung für $x = 0$ ist hier und im folgenden ohne Bedeutung.

Bei seinem Beweis verwendet KRASOVSKIJ [1] die L. F.

$$v = \int_0^x (f_1(\xi)\, d - f_2(\xi)\, b)\, d\xi + \frac{1}{2}(d x - b y)^2\,,$$

für die

$$\dot{v} = x^2 (h_1(x) + d)\, (d h_1(x) - b h_2(x))$$

wird. Im linearen Fall sind die in der Voraussetzung auftretenden Ungleichungen gerade die Hurwitzschen. Ist nur eine der Funktionen $f_1(x)$ oder $f_2(x)$ nichtlinear, so hat man es mit den Gleichungen (13.4) oder (13.9) zu tun, also mit dem Ajzermanschen Problem für $n = 2$, das damit seine Erledigung gefunden hat.

Daß die angeführten Bedingungen auch notwendig sind, zeigt KRASOVSKIJ [3] mit qualitativen Methoden.

2. Es sei

$$\dot{x} = f_1(x) + b y\,, \quad \dot{y} = c x + f_2(y)\,.$$

Beide Dgl.n seien nichtlinear. Dann sind die beiden Ungleichungen

$$h_1(x) + h_2(y) < 0\,, \quad h_1(x)\, h_2(y) - b c > 0$$

hinreichend für as. St. im Ganzen.

Der Beweis verwendet eine von zwei Parametern α und β abhängige L. F.

$$\frac{1}{2}(\beta^2 - b c)\, x^2 + \frac{1}{2}\left(b^2 - \frac{b^3 c}{\alpha^2}\right)^2 + \beta \int_0^x f_1(\xi)\, d\xi + \frac{b^2}{\alpha} \int_0^y f_2(\eta)\, d\eta - b\, \beta x y\,;$$

die Parameter sind so zu wählen, daß

$$h_1(x) + \beta \leqq 0; \quad \beta h_1(x) - bc \geqq 0,$$
$$h_2(y) + \alpha \leqq 0; \quad \alpha h_2(y) - bc \geqq 0$$

wird.

3. Es sei

$$\dot{x} = ax + f_2(y), \quad \dot{y} = f_1(x) + dy.$$

Hinreichend für as. St. im Ganzen sind a) im Fall $a < 0$, $d < 0$ die Ungleichungen

$$h_1(x) \leqq 0, \quad h_2(y) \geqq 0,$$

b) im Fall $ad < 0$ die Ungleichungen

$$a + d < 0, \quad ad - h_1(x)\,h_2(y) > 0.$$

4. Es sei

$$\dot{x} = f_1(x) + f_2(y), \quad \dot{y} = cx + dy;$$

ferner sei die Funktion $f_1(x) + dx$ monoton abnehmend und

$$dh_1(x) - ch_2(y) > 0.$$

Dann ist im Fall $d > 0$, $c < 0$ die RL as. st. im Ganzen; im Fall $c > 0$, $d < 0$ ist noch zusätzlich

$$\lim \left| \int_0^y (f_2(\eta) - \beta\eta)\,d\eta \right| = \infty \qquad (|y| \to \infty)$$

zu fordern, wobei β der in 2. eingeführte Parameter ist. Die Bedingungen

$$h_1(x) + d \leqq -\delta < 0; \quad h_1(x)\,d - h_2(y)\,c \geqq \delta' > 0,$$

die den Hurwitzschen entsprechen, sind hier sogar in der aufgeschriebenen strengeren Form nicht einmal für as. St. im Kleinen hinreichend.

KRASOVSKIJ [3] hat auch noch einige weitere, in der obigen Zusammenstellung nicht erfaßte Unterfälle von 2. bis 4. erledigt.

d) Ein „Ajzermansches System" von drei Dgl.n ist von TUZOV [1] studiert worden. Er nimmt an, daß die erste Gleichung die Gestalt

$$\dot{x} = a_{11}x + a_{12}y + a_{13}z + f(x) \qquad (f(0) = 0, f \in C_1)$$

hat; die beiden andern Dgl.n sind linear. Bei der etwas mühsamen Untersuchung sind 22 Unterfälle zu unterscheiden, je nach den Ungleichungen, die zwischen den Koeffizienten a_{ij} und den Hurwitzschen Determinanten bestehen. TUZOV konstruiert für jeden Fall eine L. F. und gelangt zu St.-Bedingungen vom Typ der in c) genannten. In einer weiteren Arbeit von TUZOV [2] sind alle drei Dgl.n nichtlinear, enthalten aber alle die gleiche Nichtlinearität. Mit einem gleichartigen, aber spezielleren System befaßt sich PLISS [2].

Das Ajzermansche Problem ist also schon für $n = 3$ noch nicht vollständig gelöst. Man darf zwar annehmen, daß sich die bisher entwickelten

Verfahren grundsätzlich auch auf Systeme höherer Ordnung anwenden lassen; die Rechnungen dürften aber wegen der rasch anwachsenden Zahl der Unterfälle so mühsam und unübersichtlich werden, daß dieser Weg zur Lösung des allgemeinen Problems wenig Erfolg verspricht. Eine Übersicht über die bis **1954** erreichten Fortschritte bei der Behandlung des Ajzermanschen Problems findet sich in dem Bericht von ERUGIN [7]. (Vgl. auch NEMYCKIJ [1].)

e) Wie die oben genannten Arbeiten von KRASOVSKIJ [1, 3] zeigen, lassen sich die beim Studium des engeren Ajzermanschen Problems zu benutzenden Verfahren auch bei etwas allgemeineren Dgl.n mit mehreren nichtlinearen Funktionen heranziehen. Es handelt sich allerdings bisher nur um Untersuchungen verhältnismäßig spezieller Fälle, die z. T. mit konkreten Problemen zusammenhängen.

KRASOVSKIJ [2] betrachtet ein System von drei Gleichungen:

$$\begin{aligned} \dot{x} &= f_1(x) + a_{12}y + a_{13}z \\ \dot{y} &= f_2(x) + a_{22}y + a_{23}z \\ \dot{z} &= f_3(x) + a_{32}y + a_{33}z \end{aligned} \qquad (f_i(0) = 0, \quad f_i(x) \in E)$$

Zur Abkürzung sei $f_i(x) = x h_i(x)$ gesetzt; die zu den Elementen der Matrix

$$M(x) = \begin{pmatrix} h_1 & a_{12} & a_{13} \\ h_2 & a_{22} & a_{23} \\ h_3 & a_{32} & a_{33} \end{pmatrix}$$

gehörenden adjungierten Unterdeterminanten seien mit d_{ik} bezeichnet. Schließlich sei die zu M gehörende charakteristische Gleichung in der Gestalt

$$\det (M - \lambda I) \equiv -(\lambda^3 + a(x)\,\lambda^2 + b(x)\,\lambda + c(x)) = 0$$

geschrieben; für ihre Koeffizienten sollen für alle $x \neq 0$ die „Hurwitzschen Ungleichungen"

$$a(x) > 0, \quad a(x)\,b(x) - c(x) > 0\,, \quad c(x) > 0$$

erfüllt sein. Es gelten dann die folgenden zwei Sätze:

a) Es sei

$$\frac{a_{12}}{a_{13}} = \frac{d_{21}}{d_{31}}\,. \tag{13.10}$$

Dann ist die Bedingung

$$\underline{\lim}\left[x\left(\frac{d_{21}}{a_{12}} - a(x)\right)\operatorname{sgn} x - \int_0^x \xi\, c(\xi)\, d\xi\right] = -\infty \qquad (|x| \to \infty)$$

notwendig und hinreichend für as. St. im Ganzen.

b) Es sei (13.10) nicht erfüllt. Dann sind die beiden Bedingungen

$$\lim \int_0^x \xi c(\xi)\, d\xi = \infty \qquad (|x| \to \infty)$$

$$4k_2 c(x)\,[a(x) - k_1] - \left[\frac{c(x)(1+k_2)}{k_1} + k_2(a(x) - k_1)\,k_1 - k_2 b(x)\right]^2 > 0$$

hinreichend für as. St. im Ganzen. k_1 und k_2 sind zwei willkürliche, aber feste positive Zahlen.

Der Beweis benutzt die direkte Methode in Verbindung mit qualitativen Betrachtungen. Vorher wird das Ausgangssystem linear in eine einfachere Gestalt transformiert; daher rühren die Fallunterscheidungen.

BARBAŠIN [2] betrachtet die Dgl.

$$x^{(3)} + a\ddot{x} + \varphi(\dot{x}) + f(x) = 0,$$

in der $f(x)$ stetig differenzierbar, $\varphi(y)$ stetig ist; beide Funktionen verschwinden für das Argument Null. Mit Hilfe der L. F.

$$v(x, y, z) = a\int_0^x f(\xi)\,d\xi + yf(x) + \int_0^y \varphi(\eta)\,d\eta + \frac{z^2}{2}$$

erhält man hinreichende Bedingungen für as. St. im Ganzen, nämlich

$$\alpha) \qquad a > 0, \frac{f(x)}{x} > 0 \ (x \neq 0), \quad a\frac{\varphi(y)}{y} - f'(x) > 0 \qquad (y \neq 0),$$

$\beta)$ $v(x, y, 0)$ ist in der (x, y)-Ebene radial unbeschränkt.

Die Bedingungen sind beispielsweise erfüllt, wenn zwei positive Zahlen h_1 und h_2 derart existieren, daß

$$\frac{f(x)}{x} \geqq h_1 > 0, \ a\frac{\varphi(y)}{y} - f'(x) \geqq ah_2 - h_1 > 0$$

gilt.

M. L. CARTWRIGHT [1] gibt einige analoge hinreichende Bedingungen für die Dgl.n

$$x^{(4)} + a_1x^{(3)} + a_2\ddot{x} + a_3\dot{x} + f(x) = 0$$

und

$$x^{(4)} + a_1x^{(3)} + \varphi(\dot{x})\,\ddot{x} + a_3\dot{x} + a_4x = 0$$

an; dabei ist $f(x)$ als zweimal stetig differenzierbar, $\varphi(y)$ als einmal stetig differenzierbar vorausgesetzt.

Bei ŠIMANOV [1, 2] treten nichtlineare Funktionen von mehreren Veränderlichen auf. In der ersten Arbeit betrachtet er

$$x^{(3)} + f(x, \dot{x})\,\ddot{x} + b\dot{x} + cx = 0$$

unter der Voraussetzung, daß $f(x, y)$ und $f_x(x, y)$ stetig sind. Die Ungleichungen

$$b > 0, c > 0, f(x, y) > \frac{c}{b}, \ yf_x(x, y) \leqq 0$$

sind hinreichend für as. St. im Ganzen.

In der zweiten Arbeit handelt es sich um das Dgl.-System

$$\ddot{x} + f_1(x, y, \dot{x}, \dot{y})\,\dot{x} + \varphi_1(x) = 0 \qquad (\varphi_1(0) = 0),$$

$$\ddot{y} + f_2(x, y, \dot{x}, \dot{y})\,\dot{y} + \varphi_2(y) = 0 \qquad (\varphi_2(0) = 0),$$

hinreichende Bedingungen für as. St. im Ganzen sind

$$\frac{\varphi_i(z)}{z} > 0 \ (z \neq 0),\ f_i(x, y, \dot{x}, \dot{y}) > 0,\ \int_0^z \varphi_i(\xi)\, d\xi \to \infty \qquad (|z| \to \infty).$$
$$(i = 1, 2)$$

Razumichin [1] untersucht die Dgl.

$$\ddot{x} + \varphi(x, \dot{x})\, \dot{x} + f(x, \dot{x}) = 0,$$

kommt aber nur in einigen Spezialfällen zu abgeschlossenen Ergebnissen.

§ 14. Ein Problem von Lur'e und seine Verallgemeinerungen

a) Eine wichtige Anwendung findet die direkte Methode bei einem Problem aus der Theorie der automatischen Regelungen, das erstmalig wohl von Lur'e und Postnikov [1] (vgl. auch Lur'e [1]) formuliert wurde und seitdem Gegenstand zahlreicher Publikationen verschiedener, vor allem sowjetischer Autoren geworden ist. Vom mathematischen Standpunkt aus gesehen, handelt es sich um die folgende Aufgabe:

Es seien die Bewegungsgleichungen für die Größen $x_1, \ldots, x_n, y, s$ in der Form

$$\dot{\mathfrak{x}} = A\mathfrak{x} + \mathfrak{p}y, \quad y = f(s), \quad s = \mathfrak{b}^T\mathfrak{x} = \sum_{i=1}^{n} b_i x_i \tag{14.1}$$

vorgelegt; dabei ist A eine konstante Matrix, $\mathfrak{p} \neq \mathfrak{o}$ ein konstanter Vektor, $f(s)$ eine nichtlineare Funktion mit den Eigenschaften

$$f(s) \in E, \quad f(0) = 0, \quad sf(s) > 0 \qquad \text{für } s \neq 0. \tag{14.2}$$

Man soll die Komponenten $b_1, \ldots, b_n$ des Vektors $\mathfrak{b}$ so bestimmen, daß die RL von (14.1) absolut stabil ist, gemäß der

Definition 14.1. Die RL der Dgl.n (14.1) heißt *absolut stabil,* wenn sie as. st. im Ganzen ist, und zwar für alle Funktionen $f(s)$, die die Eigenschaften (14.2) besitzen.

Das System (14.1) beschreibt das Verhalten eines Regelsystems ohne Hilfsenergie: $\mathfrak{x}$ umfaßt die allgemeinen Koordinaten, y ist die Stellgröße, $f(s)$ die nichtlineare Charakteristik des proportional wirkenden Stellmotors und s das Eingangssignal für den Motor. Gesucht ist der für alle im Sinne von (14.2) zulässigen Funktionen $f(s)$ gültige St.-Bereich im Raume der Parameter b_i des Reglers.

An die Stelle von (14.1) kann auch das etwas allgemeinere System

$$\dot{\mathfrak{x}} = A\mathfrak{x} + \mathfrak{p}y, \quad \dot{y} = f(s), \quad s = \mathfrak{b}^T\mathfrak{x} - hy \qquad (h > 0) \tag{14.3}$$

treten, das ein Regelsystem mit Hilfsenergie und einem integral wirkenden Stellmotor beschreibt. Formal kann man (14.3) durch Umbenennung der Variablen auf die Gestalt (14.1) bringen; die Matrix des linearen

Hauptteils bekommt dabei aber einen verschwindenden Eigenwert, und das wirkt sich bei der Lösung der Aufgabe aus. Es empfiehlt sich daher eine gesonderte Behandlung.

b) Der Gedankengang der Lösung des Lure'schen Problems für die Dgl.n (14.3) ist nachstehend ausgeführt. Eine Gesamtdarstellung findet sich bei LUR'E [7] und LETOV [8]; Literaturübersichten bringen LUR'E [8] und LETOV [9, 11]; vgl. auch JAKUBOVIČ [2].

Man bringt zunächst die Dgl.n mit Hilfe einer von LUR'E [3] angegebenen Transformation in die sog. kanonische Gestalt. Es seien dazu die Eigenwerte der Matrix A mit $\alpha_1, \ldots, \alpha_n$ bezeichnet; sie seien als einfach vorausgesetzt. D sei die Diagonalmatrix mit der Diagonale $\alpha_1, \ldots, \alpha_n$. Ferner sei $\mathfrak{n}$ der Spaltenvektor mit den Komponenten $1, \ldots, 1$. Man bestimmt im Fall $\det A \neq 0$ einen Vektor $\mathfrak{q}$ und eine Matrix B durch die Forderungen (vgl. dazu S. 138)

$$B^I A B = D\,, \quad A\mathfrak{q} + \mathfrak{p} = \mathfrak{o}\,, \quad B^I\mathfrak{q} = -\mathfrak{n}$$

und setzt

$$\mathfrak{x} = B\mathfrak{z} + y\mathfrak{q}\,, \quad \mathfrak{b}^T A B = \mathfrak{r}^T.$$

Dann geht (14.3) in

$$\dot{\mathfrak{z}} = D\mathfrak{z} + f(s)\,\mathfrak{n}\,, \quad \dot{s} = \mathfrak{r}^T\mathfrak{z} - h f(s) \tag{14.4}$$

über. Ist $\det A = 0$, so setze man

$$\mathfrak{z} = C\mathfrak{x} + y\mathfrak{n}\,, \quad \mathfrak{b}^T A C^I = \mathfrak{r}^T\,,$$

wobei jetzt

$$C A C^I = D, \quad C\mathfrak{p} = D\mathfrak{n}$$

ist. Dann entsteht ebenfalls (14.4). (Bei LUR'E [3, 7] und LETOV [8] sind die Transformationsformeln für (14.1) und (14.3) explizit angegeben.) Wenn die Eigenwerte von A nicht alle einfach sind, läßt sich die Transformation ebenfalls ausführen (TROICKIJ [1], SPASSKIJ [1, 2]); an die Stelle von D tritt dann die Jordansche Normalform der Matrix A.

Wenn man aus den Dgl.n (14.3) zuerst y eliminiert, so ergibt sich

$$\dot{\mathfrak{x}} = (A + h^{-1}\mathfrak{p}\,\mathfrak{b}^T)\,\mathfrak{x} - h^{-1}s\,\mathfrak{p}, \quad \dot{s} = \mathfrak{b}^T(A + h^{-1}\mathfrak{p}\,\mathfrak{b}^T)\,\mathfrak{x} - \frac{s}{h}\,\mathfrak{b}^T\mathfrak{p} - h f(s)\,.$$

Unterwirft man nun den Vektor $\mathfrak{x}$ einer linearen Transformation derart, daß die Matrix $A + h^{-1}\mathfrak{p}\,\mathfrak{b}^T$ in die Jordansche Normalform übergeht, so erhält man eine andere für die Behandlung der Aufgabe geeignete „kanonische" Form (LETOV [4]).

Im folgenden seien die Eigenwerte α_i so numeriert, daß die k ersten reell, die übrigen paarweise konjugiert komplex sind:

$$\alpha_1, \ldots, \alpha_k \text{ reell}, \quad \alpha_{k+1} = \bar{\alpha}_{k+2}, \ldots, \alpha_{n-1} = \bar{\alpha}_n. \tag{14.5}$$

Wegen (14.4) gilt dann für die Komponenten des Vektors $\mathfrak{z}$ entsprechend

$$z_1, \ldots, z_k \text{ reell}, z_{k+1} = \bar{z}_{k+2}, \ldots, z_{n-1} = \bar{z}_n.$$

Es sei nun zunächst

$$\operatorname{Re} \alpha_i < 0 \qquad (i = 1, 2, \ldots, n) \tag{14.6}$$

vorausgesetzt; d. h. die RL des linearen Anteils (bzw. die Gleichgewichtslage des Regelkreises bei ausgeschaltetem Regler) sei as. st. Wir führen den Vektor $\mathfrak{g}$ mit den Komponenten $g_1, \ldots, g_n$ und den Vektor $\mathfrak{w} = \mathfrak{w}(t)$ mit den Komponenten $e^{\alpha_i t} g_i$ ein. Die g_i werden zunächst als Unbekannte angesehen; es sei aber

$$g_1, \ldots, g_k \text{ reell, } g_{k+1} = \bar{g}_{k+2}, \ldots, g_{n-1} = \bar{g}_n . \tag{14.7}$$

Ferner sei K eine Diagonalmatrix mit den vorerst unbestimmten, aber positiven Elementen $k_1, \ldots, k_n$, und schließlich sei

$$M = -\left(\frac{g_i g_k}{\alpha_i + \alpha_k}\right).$$

Wegen der Voraussetzung (14.5) ist (bei endlichen t-Werten) die Bildung

$$(\mathfrak{z}^T \mathfrak{w})^2 = \mathfrak{z}^T \mathfrak{w}\, \mathfrak{w}^T \mathfrak{z}$$

reell und nicht negativ. Das Integral

$$\gamma(\mathfrak{z}) = \int_0^\infty (\mathfrak{z}^T \mathfrak{w}(t))^2 dt$$

konvergiert mit Rücksicht auf (14.6); es kann als quadratische Form geschrieben werden:

$$\gamma(\mathfrak{z}) = \mathfrak{z}^T M \mathfrak{z} .$$

Nun bildet man die L. F.

$$v = \gamma(\mathfrak{z}) + \bar{\mathfrak{z}}^T K \mathfrak{z} + \int_0^s f(u)\, du . \tag{14.8}$$

Sie ist wegen (14.2) und (14.6) eine positiv definite Funktion der $n + 1$ reellen Veränderlichen $z_1, \ldots, z_k$, $\operatorname{Re} z_{k+1}$, $\operatorname{Im} z_{k+1}$, $\operatorname{Re} z_{k+3}, \ldots, \operatorname{Im} z_n$, s. Die weiteren Definitheitsaussagen beziehen sich auf diese Veränderlichen. Die Ableitung von v für (14.4) ist

$$\dot{v} = \mathfrak{z}^T(DM + MD)\,\mathfrak{z} + \bar{\mathfrak{z}}^T(\bar{D}K + KD)\,\mathfrak{z} - h f^2 +$$
$$+ (\mathfrak{n}^T M \mathfrak{z} + \mathfrak{z}^T M \mathfrak{n} + \mathfrak{n}^T K \mathfrak{z} + \bar{\mathfrak{z}}^T K \mathfrak{n} + \mathfrak{r}^T \mathfrak{z})\, f(s) .$$

Nun ist

$$DM + MD = -\mathfrak{g}\mathfrak{g}^T, \quad \bar{\mathfrak{z}}^T(\bar{D}K + KD)\,\mathfrak{z} = 2 \sum_{i=1}^n k_i \cdot \operatorname{Re} \alpha_i \cdot |z_i|^2 .$$

Fügt man zu $\dot{v}$ noch die identisch verschwindende Größe

$$2 f(s) \sqrt{h}\, \mathfrak{g}^T \mathfrak{z} - 2 f(s) \sqrt{h}\, \mathfrak{g}^T \mathfrak{z}$$

hinzu, so ergibt sich

$$\dot{v} = 2 \sum_{i=1}^n k_i \cdot \operatorname{Re} \alpha_i \cdot |z_i|^2 - \left(f(s) \sqrt{h} + \sum_{i=1}^n g_i z_i\right)^2 +$$
$$+ f(s)\,(\mathfrak{r}^T \mathfrak{z} + 2 \mathfrak{n}^T M \mathfrak{z} + 2 \sqrt{h}\, \mathfrak{g}^T \mathfrak{z} + \mathfrak{n}^T K (\mathfrak{z} + \bar{\mathfrak{z}})) .$$

Wegen der Voraussetzung (14.6) sind die beiden ersten Terme sicher negativ. Die Ableitung $\dot{v}$ ist mithin negativ definit, wenn man $\mathfrak{g}$ so bestimmt, daß der Faktor von $f(s)$ identisch verschwindet. Das führt auf die Bestimmungsgleichungen

$$r_i - 2g_i \sum_{j=1}^{n} \frac{g_j}{\alpha_i + \alpha_j} + 2\sqrt{h}\, g_i + 2k_i = 0 \quad (i = 1, 2, \ldots, n). \tag{14.9}$$

Setzt man $k_i = 0$ $(i = 1, 2, \ldots, n)$, so bleiben alle Überlegungen erhalten; nur wird $\dot{v}$ negativ semidefinit. Man kann aber auch dann auf as. St. im Ganzen schließen, wenn man § 4, Bem. 7 heranzieht: $\dot{v} = 0$ ist nur für $\sqrt{h}\, f(s) + \mathfrak{g}^T \mathfrak{z} = 0$ möglich, und diese Beziehung kann nicht längs einer vollständigen Halbtrajektorie von (14.4) gelten, da man sonst durch Elimination von $f(s)$ ein lineares Dgl.-System für die Koordinaten erhielte. Es ergibt sich der

Satz 14.1 (LUR'E). Wenn sich die algebraischen Gleichungen

$$r_i + 2\sqrt{h}\, g_i - 2g_i \sum_{j=1}^{n} \frac{g_j}{\alpha_i + \alpha_j} = 0 \qquad (i = 1, 2, \ldots, n) \tag{14.10}$$

so nach den Größen $g_1, \ldots, g_n$ auflösen lassen, daß die Lösungen die Nebenbedingung (14.7) erfüllen, so ist die RL von (14.3) absolut stabil.

Das St.-Problem ist damit auf eine rein algebraische Aufgabe zurückgeführt.

c) Multipliziert man die i-te Gleichung (14.10) mit α_i bzw. α_i^{-1} und addiert die entstehenden Beziehungen, so erhält man

$$2\sqrt{h} \sum_{i=1}^{n} g_i \alpha_i + \sum_{i=1}^{n} r_i \alpha_i - \left(\sum_{i=1}^{n} g_i \right)^2 = 0$$

$$2\sqrt{h} \sum_{i=1}^{n} \frac{g_i}{\alpha_i} + \sum_{i=1}^{n} \frac{r_i}{\alpha_i} - \left(\sum_{i=1}^{n} \frac{g_i}{\alpha_i} \right)^2 = \sum_{i=1}^{n} \frac{r_i}{\alpha_i} - \left(\sum_{i=1}^{n} \frac{g_i}{\alpha_i} - \sqrt{h} \right)^2 + h = 0.$$

Aus der letzten Beziehung folgt

$$h + \sum_{i=1}^{n} \frac{r_i}{\alpha_i} \geqq 0$$

als notwendige Bedingung für die Auflösbarkeit von (14.10). (Eine kritische Bemerkung bzgl. des Gleichheitszeichens findet sich bei BROMBERG [1].)

Eine kleine Modifikation des Ansatzes (14.8) führt zum Ziel, wenn ein Eigenwert, etwa α_1, verschwindet. Man bildet dann $\gamma(\mathfrak{z})$ nur für $z_2, \ldots, z_n$ und erhält die Gleichungen (14.9) und (14.10) auch nur für $i = 2, \ldots, n$. An die Stelle der ersten Gleichung tritt

$$k_1 + r_1 = 0, \text{ d. h. } r_1 < 0.$$

Die Berücksichtigung mehrfacher Eigenwerte mit nichtpositiven Realteilen macht ebenfalls keine grundsätzlichen Schwierigkeiten (LETOV [3], TROICKIJ [1]). Mit Hilfe eines von LUR'E [5, 7] angegebenen Algorithmus läßt sich das Gleichungssystem (14.10) in ein äquivalentes überführen, in dem anstelle der Elemente der transformierten Größen D und $\mathfrak{r}$ die Koeffizienten der Ausgangsgleichungen (14.3) auftreten. Man erspart dabei die Berechnung der Eigenwerte von A.

Im Fall $n = 2$ haben die Lur'eschen Gleichungen die Gestalt

$$\frac{g_i^2}{\alpha_i} - 2\sqrt{h}\, g_i + \frac{2 g_1 g_2}{\alpha_1 + \alpha_2} - r_i = 0 \qquad (i = 1, 2).$$

Führt man die neuen Variablen t_1, t_2 durch

$$g_i = -\alpha_i (t_i - \sqrt{h}) \qquad (i = 1, 2)$$

ein, so ergeben sich die beiden Gleichungen

$$(t_1 + t_2 - \sqrt{h})^2 = \varkappa^2,$$

$$(\alpha_1 - \alpha_2)\, t_1^2 + 2\alpha_2 (\sqrt{h} \pm \varkappa)\, t_1 - \alpha_2 (\sqrt{h} \pm \varkappa)^2 - \alpha_1 + \alpha_2 - r_1 + r_2 = 0\,,$$

wobei die Größe

$$\varkappa^2 = h + \frac{r_1}{\alpha_1} + \frac{r_2}{\alpha_2}$$

notwendigerweise positiv ist. Wenn man die Nebenbedingungen (14.7) für die g_i und die daraus folgende Bedingung für die t_i berücksichtigt, erhält man die gesuchten hinreichenden St.-Bedingungen in der Form

$$\alpha_1^2 + \alpha_2^2 + \alpha_1 r_1 + \alpha_2 r_2 \pm 2\alpha_1 \alpha_2 \varkappa > 0\,. \qquad (14.11)$$

Sie bestimmen in der (r_1, r_2)-Ebene einen Bereich, in dem die absolute St. gesichert ist. (Wenn α_1 und α_2 reell sind, ist (14.11) unmittelbar ersichtlich. Die Bedingung gilt aber auch für $\alpha_1 = \bar{\alpha}_2$, wie man erkennt, indem man die Gleichungen für Real- und Imaginärteil einzeln aufstellt.)

Eine etwas genauere Untersuchung des Falles $n = 2$ führt V.-M. POPOV [1] durch; er gelangt auch zu notwendigen Bedingungen.

Die Diskussion der Gleichungen (14.10) wird schon für $n = 3$ erheblich mühsamer und ist für $n \geqq 4$ bisher erst in Spezialfällen vollkommen durchgeführt worden (LUR'E [5, 7]). ROZENVASSER [1] hat die St.-Bedingungen für (14.1) in den Fällen $n = 5$ und $n = 6$ ausführlich diskutiert.

d) Aus der Beziehung (14.8) kann man noch auf eine andere Weise eine hinreichende Bedingung für absolute St. herleiten (MALKIN [10]). Setzt man nämlich $K = 0$ und schreibt

$$-\dot{v} = h f^2 + \left(\sum_{i=1}^{n} g_i z_i\right)^2 - 2f \sum_{i=1}^{n} z_i u_i \qquad \left(2u_i = r_i - 2g_i \sum_{j=1}^{n} \frac{g_j}{\alpha_i + \alpha_j}\right),$$

so kann man die rechte Seite als quadratische Form in den Veränderlichen $f, z_1, \ldots, z_k$, Re $z_{k+1}, \ldots$, Im z_n auffassen. Die St. ist gesichert, wenn diese Form positiv definit ist. Nun hat die Form die Diskriminante

$$\begin{vmatrix} g_1^2 & g_1 g_2 & \cdots & g_1 g_n & u_1 \\ g_1 g_2 & g_2^2 & \cdots & g_2 g_n & u_2 \\ \cdots & \cdots & \cdots & \cdots & \cdots \\ g_1 g_n & g_2 g_n & \cdots & g_n^2 & u_n \\ u_1 & u_2 & \cdots & u_n & h \end{vmatrix}, \qquad (14.12)$$

deren n erste Abschnittsdeterminanten offensichtlich positiv sind. Es bleibt also als hinreichende St.-Bedingung übrig, daß sich die Zahlen $g_1, \ldots, g_n$ mit der Nebenbedingung (14.7) so wählen lassen, daß die Determinante (14.12) positiv ist. Bei der Untersuchung von Spezialfällen hat sich gezeigt, daß Satz 14.1 bald bessere, bald schlechtere Abschätzungen liefert als die Auswertung der eben genannten Bedingung.

e) Wenn die Voraussetzung (14.6) nicht erfüllt ist, sondern Eigenwerte mit positiven Realteilen auftreten, spricht man von einem *eigentlich instabilen* System (LETOV [4], LUR'E [6]). Die im Anschluß an (14.2) formulierte Aufgabe läßt sich jetzt nur lösen, wenn über (14.2) hinaus zusätzliche Forderungen an die Nichtlinearität $f(s)$ gestellt werden. Eine geeignete Zusatzbedingung ist nach LETOV [4]

$$f(s) = cs + \varphi(s) \qquad (c > 0,\ s\varphi(s) > 0 \text{ für } s \neq 0). \qquad (14.13)$$

Unter der Annahme (14.13) läßt sich das St.-Problem in folgender Weise angreifen. Man ersetzt in (14.3) die Nichtlinearität durch cs und betrachtet das durch Elimination von s entstehende lineare Gleichungssystem

$$\dot{\mathfrak{x}} = A\mathfrak{x} + \mathfrak{p}y,\ \dot{y} = c\mathfrak{b}^T\mathfrak{x} - chy,$$

dazu das ursprüngliche nichtlineare System

$$\mathfrak{x} = A\mathfrak{x} + \mathfrak{p}y,\ \dot{y} = c\mathfrak{b}^T\mathfrak{x} - chy + \varphi(s) \qquad (s = \mathfrak{b}^T\mathfrak{x}). \quad (14.14)$$

Diese Gleichungen sieht man als System vom Typ (14.1) für die $n+1$ Variablen $x_1, \ldots, x_n, y$ an. Die Matrix seines linearen Hauptteils ist

$$A_1 = \begin{pmatrix} a_{11} & a_{12} & \cdots & a_{1n} & p_1 \\ a_{21} & a_{22} & \cdots & a_{2n} & p_2 \\ \cdots & \cdots & \cdots & \cdots & \cdots \\ a_{n1} & a_{n2} & \cdots & a_{nn} & p_n \\ cb_1 & cb_2 & \cdots & cb_n & -ch \end{pmatrix}.$$

Man verlangt nun zuerst, daß die Matrix A_1 nur Eigenwerte mit negativen Realteilen hat, was auf $n+1$ Ungleichungen für c führt. Sodann verfährt man mit (14.14) wie oben in a) und erhält ein System quadratischer Gleichungen vom Typ (14.10), die mit Nebenbedingungen wie (14.7) lösbar sein müssen. Die Lösbarkeitsbedingungen und die genannten Ungleichungen stellen insgesamt die gesuchten hinreichenden Bedingungen für absolute St. der RL dar.

f) Die Dgl.n (14.1) und (14.3) treten in der Theorie der Regelsysteme noch in verschiedenen Varianten auf, die kleine Modifikationen der in a) bis c) angedeuteten Untersuchungen erforderlich machen. LETOV [2] betrachtet ein System, in dem die Gleichung für $\dot{\mathfrak{x}}$ rechts noch ein konstantes „Störglied" enthält, so daß die „triviale Lösung" eine von Null verschiedene Konstante wird. Man muß dann erst die Dgl.n der gestörten Bewegung herstellen. LUR'E [2] untersucht ein System mit der am Nullpunkt unstetigen Nichtlinearität $f(s) = c\,(\operatorname{sgn} s + \operatorname{sgn} \dot{s})$. Man kommt auch hier mit einer L. F. vom Typ (14.8) aus; $\dot{v}$ wird natürlich unstetig. Allerdings hat das System außer der trivialen Lösung noch weitere Gleichgewichtslagen, was eine Sonderbetrachtung notwendig macht. VOROVIČ [1] nimmt an, daß (14.1) gewissen Zufallsstörungen ausgesetzt ist, und schätzt mit statistischen Methoden deren Einfluß ab. Gelegentlich werden Regelsysteme mit mehreren Stellgliedern betrachtet. Die zu (14.1) analogen Bewegungsgleichungen lauten dann

$$\dot{\mathfrak{x}} = A\,\mathfrak{x} + \sum_{j=1}^{m} f_j(s_j)\,\mathfrak{p}_j, \quad s_j = \mathfrak{b}_j^T \mathfrak{x} \qquad (j = 1, \ldots, m). \tag{14.15}$$

Grundsätzlich bringt dieser Fall gegenüber dem früheren nichts Neues. Allerdings wird die rechnerische Auswertung der St.-Bedingungen schon für $m = 2$ sehr unübersichtlich (DUVAKIN und LETOV [1], LETOV [8], SPASSKIJ [1], RUMJANCEV [3]).

Wenn die Rückführung des Regelkreises ein Verzögerungsglied enthält, tritt in der Gleichung für s ein Term mit $\dot{y}$ auf,

$$s = \mathfrak{b}^T \mathfrak{x} - h\,y - h_1 \dot{y} \qquad (h \geqq 0, \quad h_1 \geqq 0)\,.$$

Wenn alle Eigenwerte von A negative Realteile haben, hat das Glied $h_1 \dot{y}$ auf die St. keinen Einfluß; bei einem eigentlich instabilen System ist es dagegen von Bedeutung (LETOV [10], vgl. auch BASS [1]).

RAZUMICHIN [2] behandelt die Dgl.n (14.1) bzw. (14.4) unter einem Gesichtspunkt, der mehr in den Ideenkreis des Problems von AJZERMAN (§ 13) fällt. Er setzt $f(s) = s\,\varphi(s)$ in (14.4) und betrachtet das System als lineares System in den Variablen z_i und s; φ wird dabei als Parameter angesehen. Zu diesem System wird eine L. F. als quadratische bzw. hermitesche Form konstruiert; einer ihrer Koeffizienten wird als veränderlicher Parameter γ behandelt. Jedem Wert von γ entspricht ein Intervall $\varphi_{1\gamma} < \varphi < \varphi_{2\gamma}$ derart, daß das lineare System eine as. st. RL hat. Dasjenige Intervall $[\varphi_1, \varphi_2]$, das allen gemeinsam ist, hat folgende Eigenschaft: Wenn für alle Argumentwerte s die Ungleichung $\varphi_1 < \varphi(s) < \varphi_2$ ist, so ist die RL as. st. im Ganzen. Zur Bestimmung der Zahlen φ_1, φ_2 leitet RAZUMICHIN eine quadratische Gleichung ab. Wenn A nur reelle Eigenwerte hat, läßt sich die St.-Bedingung noch bequemer formulieren. Eine etwas andere Modifikation des Problems untersucht

SKAČKOV [1]. Das System hat die Gestalt

$$\dot{x}_i = a_i x_i + b_i y \; (i = 1, 2), \quad \dot{y} = f(x_1, x_2, y);$$

auf der Ebene $y = p_1 x_1 + p_2 x_2$ verschwinde f. Hier erweist sich die Bedingung $1 + \left|\frac{b_1 p_1}{a_1}\right| + \left|\frac{b_2 p_2}{a_2}\right| > 0$ als hinreichend für as. St. im Ganzen.

Das Lur'esche Problem für nichtautonome Bewegungsgleichungen wird später in anderem Zusammenhang betrachtet (§ 34).

§ 15. Abschätzungen für die Lösungen

Es sei zu einer autonomen Dgl. mit as. st. RL eine L. F. v bekannt. In einer gewissen Umgebung des Nullpunkts sei $\dot{v}$ negativ definit. Aus der qualitativen Erörterung des § 3 geht hervor, daß sich die Trajektorie $\mathfrak{x}(t)$ im Zeitabschnitt $t_0 < t < t_1$ zwischen den Hyperflächen $v = v(\mathfrak{x}(t_0))$ und $v = v(\mathfrak{x}(t_1))$ befindet. Wenn man den Abstand der Hyperfläche $v =$ konst. vom Nullpunkt in einfacher Weise berechnen oder abschätzen kann, so erhält man Abschätzungen für $|\mathfrak{x}(t)|$. Bisher ist diese Möglichkeit allerdings noch nicht systematisch benutzt worden; es sind lediglich einige Einzelergebnisse bekannt.

ČETAEV [4, 8] betrachtet die lineare Dgl. (8.1) im St.-Fall mit der durch (8.2) erklärten L. F. v und setzt $C = I$ in (8.3). Ist λ_1 der kleinste, λ_n der größte Eigenwert von B, so ist bekanntlich

$$\lambda_1 |\mathfrak{x}|^2 \leqq v \leqq \lambda_n |\mathfrak{x}|^2,$$

und da nach Konstruktion

$$\dot{v} = -|\mathfrak{x}|^2$$

ist, folgt

$$v(\mathfrak{x}(0))\, e^{-\frac{t}{\lambda_1}} \leqq v(\mathfrak{x}(t)) \leqq v(\mathfrak{x}(0))\, e^{-\frac{t}{\lambda_n}},$$

$$|\mathfrak{x}(t)|^2 \leqq \frac{v(\mathfrak{x}(t))}{\lambda_1} \leqq \frac{v(\mathfrak{x}(0))}{\lambda_1} e^{-\frac{t}{\lambda_n}} \leqq |\mathfrak{x}(0)|^2 \frac{\lambda_n}{\lambda_1} e^{-\frac{t}{\lambda_n}}$$

und schließlich

$$|\mathfrak{x}(t)|^2 \leqq |\mathfrak{x}(0)|^2 \frac{\lambda_n}{\lambda_1} e^{-\frac{t}{\lambda_n}}.$$

Wenn die Bewegung so verlaufen soll, daß der Bildpunkt im Phasenraum die Distanz zwischen den Sphären mit den Radien $r_0 = |\mathfrak{x}(0)|$ und $r_1 = |\mathfrak{x}(t)|$ in minimaler Zeit überwindet, so muß der Ausdruck

$$\lambda_n \log \frac{r_0^2 \lambda_n}{r_1^2 \lambda_1}$$

möglichst klein werden. Bei der Anwendung dieser Regel braucht man die Eigenwerte der Matrix B. Ein Verfahren, wie man deren unmittelbare Berechnung umgehen kann, teilt BEDEL'BAEV [1] mit.

RAZUMICHIN [5] behandelt in ähnlicher Weise die nichtautonome lineare Dgl. Es sei die gemäß § 9 konstruierte L. F. $v = \mathfrak{x}^T B(t)\, \mathfrak{x}$; die Determinante von B sei mit b, die zum Element b_{kk} gehörende adjungierte Unterdeterminante mit β_k bezeichnet. Ferner sei $\dot{v} = \mathfrak{x}^T H(t)\, \mathfrak{x}$ und $\tilde{\mu}_0 = \tilde{\mu}_0(t)$ die größte Wurzel der Gleichung $\det(B - \mu H) = 0$. Dann gilt für die k-te Komponente x_k des Lösungsvektors $\mathfrak{p}(t, \mathfrak{x}_0, t_0)$ die Ungleichung

$$|x_k(t)| \leqq \sqrt{v(\mathfrak{x}_0)\frac{\beta_k}{b}} \exp\left(\frac{1}{2}\int_{t_0}^{t} \tilde{\mu}_0(\tau)\, d\tau\right),$$

aus der man übrigens leicht wieder die St.-Bedingung (9.8) gewinnen kann. Eine äquivalente Abschätzung gibt GORBUNOV [2, 4]. LETOV [5] untersucht die Lösungen einer nichtlinearen Gleichung vom Typ (14.3) mit as. st. RL, und zwar sucht er eine Zahl $\varkappa$ so zu bestimmen, daß stets (für $t_0 = 0$)

$$|\mathfrak{x}(t)| < |\mathfrak{x}_0|\, e^{-\varkappa t}$$

ist. (Vgl. dazu den Begriff der Ordnungszahl, § 25.) Als Maß für die Geschwindigkeit, mit welcher der durch $\mathfrak{x}(t)$ beschriebene zeitliche Vorgang abklingt (also, in der Sprache der Regelungstechnik, für die Regelgüte) wählt er diejenige Zeit τ, in der

$$|\mathfrak{x}(\tau)| = e^{-1}|\mathfrak{x}_0|$$

geworden ist. Offenbar ist

$$\tau \leqq \frac{1}{\varkappa}\,.$$

Unter der Annahme, daß die Nichtlinearität von der Gestalt (14.13) ist, stellt LETOV zunächst eine kanonische Form (vgl. § 14, b)) der Ausgangsgleichungen her:

$$\dot{z}_i = \beta_i z_i + s, \qquad \dot{s} = \sum_{i=1}^{n} r_i z_i - a s - \varphi(s)\,. \tag{15.1}$$

Man führt jetzt durch

$$\mathfrak{y} = e^{kt}\mathfrak{z}\,, \quad \eta = e^{kt} s \tag{15.2}$$

einen Parameter k ein und bildet die aus (15.1) entstehenden Dgl.n für die Variablen $y_1, \ldots, y_n, \eta$:

$$\begin{aligned} \dot{y}_i &= (\beta_i + k)\, y_i + \eta\,, \\ \dot{\eta} &= \sum_{i=1}^{n} r_i y_i - (a + k)\,\eta - e^{kt}\varphi(e^{-kt}\eta)\,. \end{aligned} \tag{15.3}$$

Für $k = 0$ ist die RL von (15.3) nach Voraussetzung as. st.; für große Werte von k ist sie sicher instabil. Der kleinste Wert von k, für den Instabilität eintritt, ist wegen (15.2) eine Schranke für die gesuchte Zahl $\varkappa$. Die St.-Prüfung wird mit Hilfe der L. F.

$$v = |\mathfrak{y}|^2 + \eta^2$$

durchgeführt. Aus der Ungleichung $\dot{v} < 0$ folgert man ähnlich wie bei (14.12) eine Reihe von Bedingungen, von denen nur die letzte wesentlich ist. Sie liefert eine algebraische Gleichung n-ten Grades, deren kleinste reelle Wurzel eine Schranke für $\varkappa$ darstellt. Für spezielle Fälle ist diese Schranke wirklich die bestmögliche.

Pliškin [1] befaßt sich mit einigen der von Krasovskij [1, 3] studierten Dgl.n (vgl. § 13), und zwar sucht er die Integrale

$$\int_0^\infty (x(t))^2 dt\,, \quad \int_0^\infty ((x(t))^2 + (y(t))^2)\, dt\,. \tag{15.4}$$

abzuschätzen. Beispielsweise erhält man für das in § 13 unter c, 1. behandelte System unter der Annahme

$$d h_1(x) - b h_2(x) \geqq \delta_1 > 0\,, \quad h_1(x) + d \leqq -\delta_2 < 0$$

die Abschätzung

$$\dot{v} \leqq -2\delta_1\delta_2 x^2$$

und daraus

$$\int_0^\infty x^2 dt < \frac{v(x_0, y_0)}{2\delta_1\delta_2}\,.$$

Integrale der Form (15.4) spielen bei der regelungstechnischen Deutung der Bewegungsgleichungen eine Rolle, da man ihren Zahlenwert als Maß für die Regelgüte ansehen kann. Im linearen Fall erhält man durch Integration der Formel (8.2) unter Beachtung von (8.3) die Beziehung

$$\int_0^\infty \mathfrak{x}^T(t)\, C\mathfrak{x}(t)\, dt = \mathfrak{x}_0^T B \mathfrak{x}_0\,. \tag{15.5}$$

Das ist ein geschlossener Ausdruck für die von Feldbaum [1] eingeführte „verallgemeinerte quadratische Regelfläche". Der Wert dieser Bildung für die praktische Beurteilung des Regelverlaufs ist allerdings etwas problematisch (vgl. z. B. Herschel [1, 2]).

Kapitel IV

Die Umkehrungen der Hauptsätze

§ 16. Problemstellung

Die in den §§ 4 und 5 angeführten Hauptsätze über St. und Inst. der RL geben ausschließlich hinreichende Bedingungen und sagen nichts darüber aus, wie man zu einer gegebenen Dgl. eine Funktion v finden kann, die die Anwendung der genannten Sätze ermöglicht. Die Frage, ob eine solche Funktion überhaupt existiert, bleibt völlig offen. Andererseits lassen sich in zahlreichen Einzelfällen und auch bei gewissen Typen von Dgl.n (vgl. Kap. III) wirklich passende Funktionen angeben. Man wird also auf das Problem geführt, in welchem Umfang die Hauptsätze umkehrbar sind, d. h. wann man bei bekanntem St.-Verhalten auf die Existenz einer dem jeweils anzuwendenden Hauptsatz entsprechenden L. F. schließen kann oder, anders formuliert, ob die durch die Hauptsätze ausgesprochenen hinreichenden Bedingungen auch notwendig sind.

Dieses Teilgebiet der Theorie der direkten Methode ist erst in letzter Zeit angegriffen worden und noch nicht vollständig abgeschlossen. Doch können die Hauptfragen als gelöst angesehen werden. Die erste Umkehrung des Satzes über schwache St. gab K. P. PERSIDSKIJ [4]. Hinsichtlich der as. St. hat MASSERA [1] den ersten wesentlichen Erfolg erzielt, nachdem MALKIN [1, 3] schon einige speziellere Fälle hatte erledigen können. MASSERA bewies die Umkehrbarkeit von Satz 4.2 für autonome und periodische Dgl.n. MALKIN erkannte, daß das Wichtigste an dem Masseraschen Beweis nicht die Beschränkung auf die genannten Gleichungstypen war, sondern daß es auf die (bei diesen besonderen Dgl.n stets vorhandene) „Gleichmäßigkeit" der St. (vgl. § 17) ankam; er konnte einen Umkehrsatz für nichtautonome Dgl.n beweisen (MALKIN [20]). Der Malkinsche Satz ist inzwischen von MASSERA [4] abgerundet und verschärft worden. Unabhängig davon haben BARBAŠIN [1], KRASOVSKIJ [12, 16, 19], KURZWEIL [1, 2, 3] und ZUBOV [6] Umkehrsätze vorgelegt.

Die Untersuchungen zeigen, daß zur Klärung der Verhältnisse zunächst eine Verfeinerung der Begriffe „stabil" und „as. stabil" erforderlich ist: es kommt darauf an, ob die Funktion

$$\mu(t, \mathfrak{x}_0, t_0) = \sup_{u \geqq t} |\mathfrak{p}(t_0 + u, \mathfrak{x}_0, t_0)|\,, \tag{16.1}$$

die im Stabilitätsfall bei festem t_0 und $\mathfrak{x}_0$ bezüglich t beschränkt ist und bei as. St. monoton gegen 0 strebt, gleichmäßig hinsichtlich $\mathfrak{x}_0$ und vor allem hinsichtlich t_0 abgeschätzt werden kann oder nicht. Wenn eine solche Abschätzung möglich ist, spricht man von gleichmäßiger bzw. gleichmäßiger as. St., die von der ungleichmäßigen St. zu unterscheiden ist. Es stellte sich heraus, daß die Voraussetzungen des Satzes 4.2 von vornherein die gl. as. St. sichern. Der Satz 4.2 sagt also in der im § 4 gegebenen Formulierung zu wenig aus, und es ist gar nicht zu erwarten, daß er sich umkehren läßt. Er wird aber umkehrbar, wenn man ihn als Aussage über gl. as. St. ausspricht.

Für die Beweise der Umkehrsätze kennt man jetzt mehrere Methoden. Die eine zeigt die Existenz einer passenden L. F. durch die Angabe eines Konstruktionsverfahrens, im wesentlichen auf analytischem Wege. Das Verfahren ist allerdings transfinit, so daß „Konstruktion" nicht so zu verstehen ist wie im Kap. III. Die andere Methode arbeitet in erster Linie mit topologischen Hilfsmitteln, insbesondere aus der

Theorie der dynamischen Systeme (vgl. § 20). Schließlich ist noch ein Verfahren von ZUBOV [3, 6] zu nennen, bei dem die L. F. durch die Auflösung einer partiellen Dgl. gewonnen wird.

Die Umkehrung der Inst.-Sätze ist inzwischen auch in Angriff genommen worden (KRASOVSKIJ [8], VRKOČ [1]). Sie ist grundsätzlich einfacher, weil die Inst. der RL eine viel weniger kennzeichnende Eigenschaft darstellt als die St. oder die as. St.

§ 17. Die Gleichmäßigkeit der Stabilität

Die in Definition 2.1 auftretende Zahl δ ist eine Funktion der vorgegebenen Abweichung ε, hängt aber außerdem im allgemeinen auch vom Anfangsaugenblick t_0 ab. Bei *gleichmäßiger St.* (gl. St.) ist die Zahl δ nur von ε und nicht von t_0 abhängig.

Definition 17.1 (K. P. PERSIDSKIJ [2]). *Die RL der Dgl.* (2.7) *heißt gleichmäßig stabil, wenn sich zu jedem* $\varepsilon > 0$ *eine nur von diesem abhängige Zahl* $\delta = \delta(\varepsilon) > 0$ *so bestimmen läßt, daß aus*

$$|\mathfrak{x}_0| < \delta$$

die Ungleichung

$$|\mathfrak{p}(t, \mathfrak{x}_0, t_0)| < \varepsilon \qquad (t \geqq t_0) \qquad (17.1)$$

für alle $t_0 \geqq 0$ *folgt.*

Man kann diese Definition auch mit Hilfe einer *Vergleichsfunktion* formulieren, wie aus dem folgenden Satz hervorgeht:

Satz 17.1. *Die RL der Dgl.* (2.7) *ist dann und nur dann gleichmäßig stabil, wenn es eine Funktion* $\varrho(r)$ *mit den folgenden Eigenschaften gibt: a)* $\varrho(r)$ *ist in einem Intervall* $0 \leqq r \leqq r_1$ *erklärt, stetig und monoton zunehmend; b) es ist* $\varrho(0) = 0$, ϱ *gehört also zur Klasse* K; *c) für* $|\mathfrak{x}_0| < r_1$ *gilt*

$$|\mathfrak{p}(t, \mathfrak{x}_0, t_0)| \leqq \varrho(|\mathfrak{x}_0|) \,. \qquad (17.2)$$

Daß die Bedingung hinreicht, ist unmittelbar einzusehen. Die Notwendigkeit, d. h. die Existenz einer passenden Funktion $\varrho(r)$ im Falle der gl. St. ergibt sich so: Man betrachte bei gegebenem $\varepsilon > 0$ die obere Grenze $\tilde{\delta}(\varepsilon)$ aller gem. Def. 17.1 zu ε gehörenden Zahlen δ. Es ist dann also $|\mathfrak{p}(t, \mathfrak{x}_0, t_0)| \leqq \varepsilon$, wenn $|\mathfrak{x}_0| \leqq \tilde{\delta}(\varepsilon)$ ist, und zu jeder Zahl $\delta_1 > \tilde{\delta}$ gibt es mindestens einen Anfangswert $\tilde{\mathfrak{x}}_0$ mit $|\tilde{\mathfrak{x}}_0| \leqq \delta_1$ derart, daß $|\mathfrak{p}(t, \tilde{\mathfrak{x}}_0, t_0)|$ irgendwann einmal den Wert ε übertrifft. Die Funktion $\tilde{\delta}(\varepsilon)$ ist für $\varepsilon > 0$ offenbar positiv, nimmt nicht ab und strebt mit $\varepsilon \to 0$ gegen Null, ist aber möglicherweise unstetig. Man wähle nun eine stetige monoton zunehmende Funktion $\hat{\delta}(\varepsilon)$, so, daß $\hat{\delta}(\varepsilon) \leqq \tilde{\delta}(\varepsilon)$ ist. Diese Funktion besitzt eine Umkehrfunktion, die die Voraussetzungen des Satzes 17.1 erfüllt.

Definition 17.2. Die RL der Dgl. (2.7) heißt gleichmäßig stabil im Ganzen, wenn die Voraussetzungen von Satz 17.1 für jedes beliebig große r_1 erfüllt sind.

Die autonomen und periodischen Dgl.n nehmen eine Sonderstellung ein; das lehrt der

Satz 17.2. *Ist die RL einer autonomen oder periodischen Dgl. stabil, so ist sie auch gleichmäßig stabil; aus der Stabilität im Ganzen folgt auch die gleichmäßige Stabilität im Ganzen.*

Beweis. (HAHN). Wegen der Stabilität ist der Ausdruck

$$\mu(0, \mathfrak{x}_0, t_0) = \sup_{u \geqq 0} |\mathfrak{p}(t_0 + u, \mathfrak{x}_0, t_0)|$$

[vgl. (16.1)] sicher beschränkt, wenn man die Anfangswerte $\mathfrak{x}_0$ aus einer festen Kugel $\mathfrak{K}_r$ wählt. Da die Dgl. die Periode w zuläßt (im autonomen Fall ist w beliebig), gilt

$$\mathfrak{p}(t + w, \mathfrak{x}_0, t_0 + w) = \mathfrak{p}(t, \mathfrak{x}_0, t_0)\,. \tag{17.3}$$

Mithin ist μ bezüglich t_0 periodisch, und man kann nun, falls r hinreichend klein bleibt, die Funktion

$$\varrho(r) = \sup |\mathfrak{p}(t_0 + u, \mathfrak{x}_0, t_0)| \tag{17.4}$$

bilden; die Veränderlichen sind gemäß der Vorschrift

$$u \geqq 0,\ t_1 \leqq t_0 \leqq t_1 + w\,,\ |\mathfrak{x}_0| \leqq r \qquad (t_1 \geqq 0 \text{ beliebig})$$

zu variieren. Die Funktion (17.4) erfüllt die Voraussetzungen von Satz 17.1 bzw. der Definition 17.2.

MASSERA [1, 4] hat den Satz erstmalig formuliert und einen indirekten Beweis gegeben.

Im Falle der as. St. bezieht sich die Gleichmäßigkeit auf den Grenzübergang in der Definition 2.4. Da der Anfangswert und der Anfangspunkt als Parameter auftreten, lassen sich zwei Arten der Gleichmäßigkeit erklären.

Definition 17.3. (MASSERA [1]). Die RL der Dgl. (2.7) heißt *äquiasymptotisch stabil,* wenn sich zu einem festgewählten Anfangspunkt t_0 (z. B. zu $t_0 = 0$) und zu jedem $\varepsilon > 0$ eine Zahl τ so angeben läßt, daß

$$|\mathfrak{p}(t, \mathfrak{x}_0, t_0)| < \varepsilon \qquad (t > t_0 + \tau) \tag{17.5}$$

ist, sofern nur die Anfangswerte $\mathfrak{x}_0$ einer Kugel $\mathfrak{K}_\eta$ angehören, deren Radius η von ε unabhängig ist.

Aus der äquiasymptotischen St. folgt natürlich deren as. St. im Sinne der Definition 2.4, nicht aber die gl. St. im Sinne von Definition 17.1, wie MASSERA [4] durch ein Gegenbeispiel gezeigt hat.

Läßt sich zu *jedem* Anfangspunkt $t_0 \geqq t_1 \geqq 0$ eine geeignete Zahl $\tau = \tau(\varepsilon, t_0)$ so finden, daß (17.5) erfüllt ist, so spricht man von *gleichmäßig asymptotischer Stabilität bezüglich der räumlichen Koordinaten* (KRASOVSKIJ [16]). Ist die Zahl τ nur von ε und nicht auch von t_0 abhängig und ist außerdem die RL gl. st., so kommt man zur

Definition 17.4. (MALKIN [20]). *Die RL der Dgl. 2.7 heißt gleichmäßig asymptotisch stabil (gl. as. st.), wenn sie* 1) *gl. st. ist und wenn* 2) *sich zu jedem $\varepsilon > 0$ eine nur von ε und nicht von dem Anfangspunkt t_0 abhängige Zahl $\tau = \tau(\varepsilon)$ derart bestimmen läßt, daß*

$$|\mathfrak{p}(t, \mathfrak{x}_0, t_0)| < \varepsilon \qquad (t > t_0 + \tau)$$

ist, sofern nur die Anfangswerte $\mathfrak{x}_0$ einer Kugel $\mathfrak{K}_\eta$ angehören, deren Radius η von ε unabhängig ist.

Dem Satz 17.1 entspricht der

Satz 17.3. Notwendig und hinreichend für die zweite Voraussetzung in der Definition 17.4 ist die Existenz einer Funktion $\sigma(r)$ mit folgenden Eigenschaften: a) $\sigma(r)$ ist für alle $r \geqq 0$ erklärt, stetig und monoton fallend, b) es ist $\lim_{r\to\infty} \sigma(r) = 0$, c) es ist

$$|\mathfrak{p}(t, \mathfrak{x}_0, t_0)| \leqq \sigma(t - t_0)\,, \tag{17.6}$$

sofern die Anfangswerte einer festen Kugel $\mathfrak{K}_\eta$ angehören.

Man beweist diesen Satz ähnlich wie Satz 17.1: man bildet bei gegebenem ε die untere Grenze $\tilde{\tau}(\varepsilon)$ der Zahlen τ aus Definition 17.4, wählt eine stetige monoton fallende Funktion $\hat{\tau}(\varepsilon) \geqq \tilde{\tau}(\varepsilon)$ und nimmt deren Umkehrfunktion als $\sigma(r)$. Diese Funktion hängt möglicherweise noch vom Anfangswert $\mathfrak{x}_0$ ab, läßt sich aber gleichmäßig abschätzen, so daß man (17.2) und (17.6) in eine einzige Ungleichung zusammenfassen kann. Man erhält dann

Satz 17.4. (HAHN) *Notwendig und hinreichend für gl. as. St. der RL ist die Existenz von zwei Funktionen $\varkappa(r)$ und $\vartheta(r)$, von denen die erste die Voraussetzungen a) und b) von Satz* 17.1, *die zweite die entsprechenden Voraussetzungen von Satz* 17.3 *erfüllt, während außerdem*

$$|\mathfrak{p}(t, \mathfrak{x}_0, t_0)| \leqq \varkappa(|\mathfrak{x}_0|)\,\vartheta(t - t_0) \tag{17.7}$$

gilt, sofern nur die Anfangswerte $\mathfrak{x}_0$ einer festen Kugel $\mathfrak{K}_\eta$ angehören.

Definition 17.5 (BARBAŠIN und KRASOVSKIJ [2]). Die RL der Dgl. (2.7) heißt *gleichmäßig asymptotisch stabil im Ganzen,* wenn folgende zwei Bedingungen erfüllt sind: a) sie ist gl. st. im Ganzen; b) zu je zwei Zahlen $\delta_1 > 0$ und $\delta_2 > 0$ gibt es eine Zahl $\tau(\delta_1, \delta_2)$ derart, daß

$$|\mathfrak{p}(t, \mathfrak{x}_0, t_0)| < \delta_2$$

gilt, wenn $t \geqq t_0 + \tau(\delta_1, \delta_2)$ und $|\mathfrak{x}_0| < \delta_1$ ist.

Als Gegenstück zu Satz 17.2 hat man

Satz 17.5. *Ist die RL einer autonomen oder periodischen Dgl. as. stabil bzw. as. stabil im Ganzen, so ist diese as. Stabilität gleichmäßig.*

Beweis. Wegen der Voraussetzungen geht der in (16.1) erklärte Ausdruck $\mu(t, \mathfrak{x}_0, t_0)$ bei festen Anfangsgrößen $\mathfrak{x}_0$, t_0 mit wachsendem t

gegen 0 und ist bezüglich t_0 periodisch. Man erkennt dann, wie im Beweis zu Satz 17.2, daß

$$\sigma(\tau) = \sup|\mathfrak{p}(t_0 + u, \mathfrak{x}_0, t_0)|$$

für $u \geqq \tau$, $t_1 \leqq t_0 \leqq t_1 + w$, $|\mathfrak{x}_0| \leqq r$ eine Vergleichfunktion mit den im Satz **17.3** verlangten Eigenschaften darstellt.

Auch dieser Satz ist erstmalig von MASSERA [4] klar formuliert und auf indirektem Wege bewiesen worden. Ein weiterer Beweis für den autonomen Fall findet sich bei GRADŠTEJN [1].

Man erhält eine hinreichende Bedingung für gl. St. durch eine genaue Analyse der Beweise zu Satz 4.1 und 4.2. Sie zeigt, daß aus der Existenz einer L. F. mit den dort geforderten Eigenschaften bereits die Gleichmäßigkeit der St. folgt, und führt zu

Satz 17.6. *Existiert eine dekreszente positiv definite L. F. v derart, daß ihre für* (2.7) *gebildete Ableitung negativ semidefinit ist, so ist die RL gl. st. Ist $\dot v$ negativ definit, so liegt gl. as. St. vor. Ist v dabei radial unbeschränkt, so liegt gl. St. im Ganzen vor.*

Der Satz ist in mehreren Schritten von K. P. PERSIDSKIJ [5], MALKIN [20], BARBAŠIN und KRASOVSKIJ [2] gefunden worden; der nachstehende Beweis stammt von MASSERA [4]. (Vgl. auch KURZWEIL [1].)

Beweis. Wir benutzen die Bezeichnungen von (1.8), (1.9) und § 4. Es gilt in $\mathfrak{K}_{h_1, t_0}$

$$\varphi(|\mathfrak{x}|) \leqq v(\mathfrak{x}, t) \leqq \psi(|\mathfrak{x}|) . \tag{17.8}$$

Es sei $0 < \varepsilon < h_1$ und $\zeta = \zeta(\varepsilon)$ so gewählt, daß $\varphi(\varepsilon) > \psi(\zeta)$ ist. Ist $|\mathfrak{x}_0| < \zeta$, so ist

$$|\mathfrak{p}(t, \mathfrak{x}_0, t_0)| < \varepsilon \text{ für } t > t_0;$$

denn nach Voraussetzung nimmt $v(\mathfrak{p}(t, \mathfrak{x}_0, t_0), t) \equiv v(t)$ mit wachsendem t nicht zu, so daß

$$v(t) \leqq v(t_0) \leqq \psi(\zeta) < \varphi(\varepsilon) \tag{17.9}$$

ist. Nach (17.8) gilt für $|\mathfrak{x}| = \varepsilon$ die Ungleichung $v(\mathfrak{x}, t) \geqq \varphi(\varepsilon)$; mithin folgert man aus (17.9) die Ungleichung $|\mathfrak{p}(t, \mathfrak{x}_0, t_0)| < \varepsilon$. Damit ist die Gleichmäßigkeit der St. bewiesen.

Es sei nun $\dot v$ negativ definit, $\bar\delta$ die zu $\varepsilon = h_1$ gehörende Zahl $\delta(\varepsilon)$ der Definition 17.1 und $\bar w_0$ das Minimum von $|\mathfrak{p}(t, \mathfrak{x}_0, t_0)|$ im Intervall $[t_0, t]$. Dann folgt aus der Integralabschätzung (4.5) die Ungleichung

$$v(t) \leqq v(t_0) - (t - t_0)\, \chi(\bar w_0) < \psi(\bar\delta) - (t - t_0)\, \chi(\bar w_0) . \tag{17.10}$$

Man setze nun

$$\tau = \frac{\psi(\bar\delta)}{\chi(\zeta(\varepsilon))}$$

mit dem oben erklärten $\zeta(\varepsilon)$. Wäre $\bar w_0 \geqq \zeta(\varepsilon)$, so ergäbe sich aus (17.10) für $t = t_0 + \tau$ die unsinnige Ungleichung

$$v(t_0 + \tau) \leqq \psi(\bar\delta) - \tau\, \chi(\bar w_0) \leqq 0 .$$

Es gibt also im Intervall $(t_0, t_0 + \tau)$ einen Zeitpunkt t_1 mit

$$|\mathfrak{p}(t_1, \mathfrak{x}_0, t_0)| < \zeta(\varepsilon),$$

und dann ist sicher $|\mathfrak{p}(t, \mathfrak{x}_0, t_0)| < \varepsilon$ für $t > t_1$ und erst recht für $t > t_0 + \tau$. Die Zahl τ hängt aber nicht von t_0 ab, d. h. die as. St. ist gleichmäßig. Wenn die RL im Ganzen st. bzw. as. st. ist, gilt die Betrachtung für jedes h und liefert auch die letzte Aussage des Satzes.

Bemerkungen. 1. Die Voraussetzungen des Satzes 17.6 über v lassen sich verschiedentlich modifizieren. Genügt z. B. eine beschränkte Funktion v der Bedingung von § 4, Bem. 5 und ist die RL gl. st., so ist sie auch gl. as. st. (MASSERA [4]).

2. Die Voraussetzung § 4, Bem. 4 sichert die gleichmäßige St. der RL bezüglich der räumlichen Koordinaten (KRASOVSKIJ [15, 16]).

3. Der Umstand, daß die Voraussetzungen von Satz 4.2 bereits die gl. as. St. sichern, gibt eine Erklärung für die vielen Möglichkeiten, die Voraussetzungen abzuschwächen. (Vgl. die Bemerkungen zu § 4.) Für gl. as. St. ist Satz 4.2 allerdings notwendig und hinreichend (vgl. dazu § 18).

4. Die durch die Sätze 17.1 und 17.2 ausgesprochene Äquivalenz von gewöhnlicher und gl. St. im autonomen und periodischen Fall gilt nicht für beliebige Dgl.n, wie z. B. die Dgl.

$$\dot{x} = -\frac{x}{1+t} \tag{17.11}$$

zeigt, deren allgemeine Lösung

$$p(t, x_0, t_0) = \frac{x_0}{1+t}(1 + t_0)$$

nicht gleichmäßig bezüglich t_0 gegen Null strebt. Ebensowenig folgt allgemein aus der gl. St. die äquiasymptotische St., und diese zieht nicht notwendig die gl. as. St. nach sich (MASSERA [1, 4]). Es handelt sich also um echte Verfeinerungen der Begriffe.

Bei schwingungstheoretischen Untersuchungen stößt man bisweilen auf Dgl.n mit *fastperiodischen* Koeffizienten, z. B. dann, wenn man für die fastperiodische Lösung einer autonomen Dgl. die Dgl. der gestörten Bewegung [vgl. (2.6)] bildet. Es ergibt sich dabei das bisher noch ungelöste

Problem: *Ist bei Dgl.n mit fastperiodischen Koeffizienten die (asymptotische) Stabilität der RL mit gleichmäßiger (asymptotischer) Stabilität äquivalent oder nicht?*

5. Eine von YOSHIZAVA [1] eingeführte Modifikation („equistable") ist nur für Dgl.n von Bedeutung, deren Lösungen durch die Anfangswerte nicht eindeutig bestimmt sind. Für solche Dgl.n hat KURZWEIL [3] eine Begriffsbildung erklärt, die die gl. as. St. im Ganzen umfaßt. Es sei

$\mathfrak{G}$ eine offene Teilmenge des PR, die den Nullpunkt enthält, und $\mathfrak{F}$ ihr Komplement. Mit $\varrho(\mathfrak{x}, \mathfrak{F})$ sei der Abstand des Punktes $\mathfrak{x}$ von $\mathfrak{F}$ bezeichnet, ferner sei

$$\omega(\mathfrak{x}) = \max\left(|\mathfrak{x}|, \frac{1}{\varrho(\mathfrak{x}, \mathfrak{F})} - \frac{2}{\varrho(\mathfrak{o}, \mathfrak{F})}\right).$$

Die RL heißt *stark stabil* (strong stable) in $\mathfrak{G}$, wenn zu den beliebig vorgegebenen positiven Zahlen β und ε zwei positive Zahlen $b = b(\varepsilon)$ und $\tau = \tau(\beta, \varepsilon)$ mit folgenden Eigenschaften existieren:

a) $b(\beta)$ strebt mit $\beta \to 0$ monoton gegen Null. b) Ist $\mathfrak{q}(t)$ eine Lösung der Dgl., die im Intervall $t_0 \leqq t \leqq t_1 < \infty$ erklärt ist und die Anfangsungleichung $\omega(\mathfrak{q}(t_0)) \leqq \beta$ befriedigt, so existiert eine für alle $t \geqq t_0$ erklärte Lösung $\mathfrak{p}(t)$, die mit $\mathfrak{q}(t)$ im Intervall (t_0, t_1) übereinstimmt und die Bedingungen

$$\omega(\mathfrak{p}(t)) < b \text{ für } t > t_0, \quad \omega(\mathfrak{p}(t)) < \varepsilon \text{ für } t \geqq t_0 + \tau$$

erfüllt.

6. Durch die Definition der gl. as. St. wird die Geschwindigkeit, mit der sich die Bewegungen der RL annähern, gewissermaßen nach unten beschränkt. Eine Abschätzung nach oben führt zu einer Verfeinerung des Begriffes in anderer Hinsicht. Nach ZUBOV [6, 7] heißt die RL der Dgl. (2.7) *gleichmäßig anziehend*, wenn sie as. st. ist und wenn sich zu jedem ζ, das der Ungleichung $0 < \zeta < \eta$ genügt (η ist die in Def. 17.3 eingeführte Zahl), ein $\tau > 0$ und ein $\alpha > 0$ derart finden läßt, daß für alle $t_0 > 0$ im Intervall $t_0 \leqq t \leqq t_0 + \tau$

$$|\mathfrak{p}(t, \mathfrak{x}_0, t_0)| > \alpha$$

ist, sofern

$$\zeta \leqq |\mathfrak{x}_0| \leqq \eta$$

gilt. Man kann die Definition analog zu Satz 17.5 mit Hilfe von zwei Vergleichsfunktionen $\varkappa_1(r)$ und $\vartheta_1(r)$ aussprechen, die die Voraussetzungen a) und b) der Sätze 17.1 bzw. 17.3 erfüllen müssen: Die RL ist dann und nur dann gleichmäßig anziehend, wenn

$$|\mathfrak{p}(t, \mathfrak{x}_0, t_0)| > \varkappa_1(|\mathfrak{x}_0|)\, \vartheta_1(t - t_0) \tag{17.12}$$

ist, sofern nur die Anfangswerte der Hohlkugel $\zeta \leqq |\mathfrak{x}_0| \leqq \eta$ angehören.

Wenn die RL gl. st. und außerdem gl. anziehend ist, bestehen die Ungleichungen (17.7) und (17.12) gleichzeitig und garantieren das Verbleiben der Bewegung in einem „röhrenartigen" Bereich.

7. Eine Verfeinerung der gl. as. St., die *exponentielle* St., wird im § 22 behandelt. Dort wird auch die entsprechende Verfeinerung des Begriffes der Instabilität erörtert. Es handelt sich dabei um Spezialisierungen der Vergleichsfunktionen in (17.7) bzw. (17.12).

§ 18. Die Umkehrungen der Stabilitätssätze

a) Es sei die Dgl.

$$\dot{\mathfrak{x}} = \mathfrak{f}(\mathfrak{x}, t) \tag{18.1}$$

gegeben. Das St.-Verhalten der RL im Sinne der Definitionen des § 2 bzw. des § 17 sei bekannt. Es wird nach der Existenz einer L. F. v gefragt, die die Anwendungen der Sätze der §§ 4 und 17 ermöglicht. Die verschiedenen Existenzsätze, die als *Umkehrsätze* der direkten Methode bezeichnet werden, unterscheiden sich voneinander in mehrfacher Hinsicht, nämlich a) in den Voraussetzungen über die rechte Seite der Dgl. (18.1), b) in den Voraussetzungen über die St. der RL, c) in den Aussagen über die Funktion v, insbesondere über die Existenz und Stetigkeit ihrer partiellen Ableitungen.

b) *Umkehrung der Sätze über schwache Stabilität.*

Satz 18.1 (Kurzweil [1]). Es seien die Funktionen $f_i(\mathfrak{x}, t)$ und $\frac{\partial f_i}{\partial x_j}$ in einem Bereich $\mathfrak{K}_{h,t_0}$ stetig. Die RL von (18.1) sei stabil. Dann existiert eine positiv definite Funktion $v(\mathfrak{x}, t)$, die in $\mathfrak{K}_{h,t_0}$ stetige erste Ableitungen nach allen Variablen hat und dort eine negativ semidefinite Ableitung $\dot{v}$ für (18.1) besitzt.

Beweis. Wegen der St. kann man $\delta > 0$ so wählen, daß aus $|\mathfrak{x}_0| < \delta$ für $t \geqq t_0$ die Ungleichung $|\mathfrak{p}(t, \mathfrak{x}_0, t_0)| < \frac{h}{2}$ folgt. Es seien $\mathfrak{S}_1$ und $\mathfrak{S}_2$ die Mengen derjenigen Punkte $(\mathfrak{x}, \tau)$ aus $\mathfrak{K}_{h,t_0}$, für die

$$|\mathfrak{p}(t_0, \mathfrak{x}, \tau)| < \frac{\delta}{2} \quad \text{bzw.} \quad |\mathfrak{p}(t_0, \mathfrak{x}, \tau)| < \delta$$

ist, und $\tilde{\mathfrak{S}}_1$ das Komplement zu $\mathfrak{S}_1$ in $\mathfrak{K}_{h,t_0}$. Mit $\gamma(r)$ sei eine für $r \leqq 0$ verschwindende, für $r > 0$ positive stetig differenzierbare Funktion bezeichnet, die für $r \geqq \frac{\delta}{2}$ den konstanten Wert $\gamma(r) = \delta^2$ annimmt. Die L. F. wird nun wie folgt definiert:

$$v(\mathfrak{x}, \tau) = \delta^2 \qquad ((\mathfrak{x}, \tau) \in \tilde{\mathfrak{S}}_1),$$

$$v(\mathfrak{x}, \tau) = \gamma(|\mathfrak{p}(t_0, \mathfrak{x}, \tau)|)\,. \qquad ((\mathfrak{x}, \tau) \in \mathfrak{S}_2)$$

In dem gemeinsamen Bereich stimmen die beiden Definitionen überein. Die Funktion v ist nichtnegativ und verschwindet im Nullpunkt. Sie ist in $\mathfrak{K}_{h,t_0}$ stetig differenzierbar, und ihre für (18.1) gebildete Ableitung ist identisch Null, da v längs jeder Bewegung konstant ist. Daß v positiv definit ist, erkennt man so: Es sei $0 < \varepsilon < h$ und $\bar{\delta} < \delta$ so bebestimmt, daß aus $|\mathfrak{x}| < \bar{\delta}$ die Ungleichung $|\mathfrak{p}(t, \mathfrak{x}, t_0)| < \varepsilon$ für $t > t_0$ folgt. Ist dann $\varepsilon \leqq |\mathfrak{x}| \leqq h$ und $(\mathfrak{x}, \tau) \in \mathfrak{S}_2$, so ist für $\mathfrak{x}_1 = \mathfrak{p}(t_0, \mathfrak{x}, \tau)$ wegen der Beziehung $\mathfrak{p}(t, \mathfrak{x}_1, t_0) = \mathfrak{p}(t, \mathfrak{x}, \tau)$ sicher $|\mathfrak{x}_1| \geqq \bar{\delta}$, und es folgt

$$v(\mathfrak{x}, \tau) \geqq \min(\delta^2, \gamma(|\bar{\delta}|)).$$

Satz 18.1 ist im wesentlichen schon von K. P. PERSIDSKIJ [5] bewiesen worden. Sein Ergebnis unterscheidet sich nur dadurch, daß der Bereich, in dem die Existenz von v gesichert ist, im allgemeinen nur einen Teilbereich von $\mathfrak{K}_{h,t_0}$ bildet. PERSIDSKIJ zeigt: Wenn man die Lösung $\mathfrak{p}(t, \mathfrak{x}_0, 0)$ nach $\mathfrak{x}_0$ auflöst und $\mathfrak{x}_0 = \mathfrak{q}(t, \mathfrak{p})$ setzt, dann ist der Ausdruck $|\mathfrak{x}_0|^2 = v(\mathfrak{p}, t)$ als L. F. für (18.1) zu verwenden. Noch einfacher konstruiert YOSHIZAVA [1] eine im Nullpunkt stetige, allerdings nicht notwendig differenzierbare L. F. unter der Voraussetzung bloßer Stetigkeit von $\mathfrak{f}$.

Eine Verschärfung von Satz 18.1 bildet der

Satz 18.2 (KURZWEIL [1], KRASOVSKIJ [12]). Zu den Voraussetzungen des Satzes 18.1 trete die Gleichmäßigkeit der St. Dann existiert in jedem Bereich $\mathfrak{K}_{h_1,t_0}$ mit $0 < h_1 < h$ eine positiv definite dekreszente Funktion $v(\mathfrak{x}, t)$, die dort stetige erste Ableitungen nach allen Variablen hat und deren für (18.1) gebildete Ableitung negativ semidefinit ist.

Der Beweis dieses Satzes nach KURZWEIL [1] ist länger als der von Satz 18.1 und vollzieht sich in mehreren Schritten. Man zeigt zunächst, daß die Hilfsfunktion $m(\mathfrak{x}, t) = \min |\mathfrak{p}(\tau, \mathfrak{x}, 0)|$ $(0 \leqq \tau \leqq t)$ positiv definit und dekreszent ist, wobei wesentlich die Gleichmäßigkeit der St. benutzt wird. Diese Funktion wird dann „geglättet", d. h. durch eine Funktion $\tilde{m}(\mathfrak{x}, t)$ ersetzt, deren Werte nur wenig von denen von m verschieden sind, die aber differenzierbar ist. Sodann wird eine Funktion gebildet, die zusätzlich die Eigenschaft besitzt, längs jeder Bewegung abzunehmen; sie entsteht durch geeignete Abschätzungen aus den partiellen Ableitungen von $\tilde{m}$. Diese letzte Funktion ist dann die gewünschte L. F. Mit Satz 17.6 folgt:

Die Bedingungen des Satzes 18.1 *sind notwendig und hinreichend für gl. St.*

KRASOVSKIJ [12] setzt bei seinem Beweis für Satz 18.2 die Beschränktheit der partiellen Ableitungen $\partial f_i/\partial x_j$ voraus und benutzt als Haupthilfsmittel einen topologischen Hilfssatz von BARBAŠIN [1]. KURZWEIL und VRKOČ [1] haben gezeigt, daß man die Voraussetzung über die Stetigkeit der partiellen Ableitungen $\partial f_i/\partial x_j$ noch anders abschwächen kann. Sie haben ferner nachgewiesen, daß im Falle nur stetiger rechter Seiten die Gleichmäßigkeit der St. allein nicht ausreicht, die Existenz einer stetigen L. F. zu sichern, sondern daß man dazu weitere Voraussetzungen über $\mathfrak{f}(\mathfrak{x}, t)$ braucht. Wenn aber überhaupt eine stetige positiv definite Funktion v mit nichtnegativer Ableitung $\dot{v}$ existiert, dann existiert auch eine gleichartige Funktion v^*, die partielle Ableitungen von beliebig hoher Ordnung besitzt. Ist v dekreszent, so gilt das gleiche für v^*. Es sei noch erwähnt, daß man zu einer autonomen Dgl. mit st. RL nicht immer eine von t unabhängige L. F. konstruieren kann, die die Voraussetzung von Satz 4.1 erfüllt (MALKIN [1, 19]). Bei gl. as. St. ist das anders.

c) *Umkehrung der Sätze über asymptotische Stabilität.*

Satz 18.3 (MASSERA [4]). *Es sei die RL von* (18.1) *gl. as. st., und im Bereich* $\mathfrak{K}_{h,t_0}$ *sei* $\mathfrak{f} \in C_0$. *Dann existiert dort eine positiv definite dekreszente Funktion* v, *deren Ableitung für* (18.1) *negativ definit ist und die partielle Ableitungen beliebig hoher Ordnung besitzt.*

Zusatz 1. Ist $\mathfrak{f} \in \overline{C}_0$ (d. h. existiert eine einheitliche Lipschitzkonstante), dann kann man v so bestimmen, daß alle partiellen Ableitungen in gleichmäßig bezüglich t beschränkt sind und daß für alle Ableitungen die gleiche Schranke verwandt werden kann.

Zusatz 2. Ist die Dgl. autonom oder periodisch, so kann v von t unabhängig bzw. in t periodisch konstruiert werden.

Der Beweis dieses wichtigen Satzes, der eigentlich die Hauptfrage des Umkehrproblems beantwortet, ist eine Ausgestaltung des Beweises, den MASSERA [1] schon früher für einen Spezialfall (Voraussetzung: $\mathfrak{f}$ autonom oder periodisch, $\mathfrak{f} \in C_1$; Aussage: $v \in C_1$) entwickelt hatte. Er benutzte dabei den folgenden

Hilfssatz. Es seien $\varrho(r)$ und $\sigma(r)$ zwei für $r \geqq 0$ definierte stetige und positive Funktionen, von denen die erste mit wachsendem r zunimmt, während die zweite mit $r \to \infty$ gegen Null strebt. Dann gibt es eine für alle $r \geqq 0$ erklärte Funktion $\omega(r)$ der Klasse K (vgl. § 1) mit folgenden Eigenschaften: a) Die Ableitung $\omega'(r)$ existiert und gehört ebenfalls der Klasse K an; b) die Integrale

$$\int_0^\infty \omega(\sigma(r))\, dr\,, \quad \int_0^\infty \omega'(\sigma(r))\, \varrho(r)\, dr$$

sind beschränkt.

MALKIN [20] bewies mit Hilfe der Masseraschen Methode den Satz 18.3 in etwas schwächerer Form (Voraussetzung $\mathfrak{f} \in C_1$, Aussage $v \in C_1$), und zwar folgerte er zunächst aus der gl. as. St. die Existenz von zwei Funktionen $\varrho(r)$ und $\sigma(r)$, die die Voraussetzungen des Hilfssatzes erfüllen und die Abschätzungen

$$\left|\frac{\partial\,|\mathfrak{p}(t_0+r,\mathfrak{x},t_0)|^2}{\partial x_i}\right| < \varrho(r)\,, \quad \left|\frac{\partial\,|\mathfrak{p}(t,\mathfrak{x},t_0)|^2}{\partial t_0}\right|\Big/_{t=t_0+r} < \varrho(r)\,,$$

$$|\mathfrak{p}(t_0+r,\mathfrak{x},t_0)| < \sigma(r)$$

ermöglichen. [$\sigma(r)$ ist die Vergleichsfunktion von Satz 17.3.] Ist nun $\omega(r)$ die zu diesen beiden Funktionen gehörende Funktion des Hilfssatzes, so befriedigt, wie MALKIN zeigt, der Ausdruck

$$v(\mathfrak{x},t) = \int_t^\infty \omega(|\mathfrak{p}(\tau,\mathfrak{x},t)|)\, d\tau$$

die Voraussetzungen von Satz 4.2.

Wegen der schwachen Voraussetzungen des Satzes 18.3 muß MASSERA [4] beim Beweis etwas anders vorgehen. Er arbeitet zunächst mit der im BR erklärten Ortsfunktion $p(\mathfrak{x}, t) = \sup_{\tau \geqq 0} |\mathfrak{p}(t + \tau, \mathfrak{x}, t)|$ (die mit anderen Bezeichnungen schon im Beweis zu Satz 17.2 verwandt wurde) und konstruiert dann eine Hilfsfunktion $g(r)$ der reellen Veränderlichen r, die gewissen Wachstumsbedingungen genügt, vor allem aber durch die Geschwindigkeit bestimmt ist, mit der sich $p(\mathfrak{x}, t)$ in Abhängigkeit von $(\mathfrak{x}, t)$ ändert. Mit Hilfe der nun wieder als Ortsfunktion zu betrachtenden Funktion $g(p(\mathfrak{x}, t))$ läßt sich eine L. F. $u(\mathfrak{x}, t)$ definieren, die definit und dekreszent ist und eine negativ definite Ableitung besitzt. Ein kunstvoller Glättungsprozeß verwandelt $u(\mathfrak{x}, t)$ schließlich in eine Funktion $v(\mathfrak{x}, t)$, die allen Behauptungen genügt.

BARBAŠIN [1] hat die Aufgabe mit völlig anderen Hilfsmitteln aus der Theorie der dynamischen Systeme (vgl. § 20) angegriffen. Er zeigt die Existenz einer L. F. v mit $v \in C_m$, falls $\mathfrak{f} \in C_m$ vorausgesetzt wird, und zwar zunächst nur für autonome Dgl.n. Das Ergebnis läßt sich allerdings sofort auf gewisse nichtautonome Dgl.n übertragen. Ein anderer etwas kürzerer Beweis für das Barba insche Ergebnis stammt von KRASOVSKIJ [19].

Wenn man Satz 4.3 umkehren will, muß man ebenfalls zusätzlich die Gleichmäßigkeit der as. St. im Ganzen voraussetzen. Es gilt

Satz 18.4 (MASSERA [4]). Die RL von (18.1) sei gl. as. st. im Ganzen, und es sei $\mathfrak{f} \in C_0$. Dann existiert eine positiv definite, dekreszente, radial unbeschränkte Funktion v mit negativ definiter Ableitung, die partielle Ableitungen von beliebig hoher Ordnung besitzt.

Der Beweis stimmt weitgehend mit dem zu Satz 18.3 überein. Für autonome Bewegungen war Satz 18.4 schon früher von BARBAŠIN und KRASOVSKIJ [1] ausgesprochen worden, und zwar unter Hinweis auf den von BARBAŠIN [1] bewiesenen und oben im Anschluß an Satz 18.2 erwähnten Hilfssatz (vgl. S. 60). Dabei muß allerdings, wie ERUGIN [6] bemerkt hat, die Fortsetzbarkeit der Lösungen in das Intervall $-\infty < t < t_0$ vorausgesetzt werden, und das ist nicht immer zulässig. (Eine weitere von ERUGIN [6, 8] vorgebrachte kritische Bemerkung wird bei BARBAŠIN und KRASOVSKIJ [2] berücksichtigt.) In der Arbeit [2] von BARBAŠIN und KRASOVSKIJ wird Satz 18.4 mit $\mathfrak{f} \in C_1$ und $v \in C_1$ bewiesen.

KURZWEIL [2, 3] hat die Voraussetzung von Satz 18.3 dahingehend abgeschwächt, daß die Funktion $\mathfrak{f}(\mathfrak{x}, t)$ nur stetig zu sein braucht, und die gl. as. St. durch die in § 17, Bem. 5 definierte starke St. ersetzt. Sein Beweis, der auf dem gleichen Verfahren wie der von MASSERA beruht, ist von diesem unabhängig entstanden. Er ist aber erheblich länger, weil die schwachen Voraussetzungen und die Nichteindeutigkeit der Lösungen eine Reihe von Zusatzbetrachtungen erfordern.

KRASOVSKIJ [20] beweist einen Existenzsatz für eine dekreszente L. F. mit definiter Ableitung. Notwendig und hinreichend dafür ist „nichtkritisches und gleichmäßiges“ Verhalten der Trajektorien, d. h. zu je zwei hinreichend kleinen Zahlen $\delta > 0$ und $\eta > 0$ existiert eine Zahl $\tau = \tau(\delta, \eta)$ derart, daß jede Bewegung $\mathfrak{p}(t, \mathfrak{x}_0, t_0)$ mit $|\mathfrak{x}_0| > \eta$ auf wenigstens einer Halbtrajektorien, d. h. für $t \geqq t_0$ oder für $t \leqq t_0$, die Hyperfläche $|\mathfrak{x}| = \delta$ noch vor Ablauf des Zeitabschnittes $|t - t_0| < \tau$ erreicht. Die Bewegungen dürfen sich also der t-Achse des BR nicht beliebig nähern bzw. nicht beliebig langsam von ihr entfernen. Im Stabilitätsfall stimmt die so erklärte Begriffsbildung mit der gl. as. St. überein.

d) Umkehrsätze, in denen nur die as. St. der RL ohne Gleichmäßigkeit vorausgesetzt wird, sind bisher nicht bekannt. ZUBOV [6] hat aber einige Sätze angegeben, in denen an die Stelle der Ungleichung (17.7) eine allgemeinere Vorschrift über die Geschwindigkeit tritt, mit der die Bewegungen abklingen. Zu ihrer Formulierung dienen zwei für $t \geqq 0$ positive und stetige Hilfsfunktionen $\varphi(t)$ und $\psi(t)$. Das Integral

$$J(t, t_0) = \int_{t_0}^{t} \frac{\psi(\tau)}{\varphi(\tau)} d\tau$$

soll für $t \geqq t_0 \geqq 0$ beschränkt sein und mit wachsendem t gegen Unendlich streben. Ferner soll der Ausdruck

$$\varkappa(t, t_0; \alpha, \beta) = \left(\frac{\varphi(t_0)}{\varphi(t)}\right)^{\frac{1}{\alpha+1}} \exp\left(-\beta J(t, t_0)\right),$$

der von zwei positiven Parametern α und β abhängt, mit $t \to \infty$ gegen Null streben. Mit diesen Bezeichnungen gilt

Satz 18.5 (ZUBOV [6]). Es sei die RL von (18.1) as. st., und für alle hinreichend kleinen $|\mathfrak{x}_0|$ sei

$$l_1 \varkappa(t, t_0; \alpha, \beta_1) |\mathfrak{x}_0|^2 \leqq |\mathfrak{p}(t, \mathfrak{x}_0, t_0)|^2 \leqq l_2 \varkappa(t, t_0; \alpha, \beta_2) |\mathfrak{x}_0|^2$$

mit gewissen positiven Konstanten l_1, l_2.

Notwendig und hinreichend für ein solches Verhalten der Lösungen ist die Existenz zweier Funktionen

$$v = |\mathfrak{x}|^{2\alpha} \varphi(t)\, \mathfrak{x}^T A(\mathfrak{x}, t)\, \mathfrak{x} \quad \text{und} \quad w = |\mathfrak{x}|^{2\alpha} \psi(t)\, \mathfrak{x}^T B(\mathfrak{x}, t)\, \mathfrak{x}$$

mit folgenden Eigenschaften:

a) Sie sind in einem Bereich $\mathfrak{K}_{h, t_0}$ definiert und stetig.

b) Für hinreichend kleine $|\mathfrak{x}|$ gilt

$$a_1 |\mathfrak{x}|^2 \leqq \mathfrak{x}^T A(\mathfrak{x}, t)\, \mathfrak{x} \leqq a_2 |\mathfrak{x}|^2 \qquad (a_1 > 0, \quad a_2 > 0),$$

$$b_1 |\mathfrak{x}|^2 \leqq \mathfrak{x}^T B(\mathfrak{x}, t)\, \mathfrak{x} \leqq b_2 |\mathfrak{x}|^2 \qquad (b_1 > 0, \quad b_2 > 0).$$

c) Es ist $\dot{v} = -w$.

Anstelle des mit $\varkappa$ bezeichneten Ausdrucks kann man auch andere Bildungen mit ähnlichen Eigenschaften nehmen.

§ 19. Die Umkehrungen der Instabilitätssätze

Die Umkehrungen der Instabilitätssätze sind weit weniger tiefliegend als die Umkehrungen der Sätze über as. St., weil die Eigenschaft, instabil zu sein, viel weniger kennzeichnend ist als die as. St. Daß die entsprechenden Sätze später bewiesen worden sind, liegt also nicht in der Schwierigkeit der Aufgabe begründet. Von den Instabilitätssätzen fordert Satz **5.2** mehr als Satz **5.1**; denn die Voraussetzungen von Satz **5.2** enthalten eine Aussage über das Verhalten der Ableitung in einer ganzen Umgebung des Nullpunkts, während für Satz **5.1** (und auch für **5.3**) das Verhalten von v nur in einem Bereich bekannt zu sein braucht, der den Nullpunkt als Randpunkt hat. Dementsprechend gibt der Umkehrsatz zu Satz **5.2** eine weitergehende Aussage, braucht aber auch die stärkeren Voraussetzungen.

Das erste einschlägige Ergebnis stammt von KRASOVSKIJ [8]. Es bezieht sich auf die autonome Dgl.

$$\dot{\mathfrak{x}} = \mathfrak{f}(\mathfrak{x}) \tag{19.1}$$

und beruht auf einem an sich interessanten Hilfssatz über die Existenz einer L. F. v mit *definiter* Ableitung $\dot{v}$. Es gilt

Satz 19.1 (KRASOVSKIJ [8]). Notwendig und hinreichend für die Existenz einer L. F. v, deren für (**19.1**) gebildete Ableitung $\dot{v}$ definit ist, ist die Existenz einer Umgebung des Nullpunkts im PR, die keine Phasentrajektorie in ihrem ganzen Verlauf enthält.

KRASOVSKIJ beweist den Satz mit topologischen Methoden unter Verwendung der Ergebnisse von BARBAŠIN [1](vgl. Beweis zu Satz **18.2**) und mit Hilfe eines Konstruktionsverfahrens, das sich an das von MASSERA [1] entwickelte anlehnt. Die Voraussetzung von Satz **19.1** ist beispielsweise bei den kritischen Fällen des § 8 nicht erfüllt; auch bei der durch (**2.11**) beschriebenen Bewegung enthält jede Umgebung des Nullpunkts geschlossene Phasenkurven (vgl. auch KRASOVSKIJ [20] und § 18, c).

Mit Hilfe von Satz **19.1** beweist KRASOVSKIJ [8] den

Satz 19.2. Es sei die RL von (**19.1**) instabil. Notwendig und hinreichend für die Existenz einer Funktion v, die in jeder Umgebung des Nullpunkts negative Werte annehmen kann und deren für (**19.1**) gebildete Ableitung $\dot{v}$ negativ definit ist, ist die Existenz einer Umgebung des Nullpunkts, die keine Phasentrajektorie von (**19.1**) in ihrem ganzen Verlauf enthält.

Der Satz **19.2** enthält den Satz **5.2** für autonome Dgl.n und die Bedingungen für seine Umkehrung.

Der Satz von ČETAEV (Satz 5.1) läßt sich ohne nähere Voraussetzungen über die Integralkurven der Ausgangsgleichung umkehren. Man hat

Satz 19.3 (VRKOČ [1]). Die RL der Dgl.

$$\dot{\mathfrak{x}} = \mathfrak{f}(\mathfrak{x}, t) \qquad (\mathfrak{f} \in C_1) \tag{19.2}$$

sei instabil. Dann existiert in einem gewissen Bereich $\mathfrak{K}_{h, t_0}$ eine L. F. v mit folgenden Eigenschaften: a) v gehört zur Klasse C_1, b) es gibt einen Bereich $v < 0$ (vgl. Satz 5.1), in dem v beschränkt ist und in dem c) $\dot{v} = v$ gilt.

Der verhältnismäßig einfache Beweis besteht in einem transfiniten Konstruktionsverfahren für die L. F. v, der man sogar noch eine zusätzliche Bedingung auferlegen kann, nämlich in einem gewissen *Instabilitätsgebiet* und nur dort negativ zu sein. Das Instabilitätsgebiet $\mathfrak{G}(\varepsilon)$ ist bei gegebenem $\varepsilon > 0$ und bei festem t_0 folgendermaßen definiert: es seien Anfangswerte $\tilde{\mathfrak{x}}_0$ dadurch ausgezeichnet, daß

$$\max |\tilde{x}_{i0}| < \varepsilon\,, \quad \max |p_i(t, \tilde{\mathfrak{x}}_0, t_0)| > \varepsilon \qquad (t > t_0)$$

ist. $\mathfrak{G}(\varepsilon)$ ist die Gesamtheit der Punkte $\tilde{\mathfrak{x}}_0$.

Satz 19.3 gibt gleichzeitig eine Umkehrung für Satz 5.3, woraus die bereits in § 5 erwähnte Äquivalenz der Sätze 5.1 und 5.3 folgt; KRASOVSKIJ [19] hat ebenfalls einen Umkehrsatz zu Satz 5.3 bewiesen.

Auch der Satz 5.4 läßt sich umkehren:

Satz 19.4 (S. K. PERSIDSKIJ [1]). Wenn die RL vollständig instabil ist, existiert eine in einem Bereich $\mathfrak{K}_{h, t_0}$ positive Funktion v mit nichtnegativer Ableitung; v strebt mit wachsendem t gleichmäßig bezüglich $\mathfrak{x}$ gegen Null.

Der Beweis verläuft ähnlich wie der Beweis von K. P. PERSIDSKIJ [5] zu Satz 18.1.

§ 20. Zur Stabilitätstheorie der dynamischen Systeme

Einige der in den letzten Paragraphen ausgesprochenen Sätze nehmen eine besonders elegante Form an, wenn man sie als Aussagen über dynamische Systeme formuliert. Man kann sogar einen großen Teil der Theorie der direkten Methode von vornherein mit Hilfe der Theorie der dynamischen Systeme entwickeln. Dieser Weg ist von ZUBOV [6] beschritten worden, an dessen Darstellung und Terminologie sich der vorliegende Paragraph anlehnt. Es werden nur Ergebnisse mitgeteilt.

Es sei im n-dimensionalen PR eine Vektorfunktion $\mathfrak{q}(\mathfrak{x}, t)$ mit folgenden Eigenschaften gegeben:

a) Die Komponenten sind für jedes endliche $\mathfrak{x}$ im ganzen Intervall $-\infty < t < +\infty$ definiert, und zwar als eindeutige stetige Funktionen ihrer Argumente.

b) Es ist $\mathfrak{q}(\mathfrak{x}, 0) = \mathfrak{x}$.

c) Es gilt

$$\mathfrak{q}(\mathfrak{q}(\mathfrak{x}, t_1), t_2) = \mathfrak{q}(\mathfrak{x}, t_1 + t_2) .$$

Man sagt dann, daß die Funktion $\mathfrak{q}(\mathfrak{x}, t)$ ein *dynamisches System* im PR erklärt. Die Gesamtheit der Punkte $\mathfrak{q}(\mathfrak{x}, t)$ bei festem $\mathfrak{x}$ heißt eine *Trajektorie* des Systems. Man kann dabei das System entweder als den Inbegriff seiner Trajektorien auffassen, die eine schlichte Überdeckung des PR liefern, oder man betrachtet es als einparametrige Gruppe von stetigen Abbildungen des PR auf sich selbst und schreibt dann

$$\mathfrak{x} \to \mathfrak{q}(\mathfrak{x}, t) .$$

Eine Punktmenge $\mathfrak{M}$ des PR, die nur aus Trajektorien besteht, heißt eine *invariante Menge* des Systems. Es folgt dann aus $\mathfrak{x} \in \mathfrak{M}$ auch $\mathfrak{q}(\mathfrak{x}, t) \in \mathfrak{M}$ für alle t.

Es sei wie üblich

$$\varrho(\mathfrak{x}, \mathfrak{M}) = \inf_{\mathfrak{y} \in \mathfrak{M}} |\mathfrak{x} - \mathfrak{y}| \tag{20.1}$$

der *Abstand* des Punktes $\mathfrak{x}$ von der Menge $\mathfrak{M}$. Die Menge aller Punkte $\mathfrak{x}$ mit $0 < \varrho(\mathfrak{x}, \mathfrak{M}) < r$ bildet eine *Umgebung* $\mathfrak{U}(\mathfrak{M}, r)$ der Menge $\mathfrak{M}$; diese von ZUBOV verwandte Definition weicht also etwas von der üblichen ab.

Man kann nun eine St.-Theorie auf der Grundlage der folgenden Definitionen aufbauen:

Definition 20.1. Eine abgeschlossene invariante Menge $\mathfrak{M}$ eines dynamischen Systems heißt *stabil*, wenn sich zu jedem $\varepsilon > 0$ ein $\delta > 0$ derart finden läßt, daß für alle $t > 0$

$$\varrho(\mathfrak{q}(\mathfrak{x}, t), \mathfrak{M}) < \varepsilon$$

wird, sofern nur

$$\varrho(\mathfrak{x}, \mathfrak{M}) < \delta$$

ist. Ist sogar

$$\lim_{t \to \infty} \varrho(\mathfrak{q}(\mathfrak{x}, t), \mathfrak{M}) = 0 ,$$

so heißt $\mathfrak{M}$ *asymptotisch stabil*.

Definition 20.2. Es existiere eine Zahl δ_0 mit folgender Eigenschaft: Zu jedem $\varepsilon > 0$ läßt sich ein $\tau = \tau(\varepsilon) > 0$ so angeben, daß

$$\varrho(\mathfrak{q}(\mathfrak{x}, t), \mathfrak{M}) < \varepsilon \quad \text{für } t > \tau$$

wird, sofern nur

$$\varrho(\mathfrak{x}, \mathfrak{M}) < \delta_0$$

gewählt wird. Dann heißt die invariante Menge $\mathfrak{M}$ *gleichmäßig* as. st.

Definition 20.3. Es existiere ein $\varepsilon > 0$ mit folgender Eigenschaft: Zu jedem $\delta > 0$ gibt es in $\mathfrak{U}(\mathfrak{M}, \delta)$ mindestens einen Punkt $\mathfrak{x}_0$ und ferner ein $t_1 > 0$ so, daß

$$\varrho(\mathfrak{q}(\mathfrak{x}_0, t_1), \mathfrak{M}) \geqq \varepsilon$$

ist. Dann heißt die invariante Menge $\mathfrak{M}$ *instabil.*

Die durch den Übergang von der as. St. zur gl. as. St. erzielte Verfeinerung läßt sich topologisch kennzeichnen: Eine as. st. abgeschlossene invariante Menge, die eine kompakte Umgebung hat, ist bereits gl. as. st. Für die durch die Definitionen 20.1 und 20.2 erklärten Eigenschaften kann man Bedingungen aufstellen, die denen der direkten Methode vollkommen analog sind, und zwar sind sie zugleich notwendig und hinreichend. In den folgenden vier Sätzen bedeutet $\mathfrak{M}$ eine invariante abgeschlossene Menge des gegebenen dynamischen Systems $\mathfrak{q}(\mathfrak{x}, t)$ und $\mathfrak{U} = \mathfrak{U}(\mathfrak{M}, r)$ eine hinreichend kleine Umgebung von $\mathfrak{M}$.

Satz 20.1. Notwendig und hinreichend für St. von $\mathfrak{M}$ ist die Existenz einer Funktion $v(\mathfrak{x})$ mit folgenden Eigenschaften:

a) $v(\mathfrak{x})$ ist in $\mathfrak{U}$ erklärt.

b) Zu jeder hinreichend kleinen Zahl $c_1 > 0$ gibt es ein $c_2 > 0$ derart, daß $v(\mathfrak{x}) > c_2$ wird, falls $\mathfrak{x} \in \mathfrak{U}$ und $\varrho(\mathfrak{x}, \mathfrak{M}) > c_1$ ist.

c) Zu jeder hinreichend kleinen Zahl $d_2 > 0$ gibt es ein $d_1 > 0$ derart, daß $v(\mathfrak{x}) < d_2$ wird, falls $\mathfrak{x} \in \mathfrak{U}$ und $\varrho(\mathfrak{x}, \mathfrak{M}) < d_1$ ist.

d) Die Funktion $v(\mathfrak{q}(\mathfrak{x}, t))$ ist für $t \geqq 0$ nicht zunehmend, sofern $\mathfrak{q}(\mathfrak{x}, t)$ in $\mathfrak{U}$ verbleibt.

Satz 20.2. Notwendig und hinreichend für die as. St. von $\mathfrak{M}$ ist die Existenz einer Funktion $v(\mathfrak{x})$, die neben den Voraussetzungen von Satz 19.1 noch die folgende erfüllt:

e) Es ist

$$\lim_{t\to\infty} v(\mathfrak{q}(\mathfrak{x}, t)) = 0 \tag{20.2}$$

für $\mathfrak{q}(\mathfrak{x}, t) \in \mathfrak{U}$ und $t > 0$.

Satz 20.3. Notwendig und hinreichend für die Gleichmäßigkeit der durch Satz 20.2 gesicherten as. St. ist die weitere Voraussetzung:

f) Es existiert eine Umgebung $\mathfrak{U}(\mathfrak{M}, \delta_1)$ derart, daß der Grenzübergang (20.2) bezüglich $\mathfrak{x} \in \mathfrak{U}(\mathfrak{M}, \delta_1)$ gleichmäßig gilt.

Satz 20.4. Notwendig und hinreichend dafür, daß $\mathfrak{M}$ instabil ist, ist die Existenz einer Funktion $v(\mathfrak{x})$ mit folgenden Eigenschaften:

a) v ist in $\mathfrak{U}$ definiert und beschränkt.

b) In jeder beliebig kleinen Umgebung von $\mathfrak{M}$ gibt es Punkte $\mathfrak{x}$ mit $v(\mathfrak{x}) > 0$.

c) Für jeden Punkt $\mathfrak{x}$ gilt die Gleichung

$$\dot{v} = g v + w\,,$$

wobei

$$\dot{v}(\mathfrak{x}) = \lim_{t\to 0+} \frac{v(\mathfrak{q}(\mathfrak{x}, t)) - v(\mathfrak{x})}{t}\,,$$

g eine positive Zahl und w eine in $\mathfrak{U}$ erklärte nichtnegative Funktion ist. Den Übergang von der St.-Theorie der dynamischen Systeme (von der im Vorstehenden nur die wichtigsten Sätze mitgeteilt worden sind) zur St.-Theorie der Dgl.n ermöglichen die folgenden Sätze:

Satz 20.5. Jeder autonomen Dgl.

$$\dot{\mathfrak{x}} = \mathfrak{f}(\mathfrak{x}) \qquad (\mathfrak{f} \in E) \tag{20.3}$$

läßt sich ein in einem n-dimensionalen Raum erklärtes dynamisches System derart zuordnen, daß die Lösungen der Dgl. den Trajektorien des Systems entsprechen und diesen hinsichtlich des St.-Verhaltens äquivalent ist.

Satz 20.6. Wenn die RL einer nichtautonomen Dgl.

$$\dot{\mathfrak{x}} = \mathfrak{f}(\mathfrak{x}, t) \qquad (\mathfrak{f} \in C_1 \text{ in } \mathfrak{K}_{h,0}, \mathfrak{f}(\mathfrak{o}, t) \equiv \mathfrak{o}) \tag{20.4}$$

gl. st. ist, so kann man der Dgl. ein dynamisches System zuordnen, das in einem $(n + 1)$-dimensionalen Raum erklärt ist und die t-Achse als stabile invariante Menge besitzt; ist die RL von (20.4) gl. as. st., so ist die t-Achse eine as. st. invariante Menge des dynamischen Systems.

Wenn die rechte Seite von (20.3) im ganzen PR zur Klasse E gehört und wenn die Lösungen $\mathfrak{x}(t)$ für alle $t(-\infty < t < +\infty)$ erklärt sind, so bilden die Trajektorien der Dgl. bereits ein dynamisches System im PR. Andernfalls muß man $\mathfrak{f}(\mathfrak{x})$ in geeigneter Weise in den ganzen PR hinein fortsetzen bzw. durch eine Substitution, z. B. durch

$$\frac{ds}{dt} = \sqrt{1 + |\mathfrak{f}|^2}\,, \tag{20.5}$$

eine neue unabhängige Variable s einführen. Die Lösungen sind dann für alle Werte von s erklärt.

Im nichtautonomen Fall verfährt man entsprechend. Das dynamische System ist dann im BR definiert, und die durch (20.5) eingeführte Variable s spielt die Rolle des Systemparameters.

Aus den Sätzen 20.1 und 20.4 in Verbindung mit 20.5 und 20.6 kann man leicht die Hauptaussagen der Sätze 4.1 bis 4.3, 5.1, 18.1 bis 18.3 und 19.3 gewinnen. Die Voraussetzungen b) und c) von Satz 20.1 verallgemeinern die Definitheit bzw. die Dekreszenz der L. F. Satz 20.6 klärt die Bedeutung, die die Gleichmäßigkeit der St. für das Umkehrproblem hat.

Der in Satz 20.3 steckende Umkehrsatz ist, wie bereits erwähnt (§ 18), zuerst von Barbašin [1] bewiesen worden.

Zur Behandlung nichtautonomer Dgl.n mit nicht gl. st. RL reicht die Theorie der dynamischen Systeme nicht aus. Man betrachtet daher noch „allgemeine Systeme", für die man eine St.-Theorie aufbauen kann, die der vorstehend skizzierten weitgehend analog ist. (Vgl. dazu § 35 und Zubov [6].)

§ 21. Das Konstruktionsverfahren von Zubov

Zubov ([2] bis [6]) hat das Problem, zu einer gegebenen Dgl. eine L. F. zu konstruieren, auf die Lösung einer partiellen Dgl. zurückgeführt. Die Aufgabe wird dadurch in vielen Fällen einer systematischen Behandlung zugänglich. Außerdem ermöglicht es die Konstruktion, die Grenze des Einzugsbereichs der RL genau zu bestimmen. Zubov [3] hat zunächst die St. der RL der autonomen Dgl.

$$\dot{\mathfrak{x}} = \mathfrak{f}(\mathfrak{x}) \qquad (\mathfrak{f}(\mathfrak{o}) = 0\,, \quad \mathfrak{f} \in E) \tag{21.1}$$

behandelt. Er hat dann das Konstruktionsverfahren auf invariante Mengen dynamischer Systeme (vgl. § 20) ausgedehnt, so daß es auch für einige Klassen nichtautonomer Dgl.n anwendbar wird. Die Untersuchungen sind inzwischen in einer Monographie (Zubov [6]) zusammenfassend dargestellt worden. Der Verfasser entwickelt darin eine systematische Theorie der direkten Methode, und es gelingt ihm, eine ganze Reihe von Ergebnissen einheitlich mit Hilfe seiner Konstruktion herzuleiten. Im Mittelpunkt steht der

Satz 21.1 (Zubov [3] bzw. [6]). Es sei $\mathfrak{A}$ ein offener Bereich des PR und $\overline{\mathfrak{A}}$ seine abgeschlossene Hülle; $\mathfrak{A}$ soll den Nullpunkt enthalten. Notwendig und hinreichend dafür, daß $\mathfrak{A}$ der genaue Einzugsbereich der RL von (21.1) ist, ist die Existenz zweier Funktionen $v(\mathfrak{x})$ und $\varphi(\mathfrak{x})$ mit folgenden Eigenschaften:

a) $v(\mathfrak{x})$ ist in $\mathfrak{A}$ definiert und stetig, $\varphi(\mathfrak{x})$ ist im ganzen PR definiert und stetig.

b) $\varphi(\mathfrak{x})$ ist positiv definit und für $\mathfrak{x} \neq \mathfrak{o}$ überall positiv.

c) $v(\mathfrak{x})$ ist negativ definit, und für $\mathfrak{x} \in \mathfrak{A}$, $\mathfrak{x} \neq \mathfrak{o}$ gilt $-1 < v(\mathfrak{x}) < 0$.

d) Ist $\mathfrak{y} \in \overline{\mathfrak{A}} - \mathfrak{A}$, so ist $\lim\limits_{\mathfrak{x}\to\mathfrak{y}} v(\mathfrak{x}) = -1$; ferner ist $\lim\limits_{|\mathfrak{x}|\to\infty} v(\mathfrak{x}) = -1$, falls dieser Grenzübergang überhaupt mit $\mathfrak{x} \in \mathfrak{A}$ realisierbar ist.

e) Es ist

$$\left(\frac{dv(\mathfrak{p}(t,\mathfrak{x},0))}{dt}\right)_{t=0} \equiv \sum_{i=1}^{n} \frac{\partial v}{\partial x_i} f_i(\mathfrak{x}) = \varphi(\mathfrak{x})\,(1 + v(\mathfrak{x}))\sqrt{1 + |\mathfrak{f}|^2}\,. \tag{21.2}$$

Zusatz 1.: Die Funktion $\varphi(\mathfrak{x})$ kann stets so gewählt werden, daß v in $\mathfrak{A}$ zur Klasse C_r gehört, falls $\mathfrak{f} \in C_r$ ist.

Zusatz 2.: Man kann natürlich den Satz auch für eine positive Funktion v aussprechen, um Übereinstimmung mit den Sätzen des § 4 zu erhalten.

Die Hilfsfunktion $\varphi(\mathfrak{x})$ ist weitgehend willkürlich; man wird sie so zu bestimmen suchen, daß die Dgl. (21.2) möglichst bequem aufgelöst werden kann. Die in dieser Dgl. auftretende Wurzel rührt von der

Maßstabveränderung (20.5) her. Ersetzt man gemäß (20.5) t durch s, so geht (21.2) in

$$\frac{dv}{ds} = (1 + v)\,\varphi \tag{21.3}$$

über.

Wegen der Stetigkeit von v ist diese Funktion in $\overline{\mathfrak{A}}$ definiert. Aus der Eigenschaft d) folgt, daß die Gleichung $v(\mathfrak{x}) + 1 = 0$ die genaue Grenze des St.-Bereichs festlegt, die nach Erugin [2] aus Phasentrajektorien besteht. Wenn $1 + v > 0$ für alle Werte von $\mathfrak{x}$ ist, liegt as. St. im Ganzen vor; diese Bedingung ist notwendig und hinreichend.

Beispiel. Für die Dgl.n

$$\dot{x} = -x + 2x^2y\,, \quad \dot{y} = -y \tag{21.4}$$

lautet die partielle Dgl. (21.2)

$$\frac{\partial v}{\partial x}(2x^2y - x) + \frac{\partial v}{\partial y}(-y) = \varphi(x, y)\,(1 + v)\sqrt{1 + y^2 + (2x^2y - x)^2}\,.$$

Setzt man

$$\varphi(x, y) = \frac{x^2 + y^2}{\sqrt{1 + y^2 + (2x^2y - x)^2}}\,,$$

so erhält man eine Dgl. mit der im Nullpunkt verschwindenden Lösung

$$v = \exp\left(-\frac{y^2}{2} - \frac{x^2}{2(1 - xy)}\right) - 1\,;$$

diese ist eine L. F. für (21.4). Aus der Bedingung $v + 1 = 0$ erhält man die Gleichung $xy = 1$ für die St.-Grenze.

Vielfach wird man die partielle Dgl. trotz der Freiheit in der Wahl der Hilfsfunktion $\varphi(\mathfrak{x})$ nicht in geschlossener Form auflösen können, so daß eine Bestimmung der genauen St.-Grenze nicht möglich ist. Man kann dann aber oft wenigstens Abschätzungen für $\mathfrak{A}$ gewinnen. Es sei vorausgesetzt, daß die rechte Seite von (21.1) analytisch in den x_i ist; es sei dabei

$$\dot{\mathfrak{x}} = A\mathfrak{x} + \mathfrak{g}(\mathfrak{x}) \tag{21.5}$$

mit konstantem A; die Funktionen $g_i(\mathfrak{x})$ haben in der Umgebung des Nullpunktes Potenzreihenentwicklungen, die mit Gliedern mindestens zweiter Ordnung beginnen. Die Realteile der Eigenwerte von A seien negativ; es liegt also St. nach der ersten Näherung (vgl. Satz 10.1) vor. Wählt man hier für $\varphi(\mathfrak{x})$ eine positiv definite quadratische Form und löst die partielle Dgl. für v auf, so erhält man eine Reihe

$$v = v_2 + v_3 + \cdots \tag{21.6}$$

Darin bezeichnet v_j eine Form der Ordnung j in den Komponenten von $\mathfrak{x}$. Da v negativ definit ist, gilt das gleiche für v_2, und zwar findet man, daß die für die linearisierte Dgl.

$$\dot{\mathfrak{x}} = A\mathfrak{x}$$

gebildete Ableitung von v_2 gleich $\varphi(\mathfrak{x})$ ist.

Es sei nun α die obere Grenze der Werte, welche die Funktion v_2 in der durch die Gleichung

$$(\dot{v}_2)_{(21.5)} = 0 \tag{21.7}$$

erklärten Mannigfaltigkeit (ausschließlich des Nullpunkts) annimmt. Wenn eine solche Mannigfaltigkeit überhaupt existiert, ist $\alpha < 0$. Dann gilt

Satz 21.2 (Zubov [3, 6]). Die durch

$$v_2(\mathfrak{x}) = \alpha \tag{21.8}$$

definierte Punktmenge liegt ganz innerhalb des Einzugsbereiches $\mathfrak{A}$ der RL von (21.5).

Beweis. Wenn eine Teilmenge der durch (21.8) erklärten Menge außerhalb von $\mathfrak{A}$ läge, so gäbe es Phasenkurven, die die Menge (21.8) in zwei Punkten schnitten, nämlich die Phasenkurven, die auf Grund eines Satzes von Erugin [2] die St.-Grenze bilden. Längs des zwischen den beiden Schnittpunkten liegenden Stücks der Phasenkurve gäbe es einen Punkt $\bar{\mathfrak{x}}$, an dem $\dot{v}_2$ verschwindet, da v_2 an den beiden Endpunkten des Stückes den gleichen Wert α hat. Da aber $\bar{\mathfrak{x}}$ innerhalb der durch (21.8) erklärten Fläche bzw. Kurve liegt, wäre $v_2(\bar{\mathfrak{x}}) < \alpha$, und das widerspricht der Definition von α. Die Überlegung bleibt auch richtig, wenn auf der Phasenkurve Punkte liegen, denen eine Gleichgewichtslage von (21.5) entspricht, weil dann sowieso $\dot{v}_2 = 0$ ist.

Analog beweist man

Satz 21.3 (Zubov [3, 6]). Es sei β die untere Grenze der Werte von v_2 in der Mannigfaltigkeit (21.7). Dann liegt der Einzugsbereich $\mathfrak{A}$ ganz im Bereich $v_2 > \beta$. Ist $\beta = -\infty$, so liegt as. St. im Ganzen vor.

Aus den beiden Sätzen ergibt sich, daß die St.-Grenze ganz im Bereich

$$\alpha > v_2(\mathfrak{x}) > \beta$$

liegt.

Mit Hilfe von Satz 21.1 kann zu einer gegebenen Dgl. der Einzugsbereich bestimmt werden. Zubov [3] hat dazu gezeigt, daß man die umgekehrte Aufgabe lösen kann. Man kann unter gewissen Voraussetzungen zu einem gegebenen Bereich $\mathfrak{A}$ eine Dgl. derart konstruieren, daß $\mathfrak{A}$ genau der Einzugsbereich der RL ist.

Der Satz 21.1 läßt sich auch für eine invariante Menge $\mathfrak{M}$ eines dynamischen Systems im PR formulieren. Es sei $\mathfrak{A}$ eine offene invariante Menge, die eine Umgebung der abgeschlossenen invarianten Menge $\mathfrak{M}$ enthält, und $\bar{\mathfrak{A}}$ ihre abgeschlossene Hülle.

Satz 21.4 (Zubov [6]). Notwendig und hinreichend dafür, daß $\mathfrak{A}$ der genaue St.-Bereich von $\mathfrak{M}$ ist, ist die Existenz zweier Funktionen $v(\mathfrak{x})$ und $\varphi(\mathfrak{x})$ mit folgenden Eigenschaften:

a) $v(\mathfrak{x})$ ist in $\mathfrak{A}$ erklärt und stetig; $\varphi(\mathfrak{x})$ ist im ganzen Raum erklärt und stetig.

b) Für $\mathfrak{x} \in \mathfrak{A}$, $\mathfrak{x} \notin \mathfrak{M}$ gilt $-1 < v(\mathfrak{x}) < 0$. Wenn $\varrho(\mathfrak{x}, \mathfrak{M}) \neq 0$ ist, ist $\varphi(\mathfrak{x}) > 0$; für $\mathfrak{x} \in \mathfrak{M}$ ist $\varphi(\mathfrak{x}) = 0$.

c) Zu jeder hinreichend kleinen Zahl $c_1 > 0$ kann man zwei Zahlen $c_2 > 0$ und $c_2' > 0$ so angeben, daß für $\varrho(\mathfrak{x}, \mathfrak{M}) \geqq c_1$

$$v(\mathfrak{x}) < -c_2 \quad \text{und} \quad \varphi(\mathfrak{x}) > c_2'$$

gilt.

d) Die Funktionen v und φ streben mit $\varrho(\mathfrak{x}, \mathfrak{M}) \to 0$ gegen Null.

e) Wenn ein Punkt $\bar{\mathfrak{x}} \notin \mathfrak{M}$, $\bar{\mathfrak{x}} \in \bar{\mathfrak{A}} - \mathfrak{A}$, existiert, so ist $\lim v(\mathfrak{x}) = -1$ $(\varrho(\mathfrak{x}, \bar{\mathfrak{x}}) \to 0)$.

f)
$$\left(\frac{dv}{dt}\right)_{t=0} = \varphi(\mathfrak{x})\,(1 + v(\mathfrak{x}))\,.$$

Die Voraussetzungen garantieren übrigens, daß $\mathfrak{M}$ gl. as. st. und gleichmäßig anziehend (vgl. § 17, 6) ist.

Satz 21.4 gestattet, Aussagen über den St.-Bereich nichtautonomer Dgl.n mit gl. as. st. RL zu machen. Der St.-Bereich $\mathfrak{A}$ ist dann eine zylinderartige Umgebung der t-Achse. Die L. F. v hängt in diesem Fall natürlich ebenso wie die Hilfsfunktion φ im allgemeinen explizit von t ab, und die Eigenschaften „definit" und „dekreszent", die in den Sätzen der direkten Methode immer nur für $t \geqq t_0 \geqq 0$ gefordert werden, müssen hier für $t \geqq t_0 > -\infty$ gesichert sein, da man sonst nicht die Theorie der dynamischen Systeme heranziehen kann.

Kapitel V

Ljapunovsche Funktionen mit bestimmtem Wachstumsverhalten

§ 22. Ordnungszahl und exponentielle Stabilität

a) Im Falle der as. St. und der gl. as. St. der RL streben die Lösungen mit wachsendem t gegen $\mathfrak{o}$. Über die Geschwindigkeit ihres Abklingens wird nichts weiter ausgesagt. Man kann ebensowenig über das asymptotische Verhalten der bei gl. as. St. garantierten L. F.n allgemein etwas aussagen, wenn man nicht weitergehende Voraussetzungen macht. Solche Voraussetzungen können sich auf das Verhalten der Lösungen oder auf die Form der Dgl.n beziehen. Bisher sind folgende Fälle näher untersucht worden:

α) Die Vergleichsfunktion der Ungleichung (17.7) hat die spezielle Gestalt $\beta\,|\mathfrak{x}_0| \exp(-\alpha(t-t_0))$ $(\alpha > 0, \beta > 0)$. Man kann dann auf die Existenz einer positiv definiten L. F. v schließen, die Abschätzungen der Gestalt $v(\mathfrak{x}, t) < a\,|\mathfrak{x}|^\gamma$, $|\dot{v}| > b\,|\mathfrak{x}|^\gamma$ $a > 0$, $b > 0$, $\gamma > 0$ genügt. Diese

Aussage läßt sich umkehren. Wenn die Lösungen wie $\exp(\alpha(t-t_0))$ anwachsen, läßt sich die Größenordnung der L. F. ebenfalls angeben.

β) Die Vergleichsfunktion hat für hinreichend große $t-t_0$ die Form $c\,|\mathfrak{x}_0|\,(t-t_0)^{-\beta}$ $(c>0,\ \beta>0)$. In diesem Fall gibt es ein v mit $|v|<a\,|\mathfrak{x}|^{\gamma}$, $|\dot{v}|>b|\,\mathfrak{x}|^{\gamma'}$ $(\gamma'\geqq\gamma)$. Umgekehrt kann man aus der Existenz einer solchen Funktion schließen, daß die Lösungen wenigstens wie eine Potenz von $t-t_0$ abklingen oder anwachsen.

γ) Die rechten Seiten der Dgl.n sind homogene, insbesondere lineare Funktionen mit beschränkten Koeffizienten. Das Studium dieses Falles ist in erster Linie zur Untersuchung der St. nach der ersten Näherung bei nichtautonomen Dgl.n erforderlich, die im Kap. VI behandelt wird. Zur Vorbereitung der Untersuchungen dient die Einführung des Begriffes der *Ordnungszahl* einer Funktion. Sie ergibt sich bei dem Vergleich der zu studierenden Funktion mit einer Exponentialfunktion.

Definition 22.1. Es sei die reelle oder komplexwertige Funktion $f(t)$ der reellen Veränderlichen t für $t\geqq t_0$ erklärt und für endliche Werte von t beschränkt. Unter der *Ordnungszahl* der Funktion $f(t)$ versteht man den Ausdruck

$$\pi(f)=\limsup_{t\to\infty}\frac{\log|f(t)|}{t}. \tag{22.1}$$

In den an LJAPUNOV anschließenden Arbeiten wird meist die „charakteristische Zahl" der Funktion benutzt, die gleich der mit negativem Zeichen genommenen Ordnungszahl ist. Die vorstehende Definition geht auf PERRON [2] zurück.

Aus der Definition ergeben sich leicht die folgenden Eigenschaften der Ordnungszahlen:

$$\begin{aligned}&\pi(f+g)=\max(\pi(f),\pi(g)),\ \text{falls}\ \pi(f)\neq\pi(g);\\&\pi(f+g)\leqq\pi(f),\ \text{falls}\ \pi(f)=\pi(g),\end{aligned} \tag{22.2}$$

$$\pi(fg)\leqq\pi(f)+\pi(g)\,, \tag{22.3}$$

$$\pi\left(\int_{t_0}^{t}f(u)\,du\right)\leqq\pi(f)\,,\ \text{falls}\ \pi(f)\geqq 0\,, \tag{22.4}$$

$$\pi\left(\int_{t}^{\infty}f(u)\,du\right)\leqq\pi(f)\,,\ \text{falls}\ \pi(f)<0\,.$$

Definition 22.2. Unter der Ordnungszahl des Vektors $\mathfrak{x}(t)$ versteht man die Ordnungszahl seines Betrages:

$$\pi(\mathfrak{x})=\limsup_{t\to\infty}\frac{1}{t}\log\sqrt{\sum_{i=1}^{n}x_i^2(t)}\,. \tag{22.5}$$

Offenbar ist auch

$$\pi(\mathfrak{x})=\limsup_{t\to\infty}\frac{1}{t}\log\max_i|x_i|=\max(\pi(x_1),\ldots,\pi(x_n)). \tag{22.6}$$

Die Eigenschaften (22.2) bis (22.4) gelten sinngemäß auch für die Bildungen (22.5).

b) Es sei nun

$$\dot{\mathfrak{x}} = \mathfrak{f}(\mathfrak{x}, t)\,. \tag{22.7}$$

Wenn alle Lösungen mit hinreichend kleinen Anfangswerten negative Ordnungszahlen haben, ist die RL sicher as. st., aber nicht notwendig gl. as. st. Beide Eigenschaften erfaßt die

Definition 22.3. Die RL der Dgl. (22.7) heißt *exponentiell stabil*, wenn es zwei von den Anfangswerten unabhängige positive Konstanten α und β derart gibt, daß für hinreichend kleine Anfangswerte die Ungleichung

$$|\mathfrak{p}(t, \mathfrak{x}_0, t_0)| < \beta\, |\mathfrak{x}_0| \exp(-\alpha(t - t_0)) \tag{22.8}$$

erfüllt ist.

(Massera [4] spricht von exponentiell-asymptotischer St., Krasovskij [13, 16] im Anschluß an K. P. Persidskij [6] von gl. as. St. nach der ersten Näherung.) Damit auch das Verhalten der Lösungen einer Dgl. mit instabiler RL näher gekennzeichnet werden kann, empfiehlt es sich, zwei weitere Begriffe zu erklären:

Definition 22.4. Die RL der Dgl. (22.7) heißt *exponentiell instabil*, wenn es zwei feste positive Konstanten α, β und in jedem Bereich $\mathfrak{K}_{h,\tau}$ mit beliebig kleinem h und beliebig großem τ Anfangspunkte $(\mathfrak{x}_0, t_0)$ derart gibt, daß

$$|\mathfrak{p}(t, \mathfrak{x}_0, t_0)| > \beta\, |\mathfrak{x}_0| \exp(\alpha(t - t_0))$$

ist. Gilt diese Beziehung für alle Anfangswerte $\mathfrak{x}_0$ mit hinreichend kleinen Beträgen, so ist die RL *vollständig exponentiell instabil*.

Definition 22.5. Die Bewegungen der Dgl. (22.7) zeigen *intensives Verhalten*, wenn jede Bewegung auf mindestens einem ihrer Äste eine Abschätzung der Form

$$|\mathfrak{p}(t, \mathfrak{x}_0, t_0)| > \beta\, |\mathfrak{x}_0| \exp(\alpha\, |t - t_0|) \qquad (t \geqq t_0 \quad \text{oder} \quad t \leqq t_0) \tag{22.9}$$

mit $\alpha > 0$, $\beta > 0$ zuläßt. Spezialfälle für diesen Begriff, der mit etwas anderer Benennung von Krasovskij [13] eingeführt worden ist, sind die exponentielle Stabilität und die vollständige Instabilität. Bei exp. St. oder exp. Instabilität wollen wir von *prägnantem Verhalten* der Bewegungen sprechen. Bei linearen Dgl.n mit konstanten Koeffizienten stimmt der so erklärte Begriff mit dem in § 8 eingeführten überein. Es sei noch hervorgehoben, daß das Bestehen einer Abschätzung vom Typ

$$|\mathfrak{p}(t, \mathfrak{x}_0, t_0)| = O(e^{-\alpha t}) \qquad (t \to \infty)$$

zwar exponentielles Abklingen der Lösungen und damit as. St. der RL verbürgt, nicht aber die Gleichmäßigkeit der St. und erst recht nicht exponentielle St.

Eine Bedingung für intensives Verhalten liefert der

Satz 22.1 (KRASOVSKIJ [13, 16]). *Notwendig und hinreichend dafür, daß die Bewegungen der Dgl.* (22.7) *intensives Verhalten zeigen,* ist die Existenz einer L. F. $v(\mathfrak{x}, t)$, die den Abschätzungen

$$v(\mathfrak{x}, t) < a_1 |\mathfrak{x}|^\gamma, \tag{22.10}$$

$$|\dot{v}| > a_2 |\mathfrak{x}|^\gamma \tag{22.11}$$

genügt. Darin sind a_1, a_2 und γ positive Konstanten.

Zusatz. Wenn intensives Verhalten vorliegt, kann man $v \in C_1$ so wählen, daß außer (22.10) und (22.11) noch

$$\left|\frac{\partial v}{\partial x_i}\right| < a_3 |\mathfrak{x}|^{\gamma-1} \quad (i = 1, 2, \ldots, n;\ a_3 > 0, \gamma > 1) \tag{22.12}$$

gilt.

Beweis. α) Es seien die Ungleichungen (22.10) und (22.11) erfüllt, und zwar sollen Anfangsgrößen $\mathfrak{x}_0$, t_0 so existieren, daß $v(\mathfrak{x}_0, t_0) > 0$, $\dot{v}(\mathfrak{x}_0, t_0) \geqq 0$ ist. Wir führen gem. § 1,i die Funktion

$$v(t) = v(\mathfrak{p}(t, \mathfrak{x}_0, t_0), t)$$

ein, die mit t zunimmt. Wegen (22.11) ist $v(t) \geqq a_2 |\mathfrak{x}_0|^\gamma (t - t_0) + v(t_0)$. Man kann daher $\tau > 0$ so wählen, daß für $t_1 = t_0 + \tau$ die Ungleichung

$$v(t_1) > a_4 |\mathfrak{x}_0|^\gamma$$

gilt, wobei $a_4 > 0$ nicht von $\mathfrak{x}_0$ abhängt. Dann gilt für $t > t_1$ wegen

$$\frac{\dot{v}(t)}{v(t)} > \frac{a_2}{a_1} = a_5 \tag{22.13}$$

$$v(t) > v(t_1) \exp(a_5(t - t_1)) = v(t_1) \exp(a_5(t - t_0)) \exp(-a_5 \tau),$$

und da
$$a_1 |\mathfrak{p}(t, \mathfrak{x}_0, t_0)|^\gamma > v(t)$$

ist, ergibt sich schließlich für $t > t_1$

$$a_1 |\mathfrak{p}(t, \mathfrak{x}_0, t_0)|^\gamma > a_4 \exp(-\tau a_5) |\mathfrak{x}_0|^\gamma \exp(a_5(t - t_0)),$$

und das ist eine Ungleichung vom Typ (22.9).

β) Wenn $v(t_0)$ und $\dot{v}(t_0)$ ungleiches Vorzeichen haben, ändert sich in der Rechnung nur ein Vorzeichen und damit das letzte Ungleichheitszeichen. Man kommt zu einer Ungleichung

$$|\mathfrak{p}(t, \mathfrak{x}_0, t_0)| < \beta |\mathfrak{x}_0| \exp(-\alpha(t - t_0)) \quad (t \geqq t_0).$$

Man kann die Betrachtung anstatt dessen auch für den Zeitabschnitt $t < t_0$ durchführen und erhält ebenfalls eine Ungleichung der Form (22.9).

γ) Um die Notwendigkeit zu beweisen, benutzen wir den

Satz 22.2. Es sei $w(\mathfrak{x}, t) \in C_1$ in einem Bereich des BR definiert und

$$v(\mathfrak{x}, t) = \int_t^{t+h} w(\mathfrak{p}(\tau, \mathfrak{x}, t), \tau)\, d\tau \tag{22.14}$$

gesetzt; $\mathfrak{p}$ soll auf dem Integrationsweg im Definitionsbereich von w bleiben. Dann ist die für (22.7) gebildete Ableitung

$$\dot{v} = w(\mathfrak{p}(t+h, \mathfrak{x}, t), t+h) - w(\mathfrak{x}, t) . \qquad (22.15)$$

Beweis. Bildet man $\dot{v}$ für (22.7), so entsteht ein Ausdruck, der neben der rechten Seite von (22.15) noch zwei Integralglieder enthält. Der Integrand ist

$$\sum_{i=1}^{n} \frac{\partial w}{\partial p_i} \dot{p}_i + \frac{\partial w}{\partial t} = \sum_{i,k} \frac{\partial w}{\partial p_k} \frac{\partial p_k}{\partial x_i} \dot{x}_i + \sum_{k=1}^{n} \frac{\partial w}{\partial p_k} \frac{\partial p_k}{\partial t}$$
$$= \sum_{k=1}^{n} \frac{\partial w}{\partial p_k} \left(\sum_{i=1}^{n} \frac{\partial p_k}{\partial x_i} f_i + \frac{\partial p_k}{\partial t} \right).$$

Der Ausdruck in der Klammer verschwindet aber für alle $k = 1, 2, \ldots, n$ identisch. (Vgl. z. B. KAMKE [1], § 18, Nr. 87.) Mithin bleibt nur (22.15) übrig.

Man erhält eine Funktion $v(\mathfrak{x}, t)$, die die Ungleichungen (22.10) bis (22.12) mit $\gamma = 2$ befriedigt, wenn man Satz 22.2 mit $w = |\mathfrak{x}|^2$ anwendet. Bei exponentiell st. RL kann man $h = \infty$ setzen. Die entstandene Funktion ist der Konstruktion nach positiv; daß sie positiv definit ist, erkennt man so: Setzt man $|\mathfrak{p}|^2 = \xi(\tau)$, so ist

$$\frac{d\xi}{d\tau} = 2 \sum_{i=1}^{n} p_i \frac{dp_i}{d\tau} = 2 \sum_{i=1}^{n} p_i f_i ,$$

und da $\mathfrak{f}(\mathfrak{x}, t)$ in $\mathfrak{K}_{h, t_0}$ beschränkt ist, ist

$$|\xi'| = \left| \frac{d\xi}{d\tau} \right| < c\, |\mathfrak{p}| = c \sqrt{\xi} \qquad (c > 0) .$$

Daher wird

$$v(\mathfrak{x}, t) = \int_{\tau=t}^{\infty} |\mathfrak{p}(\tau, \mathfrak{x}, t)|^2 \, d\tau = \int_{\xi=|\mathfrak{x}|^2}^{\xi=0} \frac{\xi}{\xi'} \, d\xi \geqq \frac{1}{c} \int_{0}^{|\mathfrak{x}|^2} \sqrt{\xi} \, d\xi > c_1 |\mathfrak{x}|^3 \quad (c_1 > 0) ,$$

d. h. v ist positiv definit. Wegen (22.8) ist

$$v(\mathfrak{x}, t) < |\mathfrak{x}|^2 \beta^2 \int_t^{\infty} e^{-\alpha(\tau - t)} \, d\tau < c_2 |\mathfrak{x}|^2 ;$$

das liefert die Dekreszenz.

Bei instabiler RL wählt man $h > \frac{1}{\alpha} \log \frac{1}{\beta}$. KRASOVSKIJ [16] gibt ohne Beweis die für beide Fälle brauchbare Funktion

$$v(\mathfrak{x}, t) = \int_{t+h}^{t} |\mathfrak{p}(\tau, \mathfrak{x}, t)|^2 d\tau + \int_{t-h}^{t} |\mathfrak{p}(\tau, \mathfrak{x}, t)|^2 d\tau \quad \text{mit } h = \frac{4}{\alpha} \log \frac{2}{\beta}$$

an, die auf einem Ast der Bewegung schneller wächst, als sie auf dem anderen abnimmt. In der Arbeit [13] hatte KRASOVSKIJ eine erheblich umständlichere topologische Konstruktion für die Funktion $v(\mathfrak{x}, t)$ des Satzes 22.1 mitgeteilt.

Wenn neben den Abschätzungen (22.10) und (22.11) noch Ungleichungen der Form

$$v > a_1' |\mathfrak{x}|^\gamma, \quad |\dot{v}| < a_2' |\mathfrak{x}|^\gamma \tag{22.14}$$

bestehen, kann man die Bewegung nach oben und unten abschätzen. Beispielsweise erhält man ebenso wie im Beweis zu Satz 22.1 analog zu (22.13) für $t > t_1 = t_0 + \tau$ die Ungleichung

$$\frac{\dot{v}}{v} < \frac{a_2'}{a_1'} = a_5'\,; \qquad v < v(t_1) \exp(a_5'(t - t_1))$$

und dann weiter wie oben

$$a_1' |\mathfrak{p}(t, \mathfrak{x}_0, t_0)|^\gamma < a_4' |\mathfrak{x}_0|^\gamma \exp(-a_5' \tau) \exp(a_5'(t - t_0))\,.$$

Ähnlich überträgt man die Überlegung von β). Dementsprechend ergibt sich die folgende Erweiterung des Satzes 22.1:

Satz 22.3. Notwendig und hinreichend dafür, daß jede Bewegung auf wenigstens einem ihrer Äste für hinreichend kleine $|\mathfrak{x}_0|$ eine Abschätzung der Form

$$\beta_1 |\mathfrak{x}_0| \exp(\alpha |t - t_0|) < |\mathfrak{p}(t, \mathfrak{x}_0, t_0)| < \beta_2 |\mathfrak{x}_0| \exp(\alpha |t - t_0|)$$

zuläßt, ist die Existenz einer Funktion v, die für hinreichend kleine $|\mathfrak{x}|$ Ungleichungen vom Typ

$$a_1' |\mathfrak{x}|^\gamma < v(\mathfrak{x}, t) < a_1 |\mathfrak{x}|^\gamma\,,$$
$$a_2 |\mathfrak{x}|^\gamma < |\dot{v}(\mathfrak{x}, t)| < a_2' |\mathfrak{x}|^\gamma$$

genügt.

§ 23. Differentialgleichungen mit homogenen rechten Seiten

Die Ergebnisse des § 22 lassen sich größtenteils auf den Fall übertragen, daß die Vergleichsfunktion $\vartheta(r)$ des Satzes 17.4 eine Potenz von r ist. Die wichtigste Klasse solcher Dgl.n besteht aus Dgl.n mit homogenen rechten Seiten. Die einfachste Dgl. dieser Art ist

$$\dot{x} = -a x^k \qquad (a > 0,\ k \geqq 2 \text{ positiv ganz})\,. \tag{23.1}$$

Hier ist

$$p(t, x_0, t_0) = \left(x_0^{1-k} + a(k-1)(t - t_0)\right)^{-\frac{1}{k-1}}. \tag{23.2}$$

Wenn k ungerade ist, ist die RL gl. as. stabil, und zwar ist für $t - t_0 > 0$ die Ungleichung

$$|p(t, x_0, t_0)| < |x_0|^{1/2} [a(k-1)(t - t_0)]^{-\frac{1}{2(k-1)}} \tag{23.3}$$

erfüllt. Man kann also für die Vergleichsfunktionen des Satzes 17.5

$$\varkappa(r) = r^{1/2}$$

$$\vartheta(r) = (a(k-1)r)^{-\frac{1}{(2k-1)}}$$

wählen. Die Gl. (23.2), die man mit passend gewählten Konstanten in der Form

$$p^{1-k} = \beta x_0^{1-k} + \alpha(t-t_0)$$

schreiben kann, gibt Anlaß zur

Definition 23.1. Die Bewegungen der Dgl. (2.7) zeigen *schwach intensives Verhalten*, wenn jede Bewegung mit hinreichend kleinen Anfangswerten auf wenigstens einem ihrer Äste eine Abschätzung der Form

$$|\mathfrak{p}(t, \mathfrak{x}_0, t_0)|^{-\eta} < \beta\,|\mathfrak{x}_0|^{-\eta} - \alpha\,|t-t_0| \quad (t > t_0 \quad \text{oder} \quad t < t_0) \tag{23.4}$$

zuläßt. Dabei sind α, β, η positive Konstanten.

Im Falle der as. St. gilt (23.4) für $t < t_0$. Läßt man t und t_0 die Rollen tauschen, so folgt

$$|\mathfrak{p}(t, \mathfrak{x}_0, t_0)|^{-\eta} > \beta^{-1}\,|\mathfrak{x}_0|^{-\eta} + \alpha\beta^{-1}(t-t_0) \; (t > t_0)\,, \tag{23.5}$$

und für hinreichend große $t - t_0$ und hinreichend kleine $|\mathfrak{x}_0|$ gilt dann

$$|\mathfrak{p}(t, \mathfrak{x}_0, t_0)| < |\mathfrak{x}_0|\,(t-t_0)^{-\frac{1}{\eta}}\,. \tag{23.6}$$

Analog zu Satz 22.1 erhält man

Satz 23.1. Notwendig und hinreichend dafür, daß die Bewegungen der Dgl. (2.7) schwach intensives Verhalten zeigen, ist die Existenz einer Funktion $v(\mathfrak{x}, t)$, die für hinreichend kleine $|\mathfrak{x}|$ Ungleichungen der Form

$$v < a_1\,|\mathfrak{x}|^{\gamma}\,, \qquad |\dot v| > a_2\,|\mathfrak{x}|^{\gamma+\eta} \tag{23.7}$$

genügt. Darin sind a_1, a_2, η und γ positive Konstanten.

Zusatz. Wenn schwach intensives Verhalten vorliegt, kann man $v \in C_1$ so bestimmen, daß außer (23.7) noch

$$\left|\frac{\partial v}{\partial x_i}\right| < a_3\,|\mathfrak{x}|^{\gamma-1} \qquad (i = 1, 2, \ldots, n;\; a_3 > 0, \gamma > 1) \tag{23.8}$$

gilt.

Beweis. Man schließt ebenso wie beim Beweis von Satz 22.1. Anstelle von (22.13) erhält man hier

$$\frac{\dot v}{v^{1+\eta/\gamma}} > \frac{a_2}{a_1^{\gamma+\eta}} = a_5$$

und durch Integration

$$v^{-\frac{\eta}{\gamma}} - v(0)^{-\frac{\eta}{\gamma}} < -\frac{\eta}{\gamma}\,a_5\,(t-t_0)\,.$$

Da aber $v^{-\frac{\eta}{\gamma}} > a_1^{-\frac{\eta}{\gamma}}\,|\mathfrak{x}|^{-\eta}$ ist, ergibt sich eine Ungleichung der Form (23.4).

Zum Nachweis der Notwendigkeit benutzt man den Satz 22.2. Im Stabilitätsfall ist nach (23.5) sicher

$$|\mathfrak{p}(\tau, \mathfrak{x}, t)| \leqq |\mathfrak{x}| \, (\beta + \alpha(\tau - t)\, |\mathfrak{x}|^{\eta})^{-\frac{1}{\eta}} .$$

Wählt man $\gamma > 0$, so ist das Integral

$$v(\mathfrak{x}, t) = \int_t^\infty |\mathfrak{p}(\tau, \mathfrak{x}, t)|^{\gamma+\eta}\, d\tau \tag{23.9}$$

konvergent; es ist vom Typ (22.14) mit $w(\mathfrak{x}, t) = |\mathfrak{x}|^{\gamma+\eta}$. Setzt man

$$|\mathfrak{x}|^{\eta}(\tau - t) = u ,$$

so wird für $\tau \geqq t$

$$v \leqq |\mathfrak{x}|^{\gamma} \int_0^\infty \frac{du}{(\beta + \alpha u)^{1+\frac{\gamma}{\eta}}} .$$

Das ist die erste Ungleichung (23.7) und zugleich der Beweis der Dekreszenz. Die Definitheit ergibt sich ebenso wie im Beweis zu Satz 22.1, und Satz 22.2 liefert die Gleichung

$$\dot{v} = - |\mathfrak{x}|^{\gamma+\eta} .$$

Bei instabiler RL arbeitet man mit einem über ein geeignetes endliches Intervall erstreckten Integral.

Von der autonomen Dgl.

$$\dot{\mathfrak{x}} = \mathfrak{h}(\mathfrak{x}) \tag{23.10}$$

sei bekannt, daß die Funktionen $h_i(x_1, \ldots, x_n)$ homogene Funktionen der rationalen Ordnung $r > 0$ sind. Es ist dann

$$c\,\mathfrak{p}(c^{r-1}t, \mathfrak{x}_0, 0) = \mathfrak{p}(t, c\,\mathfrak{x}_0, 0) . \tag{23.11}$$

Wenn also die RL as. st. ist, ist sie auch as. st. im Ganzen.

Satz 23.2 (Krasovskij [13]. Es sei die Ordnung $m > 1$ der Funktionen h_i positiv ganzzahlig. Die Dgl. (23.10) besitze keine für $-\infty < t < +\infty$ beschränkte Lösung außer der trivialen. Dann existiert eine von t unabhängige L. F. $v \in C_1$, die neben den Ungleichungen (22.10) und (22.12) noch die Abschätzung

$$|\dot{v}| > a_2 |\mathfrak{x}|^{\gamma+m-1} \tag{23.12}$$

befriedigt.

Krasovskij [13] hat für diese Funktion ein Konstruktionsverfahren angegeben, das auf den gleichen Überlegungen wie sein Beweis zu Satz 19.1 beruht. Aus der Existenz dieser Funktion schließt man mit Hilfe von Satz 23.1 auf schwach intensives Verhalten und erkennt, daß man eine L. F. durch den Integralansatz (23.9) konstruieren kann. Wenn man noch die Beziehung (23.11) benutzt, so sieht man, daß sich die Funktionen v und $\dot{v}$ als homogene Funktionen der Koordinaten $x_1, \ldots, x_n$ bestimmen lassen.

Aus den Sätzen 23.1 und 23.2 folgt

Satz 23.3 (KRASOVSKIJ [13]): Wenn die autonome Dgl. (23.10) keine für $-\infty < t < +\infty$ beschränkte Lösung besitzt, so zeigen alle ihre Bewegungen schwach intensives Verhalten.

Ob die Sätze 23.2 und 23.3 auch gelten, wenn die Funktionen $h_i(\mathfrak{x})$ homogen von nichtganzzahliger Ordnung sind, ist noch nicht bekannt. Es gilt aber

Satz 23.4 (ZUBOV [6]): Die rechte Seite der autonomen Dgl. 23.10 werde durch homogene Funktionen h_i der positiven rationalen Ordnung $\mu + 1$ gebildet. Für die Lösungen seien Abschätzungen der Form (23.6) bekannt. Dann gelten Abschätzungen der Form

$$c_1' |\mathfrak{x}_0|^{1-\mu} + c_2'(t - t_0) < |\mathfrak{p}(t, \mathfrak{x}_0, t_0)|^{1-\mu} < c_1'' |\mathfrak{x}_0|^{1-\mu} + c_2''(t - t_0) .$$

(Im Fall $\mu > 1$ muß μ von der Form $\frac{2p+1}{q}$, p und q ganz, sein.) Die Bewegungen haben also hinsichtlich $t - t_0$ alle die gleiche Größenordnung.

Vermutung. Es ist anzunehmen, daß der Satz 23.3 auch für Dgl.n mit nichtganzzahliger Ordnung gilt. Bei nicht autonomen Dgl.n mit homogenen rechten Seiten gilt vermutlich der folgende Satz: Wenn die RL einer solchen Dgl. gleichmäßig as. st. ist, so genügen ihre Bewegungen einer Abschätzung der Form (23.6).

ZUBOV hat mit Hilfe seiner Methode (vgl. § 21) gezeigt, daß man an die Stelle der Bedingung (23.6) eine ganz andersartige Aussage setzen kann: Notwendig und hinreichend dafür, daß jede Lösung von (23.10) einer Abschätzung der Form (23.5) genügt, ist die folgende Bedingung: Der Einzugsbereich der RL des Dgl.-Systems

$$\dot{x}_i = - x_i - h_i(\mathfrak{x}) \qquad (i = 1, 2, \ldots, n)$$

ist beschränkt.

Da dieser Einzugsbereich einer direkten Untersuchung zugänglich ist (§ 21), kann man unter Umständen mittelbar feststellen, ob (23.6) erfüllt ist oder nicht.

§ 24. Das Stabilitätsverhalten bei linearen Differentialgleichungen

Aus den Ergebnissen des § 8, Bemerkung zu Satz 2, folgt, wenn man die in § 22 eingeführten Begriffe verwendet,

Satz 24.1. Die Bewegungen einer linearen Dgl. mit konstanten Koeffizienten zeigen genau dann prägnantes Verhalten, wenn entweder alle Wurzeln der charakteristischen Gleichung negative Realteile haben oder wenn wenigstens eine Wurzel mit positivem Realteil vorhanden ist. Im ersten Fall ist die RL exponentiell stabil, im zweiten Fall exponentiell instabil.

Eine gleichartige Aussage gilt auch für periodische lineare Dgl.n

$$\dot{\mathfrak{x}} = A(t)\,\mathfrak{x} \qquad (A(t+w) = A(t)) \tag{24.1}$$

mit stetigen beschränkten Koeffizienten, nämlich

Satz 24.2. Die Bewegungen einer linearen Dgl. mit periodischen Koeffizienten zeigen genau dann prägnantes Verhalten, wenn die charakteristische Gleichung entweder nur Wurzeln mit Absolutbeträgen kleiner als eins besitzt oder wenn wenigstens eine Wurzel auftritt, deren Betrag größer als eins ist. Im ersten Fall ist die RL exponentiell stabil, im zweiten exponentiell instabil.

Um die charakteristische Gleichung von (24.1) (die anders definiert wird als bei einer autonomen linearen Dgl., vgl. z. B. SCHMEIDLER [1]) zu erhalten, muß man die lineare Substitution S betrachten, die ein Fundamentalsystem $X(t)$ von (24.1) erleidet, wenn man das Argument t um die Periode w vermehrt,

$$X(t+w) = X(t)\,S\,. \tag{24.2}$$

Die charakteristische Gleichung ist dann die Eigenwertgleichung der Matrix S, also

$$\det(S - \lambda I) = 0; \tag{24.3}$$

sie ist von der besonderen Wahl des Fundamentalsystems unabhängig. Zum Beweis des Satzes 24.2 kann man die Theorie der Differenzengleichungen (vgl. dazu § 38) heranziehen, oder man benutzt den sog. Reduzibilitätssatz von LJAPUNOV [1]. Dabei gilt

Definition 24.1 (LJAPUNOV [1]). Eine lineare Dgl. mit stetigen und beschränkten Koeffizienten heißt *reduzibel*, wenn sie durch eine lineare Substitution

$$\mathfrak{y} = Q(t)\,\mathfrak{x} \tag{24.4}$$

mit beschränkten Koeffizienten in eine lineare Dgl. mit konstanten Koeffizienten

$$\dot{\mathfrak{y}} = R\mathfrak{y} \tag{24.5}$$

übergeführt werden kann.

Offenbar ist notwendig und hinreichend dafür die Existenz einer Matrix $Q(t)$, die einer Dgl. der Form

$$\dot{Q}\,Q^I + Q\,A\,Q^I = R$$

mit konstantem R genügt. (Vgl. dazu auch JAKUBOVIČ [1].)

Nach LJAPUNOV ist eine periodische Dgl. reduzibel, und zwar kann man die Matrix $Q(t)$ mit Hilfe eines Fundamentalsystems der Dgl. (24.1) bzw. der *adjungierten* Dgl.

$$\dot{\mathfrak{x}} + A^T(t)\,\mathfrak{x} = \mathfrak{o} \tag{24.6}$$

konstruieren; $Q(t)$ ist ebenfalls periodisch. Dabei stellt sich heraus, daß die Eigenwerte von R gleich den Eigenwerten der Matrix S sind. Da die RL von (24.5) dasselbe St.-Verhalten zeigt wie die RL von (24.1) und da man auf (24.5) den Satz 24.1 anwenden kann, folgt Satz 24.2.

Bei autonomen und periodischen Dgl.n folgt nach Satz 17.5 aus der as. St. die gl. as. St. Wenn man die Sätze 24.1 und 24.2 heranzieht, so erkennt man, daß bei linearen Dgl.n, sofern sie autonom oder periodisch sind, aus der as. St. sogar die exponentielle St. gefolgert werden kann. Für nichtautonome Dgl.n ist das im allgemeinen nicht so, wie die schon in § 17 erwähnte Dgl.

$$\dot{x} = -\frac{1}{1+t}\,x \tag{24.7}$$

zeigt. Die Lösung

$$x(t) = \frac{x_0}{1+t}\,(1 + t_0)$$

strebt nämlich nicht exponentiell gegen Null. Es gilt aber

Satz 24.3. Ist die RL einer linearen Dgl. gl. as. st., so ist sie auch exponentiell st.

Beweis. Es seien $\mathfrak{x}_{0i}$ $(i = 1, 2, \ldots, n)$ n linear unabhängige Anfangsvektoren, $\mathfrak{p}(t, \mathfrak{x}_{0i}, t_0)$ die entsprechenden linear unabhängigen Lösungen und $X(t, t_0)$ die aus diesem Fundamentalsystem gebildete Matrix. Ferner sei

$$Z(t, t_0) = X(t, 0)\,X^I(t_0, 0)\,.$$

Dann ist die „allgemeine Lösung"

$$\mathfrak{p}(t, \mathfrak{x}_0, t_0) = Z(t, t_0)\,\mathfrak{x}_0 \tag{24.8}$$

und

$$|\mathfrak{p}(t, \mathfrak{x}_0, t_0)|^2 = |Z\mathfrak{x}_0|^2 = \mathfrak{x}_0^T Z^T Z\,\mathfrak{x}_0 \qquad (t \geqq t_0)\,.$$

Bezeichnet man den größten Eigenwert der Matrix Z^TZ, also die Norm des linearen Operators Z, mit $\mu^2(t, t_0)$, so ist

$$|\mathfrak{p}(t, \mathfrak{x}_0, t_0)|^2 \leqq \mu^2(t, t_0)\,|\mathfrak{x}_0|^2\,.$$

Vergleicht man das mit der nach Voraussetzung bestehenden Ungleichung (17.7), so sieht man, daß man $\varkappa(r) = r$ wählen kann und daß $\mu(t, t_0) \leqq \vartheta(t - t_0)$ ist. Nun gilt für $t_0 < t_1 < t$ die Beziehung

$$Z(t, t_0) = Z(t, t_1)\,Z(t_1, t_0)\,,$$

aus der man

$$\mu(t, t_0) \leqq \mu(t, t_1)\,\mu(t_1, t_0)$$

folgert. Wendet man diese Ungleichung mehrfach für $t = t_0 + n\,\tau$ $(n = 1, 2, \ldots)$ an, so erhält man

$$\mu(t, t_0) \leqq (\mu(t_0 + \tau, t_0))^n\,.$$

Wählt man nun τ so, daß $\vartheta(\tau) < \frac{1}{2}$ ausfällt, und setzt

$$\alpha = \frac{\log 2}{\tau},$$

so wird

$$\mu(t, t_0) < 2 \exp(-\alpha(t - t_0)),$$

und da $|\mathfrak{p}| < \mu(t, t_0)\,|\mathfrak{x}_0|$ ist, folgt die exponentielle St.

Der hier selbständig formulierte Satz 24.3 findet sich bei MALKIN ([19], § 75) als Teil des Beweises zu dem folgenden

Satz 24.4 (K. P. PERSIDSKIJ [4]). Wenn für eine lineare Dgl.

$$\dot{\mathfrak{x}} = A(t)\,\mathfrak{x} \tag{24.10}$$

eine dekreszente positiv definite Funktion v existiert, deren für (24.10) gebildete Ableitung $\dot{v}$ negativ definit ist, so ist die RL exponentiell stabil.

(Eine andersartige hinreichende Bedingung für exp. St. gibt LJAŠČENKO [1].) Satz 24.4 folgt aus den Sätzen 18.3 und 24.3. Gelegentlich kann man in Fällen, in denen die Ableitung $\dot{v}$ nicht negativ definit ist, auf St. bzw. as. St. schließen, wie KUZMIN [1] gezeigt hat. Wenn die RL von (24.10) exponentiell st. ist, kann man über die durch Satz 22.1 garantierte L. F. mit abschätzbarer Größenordnung etwas genauere Aussagen machen. Das besagt

Satz 24.5 (MALKIN [15]). Wenn die RL von (24.10) exponentiell st. ist, kann man eine dekreszente positiv definite Funktion $v(\mathfrak{x}, t)$ so konstruieren, daß ihre Ableitung $\dot{v}$ gleich einer willkürlich vorgegebenen negativ definiten Form $-w(\mathfrak{x}, t)$ der ganzzahligen Ordnung m mit stetigen und beschränkten Koeffizienten ist, und zwar ist

$$v(\mathfrak{x}, t) = \int_t^\infty w(\mathfrak{p}(\tau, \mathfrak{x}, t), \tau)\, d\tau\,. \tag{24.11}$$

Beweis. Es seien a_1, a_2, a_3 positive Konstanten. Es ist sicher

$$a_1|\mathfrak{x}|^m \leqq w(\mathfrak{x}, t) \leqq a_2|\mathfrak{x}|^m,$$

und aus (22.8) folgt sofort

$$v(\mathfrak{x}, t) \leqq a_3|\mathfrak{x}|^m,$$

d. h. $v(\mathfrak{x}, t)$ ist dekreszent. Die Definitheit ergibt sich wie in Beweis zu Satz 22.1. Den Rest der Behauptung erhält man aus Satz 22.2.

Man kann ebenso wie bei Satz 22.1 eine zu (24.11) analoge L. F. angeben, wenn die RL von (24.10) vollständig exponentiell instabil ist. Man muß dann die Integration über ein geeignetes endliches Intervall $t \leqq \tau \leqq t + h$ führen.

Die Sätze 24.4 und 24.5 sind auch von ANTOSIEWICZ und DAVIS [1] gefunden worden.

Wählt man für w eine quadratische Form $w = \mathfrak{x}^T Q(t)\,\mathfrak{x}$, so wird auch v eine quadratische Form $\mathfrak{x}^T P(t)\,\mathfrak{x}$. Die Zusammenhänge zwischen diesen beiden Formen sind von GORBUNOV [1 bis 4] genauer untersucht worden, und zwar ohne Voraussetzungen über die St. von (24.10). Es ist

$$\dot{P} + A^T P + P A = -Q\,. \tag{24.12}$$

Setzt man das Minimum der Form w bei festem t mit der Nebenbedingung $v = 1$ gleich $\nu(t)$, so gilt

Satz 24.6 (GORBUNOV [3]). Notwendig und hinreichend für die as. St. der RL von (24.10) ist die Existenz zweier durch die Gleichung (24.12) verknüpfter quadratischer Formen $v = \mathfrak{x}^T P \mathfrak{x}$, $w = \mathfrak{x}^T Q \mathfrak{x}$, die bei jedem endlichen festen t positiv definit und so beschaffen sind, daß das Integral $\int\limits_{t_0}^{t} \nu(\tau)\, d\tau$ mit wachsendem t über alle Grenzen wächst.

Offenbar ist $\nu(t)$ gleich dem kleinsten Eigenwert von $Q P^{-1}$. Der Satz gehört also in den Ideenkreis des § 15.

Für ein Gleichungssystem

$$\dot{x}_i = \sum_{j=1}^{n} a_{ij}(t)\, x_j \;(i = 1, 2, \ldots, n-1)\,,\; \mu\, \dot{x}_n = \sum_{j=1}^{n} a_{nj}(t)\, x_j\,,$$

mit einem kleinen Parameter μ ist die Frage von Interesse, ob man aus dem St.-Verhalten der RL des Systems $(n-1)$-ter Ordnung, das dem Wert $\mu = 0$ entspricht, Schlüsse auf das St.-Verhalten des vollständigen Systems ziehen kann. Wenn die RL des ausgearteten Systems exponentiell st. ist, kann man dazu eine L. F. in Gestalt einer quadratischen Form konstruieren. Fügt man ein Zusatzglied

$$\mu\, x_n(g_1(t)\, x_1 + \cdots + g_n(t)\, x_n)$$

so hinzu, daß eine L. F. für das vollständige System entsteht, und wertet die Definitheitsbedingungen aus, so ergibt sich: Wenn der Koeffizient $a_{nn}(t)$ dem Betrage nach beständig größer als eine feste positive Zahl ist, so folgt aus der exponentiellen St. der RL des ausgearteten Systems die des vollständigen, sofern μ hinreichend klein ist und das zu $a_{nn}(t)$ entgegengesetzte Vorzeichen hat. (RAZUMICHIN [6]; dort fehlt die Voraussetzung der exponentiellen St. Vgl. auch GRADŠTEJN [1]).

Wenn die RL von (24.10) stabil ist, kann man leicht eine quadratische Form v angeben, die den Voraussetzungen von Satz 4.1 genügt, und zwar nach dem bei Satz 18.1 erwähnten Verfahren von K. P. PERSIDSKIJ [4]. Aus (24.8) folgt ja $\mathfrak{x}_0 = X(t_0, 0)\, X^I(t, 0)\, \mathfrak{p}$. Mithin ist

$$v(\mathfrak{x}, t) = |X^I(t, 0)\, \mathfrak{x}|^2$$

eine L. F. der gewünschten Art. GORBUNOV [2] hat derartige quadratische Formen auf andere Art bestimmt.

§ 25. Die Ordnungszahlen einer linearen Differentialgleichung

a) Jede Lösung der linearen Dgl. (24.10) hat eine wohlbestimmte Ordnungszahl (Definition 22.2), und zwar gilt

Satz 25.1 (LJAPUNOV [1]). Jede Lösung von (24.10) (außer der trivialen) hat eine *endliche* Ordnungszahl.

Beweis. Es sei

$$\mathfrak{z} = e^{\lambda t}\mathfrak{x} \tag{25.1}$$

eine neue Variable, λ ein Parameter. Dann ist

$$\frac{d}{dt}|\mathfrak{z}|^2 = \mathfrak{z}^T S(t, \lambda)\,\mathfrak{z} \quad \text{mit} \quad S(t, \lambda) = A^T + A + 2\lambda I\,. \tag{25.2}$$

Da $A(t)$ beschränkt ist, kann man zwei Werte λ_1 und λ_2 so wählen, daß die dazugehörenden Matrizen S für $t \geqq 0$ nur positive bzw. nur negative Eigenwerte haben. Es ist dann, wenn man die Konstante $\alpha > 0$ passend bestimmt, für $t \geqq 0$

$$+2\alpha\,|\mathfrak{z}|^2 < \mathfrak{z}^T S(t, \lambda_1)\,\mathfrak{z}\,, \quad -2\alpha\,|\mathfrak{z}|^2 > \mathfrak{z}^T S(t, \lambda_2)\,\mathfrak{z}\,.$$

Durch Integration von (25.2) erhält man

$$e^{\alpha t}|\mathfrak{z}_0| < |\mathfrak{z}| \quad (\lambda = \lambda_1) \quad \text{bzw.} \quad e^{-\alpha t}|\mathfrak{z}_0| > |\mathfrak{z}| \quad (\lambda = \lambda_2)\,,$$

und aus (25.1) folgert man, daß die Ordnungszahlen der Lösungen $\mathfrak{x}(t)$ von (24.10) im Intervall $(\alpha - \lambda_1, \alpha - \lambda_2)$ liegen.

Wenn die Dgl. die spezielle Gestalt (10.7)

$$\dot{\mathfrak{x}} = (A + Q(t))\,\mathfrak{x} \qquad (A \text{ konstant, } \lim Q(t) = 0)$$

hat, so zeigt das gleiche Beweisverfahren, daß die größte Ordnungszahl höchstens gleich dem größten Realteil der Eigenwerte von A ist. Führt man nämlich wieder die lineare Substitution (25.1) aus und wählt als L. F. die quadratische Form $v = \mathfrak{z}^T B \mathfrak{z}$, wobei B durch

$$A^T B + BA = -(I + 2\lambda B)$$

(vgl. § 8) bestimmt ist, so wird

$$\dot{v} = -|\mathfrak{z}|^2 - \mathfrak{z}^T(Q^T B + BQ)\,\mathfrak{z}\,.$$

Wegen der Voraussetzung über Q ist $\dot{v}$ negativ definit. Die RL der Dgl. für $\mathfrak{z}$ ist also genau dann as. st., wenn die Matrix B positiv definit ist, d. h. wenn die Matrix $A + \lambda I$ nur Eigenwerte mit negativem Realteil hat. Der größte auftretende Realteil ist daher die obere Grenze für die zulässigen λ-Werte.

In einfachen Fällen kann man die Ordnungszahlen mit den Funktionswerten einer geeigneten L. F. vergleichen und dadurch abschätzen; vgl. dazu auch § 15. Aus der Ungleichung für $|x_k|$ im § 15 gewinnt GORBUNOV [4] unmittelbar Schranken für die Ordnungszahlen.

b) Es sei $\mathfrak{x}_1, \ldots, \mathfrak{x}_n$ ein beliebiges Fundamentalsystem linear unabhängiger Lösungen der Dgl. (24.10). Wegen Satz 25.1 ist die Summe

$$\pi(\mathfrak{x}_1) + \cdots + \pi(\mathfrak{x}_n) \tag{25.3}$$

beschränkt; sie nimmt für gewisse Fundamentalsysteme ihren Minimalwert an. Daher ist die folgende Definition sinnvoll:

Definition 25.1 (LJAPUNOV [1]). Ein Fundamentalsystem, für das die Summe (25.3) ihren Minimalwert annimmt, heißt *normal*; die (der Größe nach geordneten) Ordnungszahlen eines normalen Fundamentalsystems heißen die *Ordnungszahlen der Dgl.* (Sie sind eindeutig bestimmt.)

Wenn die Ordnungszahlen eines Fundamentalsystems alle voneinander verschieden sind, ist das Fundamentalsystem bereits normal; denn wegen der Eigenschaft (22.2) der Ordnungszahlen kann dann die Summe (25.3) beim Übergang zu einem andern Fundamentalsystem nicht kleiner werden.

Ist $X(t)$ die Matrix eines normalen Fundamentalsystems, $s(t)$ ihre Spur und $d(t)$ ihre Determinante, so ist (vgl. z. B. KAMKE [1], § 19) wegen

$$\left.\begin{aligned} d(t) &= \exp\left(\int_0^t s(u)\,du\right) \\ \pi(d) &= \limsup_{t\to\infty} \frac{1}{t}\int_0^t s(u)\,du\,. \end{aligned}\right\} \tag{25.4}$$

(Der in § 24 wichtige Anfangswert t_0 ist hier ohne Bedeutung und kann gleich Null gesetzt werden.) Schätzt man $\pi(d)$ nach (22.2) und (22.3) mit Hilfe der Ordnungszahlen $\lambda_1, \ldots, \lambda_n$ der Dgl. ab und beachtet (22.4), so folgt

$$\pi(d) \leqq \lambda_1 + \cdots + \lambda_n\,. \tag{25.5}$$

Definition 25.2 (LJAPUNOV [1]). Die Dgl. (24.10) heißt *regulär*, wenn

1. die Summe ihrer Ordnungszahlen gleich der Ordnungszahl von $d(t)$ ist und wenn

2. die Beziehung $\pi(d) + \pi\left(\frac{1}{d}\right) = 0$ gilt.

Man überlegt sich leicht, daß jede autonome lineare Dgl. und allgemeiner jede reduzible (vgl. Def. 24.1) Dgl. regulär ist. Für reguläre Dgl.n gilt

Satz 25.2 (LJAPUNOV [1]; PERRON [2]). Es sei die Dgl. (24.10) regulär; $\lambda_1 \leqq \lambda_2 \ldots \leqq \lambda_n$ seien ihre Ordnungszahlen und $\mu_1 \geqq \mu_2 \geqq \ldots \geqq \mu_n$ die Ordnungszahlen der adjungierten Dgl.

$$\dot{\mathfrak{y}} + A^T(t)\mathfrak{y} = \mathfrak{o}\,. \tag{25.6}$$

Dann ist

$$\lambda_r + \mu_r = 0 \qquad (r = 1, 2, \ldots, n). \tag{25.7}$$

Beweis. Ist Y die Matrix eines normalen Fundamentalsystems von (25.6), so ist, wenn X die alte Bedeutung hat, $X^T Y =$ konst., wie man sofort durch Differentiation verifiziert, und aus (22.3) folgt $\lambda_r + \mu_r \geqq 0$. Andererseits ist $Y = X^{IT} C$; man kann also die Elemente von Y durch die Determinante $d(t)$ und ihre Minoren darstellen und ihre Ordnungszahlen mit Hilfe von (22.2), (22.3) abschätzen. Berücksichtigt man die Regularität, so erkennt man, daß $\lambda_r \leqq -\mu_r$ ist. Das ergibt die Behauptung. Zugleich sieht man, daß auch die Dgl. (25.6) regulär ist. Übrigens ist die Beziehung (25.7) für die Regularität der Dgl.n (24.10) und (25.6) hinreichend (PERRON [2]).

Kapitel VI

Die Empfindlichkeit des Stabilitätsverhaltens gegen Störungen

§ 26. Die Stabilität nach der ersten Näherung

Es sei das St.-Verhalten der RL der Dgl.

$$\dot{\mathfrak{x}} = \mathfrak{f}(\mathfrak{x}, t) \qquad (\mathfrak{f} \in C_1) \tag{26.1}$$

bekannt. Daneben sei eine abgeänderte Dgl.

$$\dot{\mathfrak{x}} = \mathfrak{f}(\mathfrak{x}, t) + \mathfrak{g}(\mathfrak{x}, t) \qquad (\mathfrak{f} + \mathfrak{g} \in C_1) \tag{26.2}$$

vorgelegt. Es entsteht dann die Frage nach der *Empfindlichkeit* des St.-Verhaltens von (26.1), d. h. danach, welchen Einfluß das Zusatzglied $\mathfrak{g}(\mathfrak{x}, t)$ auf die St. oder Inst. der RL ausübt. In einem der einfachsten Fälle — $\mathfrak{f}$ ist linear und hat konstante Koeffizienten — wird die Frage teilweise durch den Satz 10.1 beantwortet. Er lehrt, daß das St.-Verhalten bei hinreichend kleinen Zusatzgliedern unempfindlich ist, wenn die Trajektorien prägnantes Verhalten zeigen; die Eigenschaft „hinreichend klein" läßt sich näher beschreiben. Bei kritischem Verhalten ist die St. dagegen empfindlich; denn schon ein beliebig kleines Zusatzglied kann sich auf die St. bemerkbar machen.

Der Satz 10.1 läßt sich unter Benutzung der Ergebnisse von Kap. V erheblich verallgemeinern und ergänzen. Eine vollständige Beantwortung der oben gestellten Frage ist gegenwärtig allerdings noch nicht möglich.

Satz 26.1 (KRASOVSKIJ [13]). *Die Bewegungen von* (26.1) *mögen intensives Verhalten zeigen, und für hinreichend kleine* $|\mathfrak{x}| < \delta$ *bestehe für das Zusatzglied in* (26.2) *eine Abschätzung der Gestalt*

$$|\mathfrak{g}(\mathfrak{x}, t)| < b\,|\mathfrak{x}| \qquad (b > 0)\,. \tag{26.3}$$

Dann besitzen, falls b klein genug ist, die Dgl.n (26.1) *und* (26.2) *das gleiche St.-Verhalten.*

Beweis (KRASOVSKIJ [13]). Man konstruiere eine L. F. gemäß Satz 22.1 und bilde ihre Ableitungen für (26.1) und (26.2). Wegen (22.11) und (22.12) ist (im Fall $\dot{v}_{(26.1)} < 0$)

$$\dot{v}_{(26.2)} = \dot{v}_{(26.1)} + \sum_{i=1}^{n} \frac{\partial v}{\partial x_i} g_i < - a_2 |\mathfrak{x}|^{\gamma} + n\, b\, a_3 |\mathfrak{x}|^{\gamma},$$

und bei hinreichend kleinem b ist $\dot{v}_{(26.2)}$ ebenfalls negativ definit. Man kann also für beide Dgl.n den gleichen St.-Satz anwenden. (Ein anderer Beweis für den St.-Fall stammt von BARBAŠIN und SKALKINA [1].)

Vermutung. Es ist anzunehmen, daß Satz 26.1 sogar mit der Voraussetzung „prägnant" anstelle von „intensiv" gilt.

Die wichtigste Anwendung findet Satz 26.1 bei der Frage der St. *nach der ersten Näherung*. Setzt man (unter der Voraussetzung $\mathfrak{f} \in C_\infty$)

$$\left.\frac{\partial f_i}{\partial x_k}\right|_{\mathfrak{x}=\mathfrak{o}} = a_{ik}(t)\,,\; A(t) = (a_{ik}(t))\,,$$

so kann man (26.1) in die Gestalt

$$\dot{\mathfrak{x}} = A(t)\,\mathfrak{x} + \mathfrak{g}(\mathfrak{x}, t) \tag{26.4}$$

bringen. Das ist eine Gleichung vom Typ (26.2); die „verkürzte" Dgl., mit der sie zu vergleichen ist, ist

$$\dot{\mathfrak{x}} = A(t)\,\mathfrak{x}\,, \tag{26.5}$$

also linear, und da die Reihenentwicklungen der Komponenten von $\mathfrak{g}(\mathfrak{x}, t)$ mit Gliedern von mindestens zweiter Ordnung beginnen, ist eine Abschätzung (26.3) möglich. Es folgt

Satz 26.2. *Wenn die Bewegungen der linearisierten Dgl.* (26.5) *intensives Verhalten zeigen, so haben die vollständige und die verkürzte Dgl. das gleiche St.-Verhalten.*

Zusatz. Wenn die verkürzte Dgl. autonom oder periodisch ist, ist Satz 26.2 sogar mit „prägnant" anstelle von „intensiv" richtig. Das ergibt sich aus Satz 10.1 in Verbindung mit Satz 24.1 und 24.2. Der Zusatz kommt in der Praxis oft zur Verwendung, wenn man die St. der periodischen Lösung einer autonomen oder periodischen Dgl. zu studieren hat. Es sei etwa das kanonische System (7.1)

$$\dot{q}_i = \frac{\partial H}{\partial p_i}\,, \quad \dot{p}_i = -\frac{\partial H}{\partial q_i} \qquad (i = 1, 2, \ldots, n)$$

gegeben, und $\bar{p}_i$, $\bar{q}_i$ seien die Komponenten einer speziellen Lösung. Setzt man analog zu (2.5)

$$q_i = \bar{q}_i + x_i\,, \quad p_i = \bar{p}_i + y_i$$

in die Bewegungsgleichungen ein und entwickelt die rechten Seiten nach Potenzen der x_i, y_i, so erhält man die Dgl.n der gestörten Bewegung (vgl. 2.6)

$$\dot{x}_i = \sum_{k=1}^{n} \left(\frac{\partial^2 H}{\partial p_i \partial q_k} x_k + \frac{\partial^2 H}{\partial p_i \partial p_k} y_k \right)^* + \varphi_i ,$$

$$\dot{y}_i = - \sum_{k=1}^{n} \left(\frac{\partial^2 H}{\partial q_i \partial q_k} x_k + \frac{\partial^2 H}{\partial q_i \partial p_k} y_k \right)^* + \psi_i .$$

Der Stern deutet an, daß für $\mathfrak{p}$ und $\mathfrak{q}$ die überstrichenen Größen $\bar{\mathfrak{p}}$ und $\bar{\mathfrak{q}}$ einzusetzen sind; φ_i und ψ_i fassen die Glieder höherer Ordnung zusammen. Der lineare Teil stellt die „Gleichung in den Variationen" dar; er ist periodisch, wenn die spezielle Lösung periodisch ist. Wegen der besonderen Gestalt des Linearteils kann man bisweilen sofort eine L. F. angeben. Beispielsweise erkennt man unter Verwendung von $v = x_1 y_1 + \cdots + x_n y_n$, daß die RL instabil ist, wenn die zu den Matrizen

$$\left(\frac{\partial^2 H}{\partial p_i \partial p_k} \right)^* \text{ und } \left(- \frac{\partial^2 H}{\partial q_i \partial q_k} \right)^*$$

gehörenden quadratischen Formen beide positiv definit sind (Požarickij [1]), und zwar gilt das auch für nichtperiodisches $\mathfrak{p}$, $\mathfrak{q}$. (An anderer Stelle [2] behandelt Požarickij das Problem bei etwas allgemeinerer Gestalt der Bewegungsgleichungen.) Vgl. hierzu auch Satz 32.1.

Problem. Es ist noch nicht bekannt, ob für Dgl.n, deren linearer Teil fastperiodisch ist, auch St. nach der ersten Näherung vorliegt. Dieses Problem hängt eng mit dem in § 17 formulierten zusammen.

Man setzt bei Betrachtungen wie den vorstehenden im allgemeinen voraus, daß die Dgl. der gestörten Bewegung eine (mindestens) stetige rechte Seite hat. Kürzlich haben Ajzerman und Gantmacher [1] gezeigt, daß man auch endliche Sprünge zulassen kann. Man muß dazu die Gleichung der ersten Näherung in geeigneter Weise definieren.

Bei Perron [4] findet sich das folgende Kriterium: Die Matrix $A(t)$ sei so beschaffen, daß die inhomogene Dgl.

$$\dot{\mathfrak{x}} = A(t)\,\mathfrak{x} + \mathfrak{f}(t) ,$$

in der $\mathfrak{f}(t)$ stetig und beschränkt, sonst aber ganz beliebig ist, nur beschränkte Lösungen hat. Dann liegt St. nach der ersten Näherung vor. Man kann zeigen (Malkin [19]), daß die Perronsche Bedingung äquivalent ist mit exponentieller St. der RL von (26.1).

Die Bedingungen der Sätze 26.1 und 26.2 sind nicht notwendig. Man kann beispielsweise die Forderung der exponentiellen St. abschwächen.

Satz 26.3 (MALKIN [4]). Für den nichtlinearen Bestandteil von (26.4) gelte die Abschätzung

$$|\mathfrak{g}(\mathfrak{x}, t)| < b\,|\mathfrak{x}|^r \qquad (r > 1)\,, \tag{26.6}$$

und für die Lösungen der linearisierten Dgl. (26.5) sei (22.8) durch

$$|\mathfrak{p}(t, \mathfrak{x}_0, t_0)| < \beta e^{\varrho t_0} e^{-\alpha(t-t_0)} \qquad (t > t_0)$$

mit $0 < \varrho < (2r - 1)\,\alpha$ ersetzt. Dann ist die RL der vollständigen Dgl. as. st., und es ist sogar $\lim e^{\gamma t}\mathfrak{x}(t) = \mathfrak{o}$, falls $\gamma < \frac{\varrho}{2r-1}$ ist.

Ähnliche Sätze finden sich bei K. P. PERSIDSKIJ [2].

Man kann die Voraussetzungen dadurch abändern, daß man (26.3) durch

$$|\mathfrak{g}(\mathfrak{x}, t)| < \varphi(t)\,|\mathfrak{x}|$$

ersetzt, wobei $\varphi(t)$ gewissen Wachstumsbeschränkungen unterliegt, während die exponentielle St. erhalten bleibt (GERMANIDZE [1]). In etwas anderer Richtung liegen einige Ergebnisse über die *linear gestörte* Dgl.

$$\dot{\mathfrak{x}} = (A(t) + B(t))\,\mathfrak{x}$$

im Vergleich mit der ungestörten Dgl. $\dot{\mathfrak{x}} = A(t)\,\mathfrak{x}$. Das bisher beste Ergebnis findet sich bei MASSERA [4].

Bei den im § 23 behandelten Dgl.n mit schwach intensivem Verhalten vergleicht man die Lösungen nicht mit Exponentialfunktionen, sondern mit Potenzen; man kann dann ebenfalls Sätze über das St.-Verhalten gestörter Dgl.n formulieren.

Satz 26.4 (KRASOVSKIJ [13]). Die Bewegungen der Dgl. (26.1) seien schwach intensiv; für das Zusatzglied von (26.2) bestehe eine Abschätzung der Form

$$|\mathfrak{g}(\mathfrak{x}, t)| < b\,|\mathfrak{x}|^\eta\,,$$

wobei η die in (23.4) erklärte Zahl und b hinreichend klein ist. Dann haben die Dgl.n (26.1) und (26.2) das gleiche St.-Verhalten.

Die Voraussetzungen sind z. B. erfüllt, wenn (26.1) autonom ist, homogene rechte Seiten ganzzahliger Ordnung hat und keine für alle t beschränkte Lösung besitzt (vgl. Satz 23.3).

Man beweist diesen Satz mit Hilfe der durch Satz 23.1 garantierten L. F. ebenso wie den Satz 26.1. Aus Satz 18.1 ergibt sich zugleich, daß die RL der gestörten Dgl. gl. as. st. ist. Für Dgl.n mit autonomem Hauptteil ist der Satz erstmalig von MALKIN [14] bewiesen worden. Auf anderem Wege zeigt MASSERA [4] die Gleichmäßigkeit der as. St. direkt.

Wenn die Komponenten der rechten Seite von (26.1) homogene Polynome sind und die RL instabil ist, kann man nicht ohne weiteres auf die Instabilität der RL schließen, nicht einmal, wenn (26.1) autonom ist, wie KRASOVSKIJ [13] durch ein Gegenbeispiel gezeigt hat. Man muß dazu erst das Auftreten beschränkter Lösungen ausschließen.

Ein verwandtes Kriterium bringt ŠESTAKOV [1].

Es seien nun noch zwei speziellere Sätze genannt, die z. T. schon in den Problemkreis der *totalen* St. (vgl. § 28) gehören.

Satz 26.6 (KRASOVSKIJ [8]). Es sei (26.1) autonom; die RL sei instabil, und es existiere eine Umgebung des Nullpunkts, die keine Trajektorie in ihrem ganzen Verlauf enthält. Dann gibt es eine stetige Funktion $\eta(\mathfrak{x})$ ($\eta(\mathfrak{x}) > 0$ für $\mathfrak{x} \neq \mathfrak{o}$, $\eta(\mathfrak{o}) = 0$) mit folgender Eigenschaft: Wenn $\sum_{i=1}^{n} g_i(\mathfrak{x}, t) < \eta(\mathfrak{x})$ ist, ist auch die RL von (26.2) instabil.

Satz 26.7 (MALKIN [18]). Es sei die Dgl. (26.1) autonom oder periodisch mit as. st. RL. In einer gewissen Umgebung des Nullpunktes strebe $\mathfrak{g}(\mathfrak{x}, t)$ gleichmäßig mit wachsendem t gegen $\mathfrak{o}$. Dann ist auch die RL von (26.2) as. st.

Beim Beweis wird die Bemerkung 3 von § 4 benutzt.

§ 27. Der Satz von LJAPUNOV über reguläre Differentialgleichungen

Ein bemerkenswerter Satz über die St. nach der ersten Näherung verwendet den Begriff der regulären Dgl. (vgl. Definition 25.2).

Satz 27.1 (LJAPUNOV [1]). Es sei die Dgl. (26.4) vorgelegt, und die Dgl. (26.5) ihrer ersten Näherung sei regulär. Wenn deren Ordnungszahlen alle negativ sind, ist die RL von (26.4) as. st.; ist wenigstens eine der Ordnungszahlen positiv, so ist die RL von (26.4) instabil.

Beweis (nach ČETAEV [7]; der ursprüngliche Beweis von LJAPUNOV beruht nicht auf der direkten Methode). Es sollen die Bezeichnungen des Beweises zu Satz 25.2 gelten. Die Fundamentalsysteme X und Y seien so normiert, daß $X^T Y = I$ ist. Ferner sei

$$\lambda_1 \leqq \lambda_2 \leqq \cdots \leqq \lambda_n < \beta < 0$$

vorausgesetzt und D die aus den Elementen $e^{\lambda_1 t}, \ldots, e^{\lambda_n t}$ gebildete Diagonalmatrix. Führt man die neue Variable

$$\mathfrak{z} = D Y^T e^{\beta t} \mathfrak{x}$$

ein, so ist wegen Satz 25.2 und wegen (22.2), (22,3)

$$\pi(\mathfrak{z}) \leqq \pi(\mathfrak{x}) + \beta\,.$$

Andererseits ist $\mathfrak{x} = e^{-\beta t} X D^I \mathfrak{z}$, und daraus folgt

$$\pi(\mathfrak{x}) \leqq \pi(\mathfrak{z}) - \beta\,,$$

also $\pi(\mathfrak{z}) = \pi(\mathfrak{x}) + \beta$. Nun sei $2v = |\mathfrak{z}|^2$. Bildet man die Ableitung von v für die aus (26.4) entstehende Dgl. für $\mathfrak{z}$, so ergibt sich

$$\dot{v} = \mathfrak{z}^T(\dot{D} D^I + \beta I)\,\mathfrak{z} + \mathfrak{z}^T(e^{\beta t} D Y^T \mathfrak{g}(\mathfrak{x}, t))\,\mathfrak{z}\,. \qquad (27.1)$$

In dem nichtlinearen Glied sind alle Summanden hinsichtlich der Komponenten z_i von $\mathfrak{z}$ mindestens von vierter Ordnung. Die Matrix $e^{\beta t} D Y^T$ strebt mit wachsendem t gegen 0; denn wegen der Regularität sind die charakteristischen Zahlen der Funktionenvektoren $\mathfrak{y}_r$ gleich $-\lambda_r$, und es ist $\beta < 0$. Daher gilt für den zweiten Term $r(\mathfrak{z}, t)$ von (27.1) bei passend gewähltem $\delta > 0$ und $t_1 > 0$ eine Abschätzung

$$|r(\mathfrak{z}, t)| < a\,|\mathfrak{z}|^2 \qquad (|\mathfrak{z}| \leqq \delta,\ t \geqq t_1,\ a > 0)\,, \tag{27.2}$$

und da $\mathfrak{z}^T(\dot{D} D^I + \beta I)\,\mathfrak{z} = \sum_{i=1}^{n} (\lambda_i + \beta)\, z_i^2$ ist, erhält man

$$\dot{v} = \frac{1}{2}\frac{d}{dt}|\mathfrak{z}|^2 \leqq (\lambda_n + \beta + a)\,|\mathfrak{z}|^2. \qquad (t \geqq t_1)$$

Wählt man den Anfangswert $\mathfrak{z}_0$ so, daß die dazu gehörende Lösung $\mathfrak{z}(t)$ der Dgl. für $\mathfrak{z}$ im Intervall $t_0 \leqq t \leqq t_1$ innerhalb des durch (27.2) definierten Bereichs bleibt, so gibt es ein $c > 0$ derart, daß für hinreichend große t

$$|\mathfrak{z}(t)|^2 \leqq c \exp\left(2(\lambda_n + \beta + a)t\right),$$

also für hinreichend kleine a

$$\pi(\mathfrak{z}) \leqq \lambda_n + \beta + a,\ \pi(\mathfrak{x}) \leqq \lambda_n + a < 0$$

wird. Damit ist die as. St. der RL von (26.4) und der erste Teil des Satzes bewiesen. Ist nun die größte Ordnungszahl λ_n positiv, so setze man $\mathfrak{z} = D Y^T \mathfrak{x}$. Dann ist wie oben mit $\beta = 0$

$$\pi(\mathfrak{z}) \leqq \pi(\mathfrak{x})\,. \tag{27.3}$$

Für die Komponente z_n besteht die Dgl.

$$\dot{z}_n = \lambda_n z_n + \sum_{i=1}^{n} g_i y_{in} e^{\lambda_n t},$$

aus der man

$$z_n = c\, e^{\lambda_n t} + e^{\lambda_n t} \int_{t_0}^{t} \sum_{i=1}^{n} g_i y_{in}\, dt$$

erhält. Wäre die RL stabil, so wären die Funktionen g_i bei hinreichend kleinen Anfangswerten beschränkt; die Ordnungszahl des Integranden wäre $-\lambda_n$, die Ordnungszahl des zweiten Summanden also nichtpositiv, so daß nach (22.2) bzw. (27.3)

$$\pi(z_n) = \lambda_n > 0 \quad \text{bzw.} \quad \pi(\mathfrak{x}) \geqq \lambda_n > 0$$

folgte, im Widerspruch zu der vorausgesetzten Stabilität. Die RL von (26.4) ist also instabil.

Eine leichte Modifikation des Beweises liefert die folgende Ergänzung (Četaev [7]): Es sei die Dgl. (26.5) der ersten Näherung nicht regulär.

Wenn alle ihre Ordnungszahlen kleiner als die stets negative Größe [vgl. (25.5)]

$$-\varkappa = -\pi(\mathfrak{x}_1) - \cdots - \pi(\mathfrak{x}_n) - \pi\left(\frac{1}{d}\right)$$

sind, so ist die RL von (26.4) as. st.; ist mindestens eine der Ordnungszahlen größer als $\varkappa$, so ist die RL von (26.4) instabil. Wenn die Ungleichung $|\mathfrak{g}(\mathfrak{x}, t)| \leqq a\,|\mathfrak{x}|^r$ mit $r > 1$ erfüllt ist, so ist die Bedingung $\lambda_n < -\frac{\varkappa}{r-1}$ hinreichend für as. St. der RL von (26.4) (MASSERA [4]).

Die in den Sätzen des § 26 und 27 formulierten Kriterien für die St. nach der ersten Näherung sind nicht äquivalent; denn die Regularität einer linearen Dgl. ist weder notwendig noch hinreichend für intensives Verhalten ihrer Bewegungen, wie aus Gegenbeispielen (PERRON [4], MALKIN [19]) hervorgeht. Ein Kriterium, das die genannten Sätze umfaßt, ist von MAJZEL [1] formuliert worden; es gibt aber auch nur hinreichende Bedingungen. Ein Satz, der die notwendigen und hinreichenden Bedingungen für die St. nach der ersten Näherung im allgemeinen Fall enthält, ist bisher noch nicht bekannt.

§ 28. Die totale Stabilität

Im § 26 war vorausgesetzt worden, daß die zu vergleichenden Dgl.n (26.1) und (26.2) die triviale Lösung besitzen, daß also insbesondere $\mathfrak{g}(\mathfrak{o}, t) \equiv \mathfrak{o}$ ist. Sieht man (26.2) als Bewegungsgleichung eines realen physikalischen Systems an, auf das gewisse kleine, durch $\mathfrak{g}(\mathfrak{x}, t)$ beschriebene Störkräfte einwirken, so muß man bedenken, daß man derartige Kräfte im allgemeinen gar nicht genau kennt, sondern höchstens abschätzen kann. Die Voraussetzung $\mathfrak{g}(\mathfrak{o}, t) \equiv \mathfrak{o}$ ist daher eine praktisch nicht begründete Idealisierung. Wenn man auf sie verzichtet, läßt sich die „Stabilitäts"-Aussage, daß kleine Störkräfte $\mathfrak{g}(\mathfrak{x}, t)$ nur kleine Veränderungen hervorrufen, nicht mit Hilfe des im § 2 erklärten St.-Begriffes formulieren, sondern man braucht eine Erweiterung.

Die rechte Seite der Dgl.

$$\dot{\mathfrak{x}} = \mathfrak{f}(\mathfrak{x}, t) \tag{28.1}$$

sei stetig und gehöre zur Klasse E; das gleiche sei für die „gestörte" Dgl.

$$\dot{\mathfrak{x}} = \mathfrak{f}(\mathfrak{x}, t) + \mathfrak{g}(\mathfrak{x}, t) \tag{28.2}$$

vorausgesetzt. Ferner sei $\mathfrak{f}(\mathfrak{o}, t) \equiv \mathfrak{o}$ für $t \geqq t_0$.

Definition 28.1. Die RL $\mathfrak{x} = \mathfrak{o}$ der Dgl. (28.1) heißt *total stabil*, wenn sich zu jedem $\varepsilon > 0$ zwei positive Zahlen $\delta_1(\varepsilon)$ und $\delta_2(\varepsilon)$ derart finden lassen, daß für jede Lösung $\mathfrak{p}(t, \mathfrak{x}_0, t_0)$ von (28.2) die Ungleichung

$$|\mathfrak{p}(t, \mathfrak{x}_0, t_0)| < \varepsilon \ (t > t_0)$$

gilt, sofern nur

$$|\mathfrak{x}_0| < \delta_1$$

und im Bereich $\mathfrak{R}_{\varepsilon, t_0}$

ist.
$$|\mathfrak{g}(\mathfrak{x}, t)| < \delta_2 \tag{28.3}$$

In der russischen Literatur heißt diese Art der St. die „St. bei beständig wirkenden Störungen". Der Begriff ist von DUBOŠIN [4] eingeführt worden und zwar für eine beliebige Bewegung von (28.1) mit sinngemäßer Abänderung von Definition 28.1. VOROVIČ [1] hat kürzlich die Definition auf den Fall ausgedehnt, daß die Störkräfte statistisch gegebene Zufallsfunktionen sind.

Satz 28.1. *Wenn die RL von* (28.1) *gl. as. st. ist, so ist sie total stabil.*

Dieser Satz ist in verschiedenen, aber gleichwertigen Fassungen von GORŠIN [1] und MALKIN [9, 19] bewiesen worden; die Überlegungen von GORŠIN sind anscheinend unabhängig von denen von MALKIN (vgl. dazu auch MALKIN [20]). Auch bei ANTOSIEWICZ [1] findet sich ein Beweis. Der Malkinsche Beweis beruht auf folgendem Hilfssatz.

Satz 28.2 (MALKIN [9]). Wenn eine positiv definite L. F. $v(\mathfrak{x}, t)$ existiert, deren partielle Ableitungen $\frac{\partial v}{\partial x_i}$ in einem Gebiet beschränkt sind und deren für (28.1) gebildete Ableitung $\dot{v}$ negativ definit ist, so ist die RL total st.

Beweis. Nach Satz 1.2 ist v dekreszent. Es gibt also drei Funktionen $\varphi(r)$, $\psi(r)$, $\chi(r)$ der Klasse K so, daß

$$\varphi(|\mathfrak{x}|) \leqq v(\mathfrak{x}, t) \leqq \psi(|\mathfrak{x}|), \quad \dot{v}_{(28.1)} \leqq -\chi(|\mathfrak{x}|)$$

ist. Es sei $\varepsilon > 0$ gegeben und $0 < \beta < \varphi(\varepsilon)$. Es existiert dann eine Zahl $\gamma = \gamma(\beta) > 0$ derart, daß aus $v(\tilde{\mathfrak{x}}, t) = \beta$ die Ungleichung

$$\gamma < |\tilde{\mathfrak{x}}| < \varepsilon$$

folgt, und es ist dann auch

$$\dot{v}_{(28.1)}(\tilde{\mathfrak{x}}, t) < -\chi(\gamma)\,. \tag{28.4}$$

Die Funktionen $\dot{v}_{(28.1)}$ und $\dot{v}_{(28.2)}$ unterscheiden sich durch den Summanden

$$\sum_{i=1}^{n} g_i \frac{\partial v}{\partial x_i},$$

der wegen der Zusatzvoraussetzung durch Wahl von δ_2 in (28.3) beliebig klein gemacht werden kann, so daß bei hinreichend kleinem δ_2 im Bereich $|\mathfrak{x}| < \delta_2$ auch $\dot{v}_{(28.2)} < 0$ ist. Nun wähle man $\delta_1 = \delta_1(\varepsilon)$ so, daß

$$\delta_1 < \varepsilon \quad \text{und} \quad v(t_0) = v(\mathfrak{x}_0, t_0) < \beta \quad \text{für} \quad |\mathfrak{x}_0| < \delta_1$$

ist. Dann ist

$$|\mathfrak{p}(t, \mathfrak{x}_0, t_0)| < \varepsilon \qquad (t > t_0)\,.$$

Wäre nämlich diese Ungleichung für $t_1 > t_0$ verletzt, so müßte $v(t_1) > \beta$ sein, weil ja $\beta < \varphi(\varepsilon)$ ist. Es ist aber $v(t_0) < \beta$, und wegen $\dot{v}_{(28.2)} < 0$ nimmt $v(t)$ beständig ab.

Die Sätze 18.3 und 28.2 ergeben zusammen Satz 28.1.

Ist die Dgl. (28.2) autonom und die RL as. st., so ist der Einzugsbereich der RL in gewissem Sinne störungsunempfindlich. Man kann nämlich eine von t unabhängige Funktion $\mathfrak{g}(\mathfrak{x})$ so angeben, daß die RL von (28.2) denselben Einzugsbereich hat wie die von (28.1), falls

$$|\mathfrak{g}(\mathfrak{x}, t)| < \mathfrak{g}(\mathfrak{x})$$

gilt. (Dabei ist natürlich $\mathfrak{g}(\mathfrak{o}, t) = \mathfrak{o}$ zu fordern.) Dieser Satz wird von ZUBOV [6] mit den Methoden des § 21 bewiesen. MASSERA [2] betrachtet die periodische Lösung einer Dgl. mit periodischen Koeffizienten unter der Annahme, daß die Perioden der Lösung und der Gleichung inkommensurabel sind, und gibt Bedingungen für die totale St. dieser Lösung an.

KRASOVSKIJ [6] hat für autonome Dgl.n den Begriff der *totalen St. im Ganzen* eingeführt. Über Definition 28.1 hinaus wird dabei noch verlangt, daß zu jedem $\varepsilon > 0$ ein $\eta(\varepsilon) > 0$ derart existiert, daß für jede Lösung $\mathfrak{x}(t)$ von (28.2) $\lim\sup |\mathfrak{x}| < \varepsilon$ $(t \to \infty)$ ist, sofern im Bereich $\mathfrak{R}_{\varepsilon, t_0}$ eine Ungleichung der Form

$$|\mathfrak{g}| < \eta \varkappa(|\mathfrak{x}|)$$

besteht. Darin ist $\varkappa(r)$ eine vorgegebene positive Funktion, die das Anwachsen der Störfunktionen im Phasenraum kennzeichnet. Eine allgemeine Bedingung für totale St. im Ganzen ist bisher nicht bekannt. KRASOVSKIJ [6] beschränkt sich darauf, für die im § 14 unter b) und c) behandelten Dgl.n hinreichende Voraussetzungen abzuleiten. Außerdem betrachtet er das System

$$\dot{x} = f_1(x, y), \quad \dot{y} = f_2(s), \quad s = ax - by,$$

das auch von ERŠOV [1, 2] untersucht worden ist und eine regelungstechnische Deutung zuläßt.

Der Unempfindlichkeitssatz 28.1 bleibt richtig, wenn man von den Störfunktionen anstelle von (28.3) nur die „Kleinheit im Mittel" voraussetzt. Man muß dann die Existenz einer stetigen Funktion $\varphi(t)$ verlangen, die in $\mathfrak{R}_{\varepsilon, t_0}$ die Ungleichungen

$$\int_t^{t+\tau} \varphi(u)\,du < \delta_2 \tag{28.5}$$

$$|\mathfrak{g}(\mathfrak{x}, t)| < \varphi(t)$$

befriedigt. Dabei ist τ eine beliebige positive Zahl. Die in Def. 28.1 erklärten Schranken δ_1 und δ_2 dürfen von τ abhängig sein (GERMANIDZE und KRASOVSKIJ [1]).

Der Satz 28.1 ist nicht umkehrbar (MASSERA [4], Correction). Es gilt aber

Satz 28.3 (MASSERA [4]). Wenn die RL der linearen Dgl.

$$\dot{\mathfrak{x}} = A(t)\,\mathfrak{x}$$

total stabil ist, dann ist sie gl. as. st. (und damit nach Satz **24.3** auch exponentiell st.).

Beweis. Wegen der totalen St. ist die RL der linear gestörten Hilfsgleichung

$$\dot{\mathfrak{y}} = (A(t) + \eta I)\,\mathfrak{y}$$

bei hinreichend kleinem $\eta > 0$ stabil. Es ist aber $\mathfrak{x}(t) = e^{-\eta t}\mathfrak{y}(t)$; daraus folgt die Gleichmäßigkeit der as. St.

Kapitel VII

Die kritischen Fälle

§ 29. Allgemeines über die kritischen Fälle

Wenn die RL der zu einer Dgl. gehörenden linearisierten Dgl. zwar st., aber nicht exponentiell st. ist, liegt ein *kritischer Fall* (kr. F.) vor. (Vgl. dazu § 8 und § 26.) Das St.-Verhalten der RL der vollständigen Dgl. wird dann nicht mehr durch die linearen Glieder in den Reihenentwicklungen der rechten Seiten allein bestimmt, sondern hängt von den Gliedern höherer Ordnung ab. Die kr. F. sind also weniger Spezialfälle als vielmehr dadurch gekennzeichnet, daß ein bestimmter Spezialfall nicht vorliegt. Damit hängt es zusammen, daß ihre Theorie keine Kriterien wie etwa die Theorie der St. nach der ersten Näherung enthält. Man könnte zwar prinzipiell Kriterien für die „St. nach der zweiten Näherung" usw. aufstellen; angesichts der hierzu erforderlichen umfangreichen Fallunterscheidungen hat man sich aber auf die Behandlung einiger spezieller Dgl.n beschränkt. Die wenigen allgemeinen Sätze liefern keine eigentlichen Kriterien, sondern es handelt sich dabei um die Voraussetzungen dafür, daß man durch ein finites Verfahren eine Entscheidung über das St.-Verhalten bekommen kann, z. B. dadurch, daß man eine Dgl. mit demselben St.-Verhalten wie die ursprüngliche, aber von einfacherer Bauart, herstellt. Da die kr. F. gerade bei konkreten Problemen der Mechanik und Physik verhältnismäßig oft auftreten, haben solche Reduktionsverfahren, soweit sie einigermaßen handlich sind, für die Anwendungen erhebliche Bedeutung.

In den folgenden Paragraphen werden zunächst die einfachsten kr. F. bei autonomen Dgl.n behandelt; sie sind z. T. schon von LJAPUNOV [1] erledigt worden. Zur Lösung des St.-Problems stehen meist mehrere Wege zur Verfügung; nachstehend wird derjenige skizziert, der die direkte Methode benutzt. Eine lehrbuchmäßige Darstellung der

Theorie bringt das Buch von MALKIN [19] (vgl. auch DUBOŠIN [7], ZUBOV [6]). Um zu einer Klassifikation der kr. F. bei autonomen Dgl.n zu gelangen, kann man folgendermaßen vorgehen. Es sei

$$\dot{\mathfrak{x}} = A\mathfrak{x} + \mathfrak{g}(\mathfrak{x}) \qquad (\mathfrak{g} \in C_\omega, \text{ vgl. § 1 e}) \tag{29.1}$$

die in der Form (26.4) geschriebene Ausgangsdgl. Die Realteile der Eigenwerte von A seien nichtpositiv. Diejenigen Eigenwerte, die einen verschwindenden Realteil haben, sind die *kritischen*. Von ihrer Anzahl hängt die Schwierigkeit der Untersuchung ab. Im einfachsten Fall ist genau ein Eigenwert kr., d. h. die charakteristische Gleichung von A hat eine einfache Wurzel Null. Bei zwei kr. Eigenwerten können auftreten: a) zwei rein imaginäre Wurzeln, die zueinander konjugiert sind, b) eine Doppelwurzel Null, zu der ein Elementarteiler zweiter Ordnung gehört, c) eine Doppelwurzel Null mit zwei Elementarteilern erster Ordnung. Bei drei kr. Eigenwerten sind bereits vier Unterfälle möglich usw.

Zur Lösung des St.-Problems unterwirft man die Dgl. (29.1) zunächst einer linearen Transformation derart, daß die Variablen in zwei Gruppen zerfallen, die *kritischen* und die *nichtkritischen*, die zu den entsprechenden Eigenwerten gehören. Sodann nimmt man gewisse nichtlineare Transformationen vor, die die St. der RL nicht ändern, aber sozusagen den Einfluß der nichtkr. Variablen ausschalten. Man gelangt zu einer Dgl., die hinsichtlich der St. der ursprünglichen äquivalent ist, die aber nur noch soviele Variablen enthält, wie kr. Eigenwerte vorhanden sind. Für diese *reduzierte* Dgl. wird dann eine geeignete L. F. konstruiert, die eine Entscheidung über die St. ermöglicht.

§ 30. Die beiden einfachsten kritischen Fälle

a) Die Matrix A in (29.1) habe den einen kr. Eigenwert Null. Durch die am Schluß von § 29 genannte lineare Transformation bewirkt man, daß die Dgl. bei passender Variablenbezeichnung die Gestalt

$$\dot{y}_0 = g_0(y_0, y_1, \ldots, y_n) \tag{30.1}$$

$$\dot{y}_i = \sum_{j=1}^{n} p_{ij} y_j + p_i y_0 + g_i(y_0, y_1, \ldots, y_n) \quad (i = 1, 2, \ldots, n) \tag{30.2}$$

annimmt; die Potenzreihenentwicklungen von g_0, g_i beginnen mit Gliedern von mindestens zweiter Ordnung. Die Gleichungen

$$\sum_{j=1}^{n} p_{ij} y_j + p_i y_0 + g_i(y_0, \ldots, y_n) = 0 \quad (i = 1, 2, \ldots, n)$$

lassen sich nach den Variablen $y_1, \ldots, y_n$ auflösen, da die Funktionaldeterminante wegen $\det(p_{ij}) \neq 0$ an der Stelle $(0, \ldots, 0)$ nicht verschwindet. Ihre Lösungen seien mit

$$u_1(y_0), \ldots, u_n(y_0)$$

bezeichnet. Die Substitution

$$y_0 = z_0, \quad y_i = z_i + u_i(y_0) \qquad (i = 1, 2, \ldots, n)$$

bringt (30.1) und (30.2) in die Form

$$\dot{z}_0 = h_0(z_0, z_1, \ldots, z_n), \tag{30.3}$$

$$\dot{z}_i = \sum_{j=1}^{n} p_{ij} z_j + h_i(z_0, \ldots, z_n) \qquad (i = 1, 2, \ldots, n). \tag{30.4}$$

Darin enthält die Funktion h_i den Term

$$\dot{u}_i = \frac{d u_i}{d z_0} \dot{z}_0 = \frac{d u_i}{d z_0} h_0. \tag{30.5}$$

Die Dgl.n (30.4) sind dadurch ausgezeichnet, daß die kr. Variable z_0 nicht mehr linear auftritt. Ferner bewirkt das Glied (30.5), daß die Ordnung, in der z_0 in (30.3) erscheint, sicher nicht größer ist als die Ordnung, mit der z_0 in einer der Gleichungen (30.4) vorkommt. Dabei muß allerdings vorausgesetzt werden, daß die Funktion $h_0(z_0, z_1, \ldots, z_n)$ nicht identisch verschwindet.

Die Entwicklung des Ausdrucks $h_0(z_0, 0, \ldots, 0)$ nach Potenzen von z_0 möge mit dem Glied

$$g z_0^m \quad (m \geqq 2) \tag{30.6}$$

beginnen. Es gilt der

Satz 30.1 (LJAPUNOV [1]). Es seien die eben formulierten Voraussetzungen über die Dgl.n (30.3) und (30.4) erfüllt. Wenn m eine gerade Zahl ist, ist die RL $\mathfrak{z} = \mathfrak{o}$ [und damit auch die RL von (30.1; 2) bzw. die RL von (29.1)] instabil. Das gleiche ist der Fall, wenn m ungerade und $g > 0$ ist. Ist m ungerade und $g < 0$, so ist die RL as. st.

Der *Beweis* läßt sich folgendermaßen mit Hilfe der direkten Methode führen: Ist nur eine einzige Gleichung vorhanden ($n = 0$), so wählt man die L. F.

$$v = g z_0^2 \ (m \text{ ungerade}) \quad \text{bzw.} \quad v = g z_0 \ (m \text{ gerade}). \tag{30.7}$$

Ihre Ableitung

$$\dot{v} = 2 g^2 z_0^{m+1} + \cdots \quad \text{bzw.} \quad = g^2 z_0^m + \cdots$$

ist in jedem Fall positiv definit, und die Behauptung folgt aus Satz 4.1 bzw. Satz 5.2. Ist $n \geqq 1$, so erhält man eine L. F. v_1, indem man zu (30.7) Zusatzglieder addiert, und zwar 1. die für das lineare System

$$\dot{z}_i = p_{i1} z_1 + \cdots + p_{in} z_n \qquad (i = 1, 2, \ldots, n)$$

nach der Vorschrift des § 8 gebildete quadratische Form $\mathfrak{z}^T B \mathfrak{z}$, mit negativem Zeichen genommen, 2. eine lineare Verbindung von $z_0^2, z_0^3, \ldots, z_0^m$, deren Koeffizienten gewisse Linearformen der nichtkr. Variablen $z_1, \ldots, z_n$ sind. Die Koeffizienten sind so zu wählen, daß $\dot{v}_1$ definit wird; sie sind, wie sich zeigen läßt, durch diese Vorschrift eindeutig bestimmt. Die so gebildete L. F. hat die gleichen Eigenschaften wie die durch (30.7) erklärte Funktion v.

Der oben ausgeschlossene Ausnahmefall wird erledigt durch den

Satz 30.2 (LJAPUNOV [1]). Wenn die Funktion h_0 in (30.3) identisch verschwindet, so ist die RL schwach st. Sie gehört in diesem *singulären* Fall zu einer Familie stationärer Bewegungen $z_0 =$ konst., $z_i = 0$ bzw. $y_0 =$ konst., $y_i = u_i(y_0)$ $(i = 1, 2, \ldots, n)$.

Der Satz läßt sich noch verallgemeinern:

Satz 30.3 (LJAPUNOV [1], vgl. auch MALKIN [6]). Es seien zwei Dgl.n für den k-reihigen Vektor $\mathfrak{y}$ und den n-reihigen Vektor $\mathfrak{x}$ vorgelegt:

$$\dot{\mathfrak{y}} = \mathfrak{g}(\mathfrak{x}, \mathfrak{y}, t); \quad \dot{\mathfrak{x}} = P\mathfrak{x} + \mathfrak{h}(\mathfrak{x}, \mathfrak{y}, t).$$

Die Potenzreihenentwicklungen der Komponenten von $\mathfrak{g}$ und $\mathfrak{h}$ nach x_i, y_i beginnen mit Gliedern von mindestens zweiter Ordnung; es sei außerdem

$$\mathfrak{g}(\mathfrak{o}, \mathfrak{y}, t) \equiv \mathfrak{o}; \quad \mathfrak{h}(\mathfrak{o}, \mathfrak{y}, t) \equiv \mathfrak{o},$$

und die konstante Matrix P habe nur Eigenwerte mit negativen Realteilen. Dann ist die RL schwach stabil, und jede der RL hinreichend benachbarte Lösung strebt mit wachsendem t gegen eine stationäre Lösung der Gestalt

$$\mathfrak{y} = \mathfrak{c}\ (= \text{konst.}),\ \mathfrak{x} = \mathfrak{o}.$$

Der Satz 30.1 ermöglicht zwar eine Lösung des St.-Problems für die Dgl. $\dot{\mathfrak{x}} = \mathfrak{f}(\mathfrak{x})$ in einem kr. F.; er macht aber infolge des komplizierten Beweisverfahrens nicht recht deutlich, wie eigentlich das St.-Verhalten der RL durch die Struktur der Dgl. bedingt ist. Hierauf antwortet

Satz 30.4 (KRASOVKIJ [11]). Wenn die Jacobische Matrix $(\partial f_i / \partial x_k)$ an der Stelle $\mathfrak{x} = \mathfrak{o}$ den einfachen Eigenwert 0 und in einer Umgebung dieser Stelle nur Eigenwerte mit negativen Realteilen hat, ist die RL as. st.; ist dagegen in jedem Punkt einer Umgebung von $\mathfrak{x} = \mathfrak{o}$, diesen Punkt ausgeschlossen, ein Eigenwert mit positivem Realteil vorhanden, so ist die RL instabil.

Der Beweis, den KRASOVSKIJ in [5] für $n = 2$, später allgemein erbracht hat, arbeitet auch mit einer nichtlinearen Transformation, durch die eine zu (30.3) bzw. (30.4) analoge Form der Ausgangsgleichungen hergestellt wird. Dazu wird dann eine geeignete L. F. konstruiert. Die Hauptschwierigkeit macht die Diskussion des Vorzeichens der Größe, die dem Term (30.6) entspricht.

b) Die Matrix A in (29.1) habe zwei rein imaginäre Eigenwerte $\pm i\lambda$. Man kann dann die Dgl. auf die Form

$$\dot{\mathfrak{y}} = L\mathfrak{y} + \mathfrak{g}(\mathfrak{y}, \mathfrak{x}); \quad \dot{\mathfrak{x}} = P\mathfrak{x} + Q\mathfrak{y} + \mathfrak{h}(\mathfrak{y}, \mathfrak{x}) \tag{30.8}$$

bringen. Dabei ist $\mathfrak{y}$ ein zweireihiger, $\mathfrak{x}$ ein n-reihiger Vektor und

$$L = \begin{pmatrix} 0 & -\lambda \\ +\lambda & 0 \end{pmatrix}.$$

Zunächst sei $n = 0$; es sind also nur die kr. Variablen y_1, y_2 vorhanden. Man schreibe die erste Gleichung (30.8) in der Form

$$\dot{\mathfrak{y}} = L\mathfrak{y} + \mathfrak{g}^{(2)}(\mathfrak{y}) + \mathfrak{g}^{(3)}(\mathfrak{y}) + \cdots; \tag{30.9}$$

$\mathfrak{g}^{(k)}(\mathfrak{y})$ faßt die Bestandteile zusammen, die in den Variablen von k-ter Ordnung sind. Die L. F. setzt man als Reihe

$$v = y_1^2 + y_2^2 + f_3(\mathfrak{y}) + f_4(\mathfrak{y}) + \cdots \tag{30.10}$$

an, die entsprechend nach Formen zweiter, dritter ... Ordnung fortschreitet, und zwar werden diese Formen so bestimmt, daß die für (30.9) gebildete Ableitung $\dot{v}$ mit einem Glied der Gestalt

$$\gamma_{2m}(y_1^2 + y_2^2)^m \qquad (m \geqq 2)$$

beginnt. Für die Formen f_i ergeben sich Bestimmungsgleichungen, von denen die beiden ersten folgendermaßen aussehen:

$$\lambda\left(y_1 \frac{\partial f_3}{\partial y_2} - y_2 \frac{\partial f_3}{\partial y_1}\right) = -2\, y_1 g_1^{(2)} - 2\, y_2 g_2^{(2)},$$

$$\lambda\left(y_1 \frac{\partial f_4}{\partial y_2} - y_2 \frac{\partial f_4}{\partial y_1}\right) = -f_4^*(\mathfrak{y}) + \gamma_4(y_1^2 + y_2^2)^2,$$

wobei

$$f_4^*(\mathfrak{y}) = \frac{\partial f_3}{\partial y_1} g_1^{(2)} + \frac{\partial f_3}{\partial y_2} g_2^{(2)} + 2\, y_1 g_1^{(3)} + 2\, y_2 g_2^{(3)},$$

$$\gamma_4 = \frac{1}{2\pi} \int_0^{2\pi} f_4^*(\cos\varphi, \sin\varphi)\, d\varphi$$

ist. Diese partiellen Dgl.n bestimmen die Formen f_3 und f_4 eindeutig (LJAPUNOV [1], MALKIN [7, 19]). Wenn $\gamma_4 \neq 0$ ist, setzt man

$$v = y_1^2 + y_2^2 + f_3 + f_4; \tag{30.11}$$

dann wird

$$\dot{v} = \gamma_4(y_1^2 + y_2^2)^2 + \text{Glieder höherer Ordnung.}$$

Man erkennt, daß die RL im Fall $\gamma_4 > 0$ instabil, im Fall $\gamma_4 < 0$ as. st. ist.

Wenn γ_4 verschwindet, muß man einen Schritt weiter gehen und f_5, f_6 berechnen usw. Wenn dagegen alle γ_{2m} verschwinden, ist $\dot{v}$ identisch Null, die RL ist schwach st., und die Kurven $v =$ konst. sind Integralkurven. Der Nullpunkt ist in diesem Fall ein Zentrum.

Wenn die Dgl. (29.1) auch nichtkr. Variablen enthält, sucht man deren Einfluß ebenso wie oben in a) auszuschalten. Man nimmt wieder eine nichtlineare Variablentransformation

$$\mathfrak{z} = \mathfrak{x} - \mathfrak{v}(y_1, y_2)$$

vor. Die Komponenten von $\mathfrak{v}$ sind durch ein System partieller Dgl.n bestimmt:

$$\frac{\partial v_i}{\partial y_1}(-\lambda y_2 + g_1(\mathfrak{y}, \mathfrak{v})) + \frac{\partial v_i}{\partial y_2}(+\lambda y_1 + g_2(\mathfrak{y}, \mathfrak{v})) =$$

$$= p_{i1}v_1 + \cdots + p_{in}v_n + q_{i1}y_1 + q_{i2}y_2 + h_i(\mathfrak{y}, \mathfrak{v}) \qquad (i = 1, 2, \ldots, n).$$

Durch die Transformation werden die Glieder, die in den kr. Variablen linear sind, beseitigt, und die Ordnungen, mit denen diese in den Bestandteilen von $\mathfrak{h}$ auftreten, sind nicht geringer als die entsprechenden Ordnungen in $\mathfrak{g}$. Für die transformierten Dgl.n erhält man eine L. F., indem man zu (30.10) bzw. (30.11) geeignete Zusatzglieder addiert, falls man einmal auf eine nichtverschwindende Zahl γ_{2m} stößt. Deren Vorzeichen ist für das St.-Verhalten der RL entscheidend.

Sind dagegen alle $\gamma_{2m} = 0$, so ist die RL schwach st., und die Ausgangsdgl. besitzt periodische Lösungen. Auf diesen Sonderfall wird man z. B. geführt, wenn man von einer Dgl. (30.1) mit komplexen Koeffizienten unter der Annahme ausgeht, daß die Matrix A einen einzigen rein imaginären Eigenwert besitzt. Das äquivalente reelle System hat eine schwach st. RL und periodische Lösungen (Vejvoda [1]).

c) Wie schon bemerkt wurde, gibt es zur Lösung des St.-Problems in kr. F. mehrere Wege. Der in a) und b) skizzierte zeichnet sich durch methodische Übersichtlichkeit aus, ist jedoch für die praktische Durchführung nicht sehr geeignet, da die Einzelschritte, insbesondere die Ermittelung der Komponenten von $\mathfrak{v}$, meist sehr mühsam sind. Malkin [11, 12] hat ein Verfahren mitgeteilt, das durch verschiedene Kunstgriffe die Rechnungen wesentlich vereinfacht. Daß man im Einzelfall durch direkte Konstruktion einer L. F. gelegentlich weit schneller zum Ziel kommt, liegt auf der Hand. Berezkin [1] hat auf diese Weise eine Reihe von Dgl.n des Typs

$$\dot{x} = y(1 + f(x)); \quad \dot{y} = \varphi(x) + y\varphi_1(x) + \cdots \qquad (f(0) = 0)$$

erledigt. Ist beispielsweise $\varphi(x) = 0$, $\varphi_1(x) \neq 0$ für $0 < x < c$, so erkennt man mit Hilfe von $v = xy$ die Inst. der RL.

Eine geometrische Interpretation des in a) und b) geschilderten Lösungsverfahrens findet sich bei Moisseev [3].

§ 31. Die Malkinschen Vergleichssätze

Der entscheidende Schritt der im vorigen Paragraphen behandelten Verfahren ist die nichtlineare Variablentransformation. Sie erhöht in wohlbestimmter Weise die Mindestordnungen, in denen die kr. Variablen in den einzelnen Dgl.n auftreten. Dadurch wird es möglich, anstelle des ursprünglichen Dgl.-Systems ein *reduziertes* System zu betrachten, das nur soviel (skalare) Dgl.n enthält, wie kritische Variable vorhanden sind. Eine für das reduzierte System gebildete L. F. v läßt sich durch Addition gewisser Zusatzglieder in eine L. F. v_1 für das vollständige System verwandeln. Dabei zeigen v und v_1 einerseits, und die für die entsprechenden Dgl.n gebildeten Ableitungen $\dot{v}$ und $\dot{v}_1$ andererseits das gleiche Definitheitsverhalten. Man schließt daraus, daß das vollständige und das reduzierte System hinsichtlich der St. der RL äquivalent sind.

Malkin [8, 19] hat erkannt, daß es sich bei den Überlegungen des § 30 um Spezialfälle eines viel allgemeineren Sachverhaltes handelt. Die Verallgemeinerung bezieht sich auf folgende drei Punkte:

1. Die Anzahl der kr. Variablen ist nicht auf eins oder zwei beschränkt.
2. Die Dgl.n brauchen nicht autonom zu sein.
3. An die Stelle der St. nach der ersten Näherung kann die *St. nach der m-ten Näherung* treten. Damit ist gemeint, daß das St.-Verhalten der RL nur von solchen Gliedern in den Reihenentwicklungen der rechten Seiten abhängt, deren Ordnungen nicht größer als m sind, und durch die Glieder höherer Ordnung in keiner Weise beeinflußt wird.

Es sei in $\mathfrak{R}_{h,t_0}$ die Dgl.

$$\dot{\mathfrak{z}} = \mathfrak{f}^{(r)}(\mathfrak{z}, t) + \mathfrak{f}^{(r+1)}(\mathfrak{z}, t) + \cdots + \mathfrak{f}^{(m)}(\mathfrak{z}, t) + \mathfrak{g}(\mathfrak{z}, t) \tag{31.1}$$

vorgelegt. Die Komponenten von $\mathfrak{f}^{(k)}(\mathfrak{z}, t)$ seien Formen der Ordnung k in $z_1, \ldots, z_n$ mit stetigen und beschränkten Koeffizienten; der Term $\mathfrak{g}(\mathfrak{z}, t)$ umfaßt alle Glieder, deren Ordnung die Zahl m überschreitet, so daß

$$|\mathfrak{g}(\mathfrak{z}, t)| < a\,|\mathfrak{z}|^m \qquad (a \text{ konstant}) \tag{31.2}$$

ist.

Definition 31.1. Die RL von (31.1) heißt *st. nach der m-ten Näherung* wenn sich zu jedem $\varepsilon > 0$ eine nur von ε und a, nicht von $\mathfrak{g}(\mathfrak{z}, t)$ abhängende Zahl $\delta > 0$ so bestimmen läßt, daß aus $|\mathfrak{z}(t_0)| < \delta$ die Ungleichung

$$|\mathfrak{z}(t)| < \varepsilon \qquad (t > t_0)$$

folgt, und zwar unabhängig von der besonderen Gestalt der Funktion $\mathfrak{g}(\mathfrak{z}, t)$, sofern nur (31.2) erfüllt ist. Ist sogar

$$\lim_{t\to\infty} |\mathfrak{z}(t)| = 0\,,$$

so heißt die RL *as. st. nach der m-ten Näherung*. Gibt es unter den gleichen Annahmen über $\mathfrak{g}(\mathfrak{z}, t)$ eine (von a abhängige) Zahl $\varepsilon > 0$ und eine Zahl $\tau = \tau(\varepsilon)$ derart, daß auch bei beliebig kleinem δ und beliebiger Wahl von $\mathfrak{g}(\mathfrak{z}, t)$ für mindestens eine Bewegung $\tilde{\mathfrak{z}}(t)$ mit $|\tilde{\mathfrak{z}}(t_0)| < \delta$ die Beziehung $|\tilde{\mathfrak{z}}(t+\tau)| \geqq \varepsilon$ gilt, so heißt die RL *instabil nach der m-ten Näherung*.

Zur Formulierung der Malkinschen Sätze schreibt man die Ausgangs-dgl. ähnlich wie im § 30 in der Form

$$\begin{aligned} \dot{\mathfrak{y}} &= R(t)\mathfrak{x} + \mathfrak{g}(\mathfrak{y}, \mathfrak{x}, t)\,, \\ \dot{\mathfrak{x}} &= P(t)\mathfrak{x} + \mathfrak{h}(\mathfrak{y}, \mathfrak{x}, t) \qquad (t \geqq t_0 \geqq 0,\ |\mathfrak{x}| \leqq h,\ |\mathfrak{y}| \leqq h). \end{aligned} \tag{31.3}$$

Dabei ist $\mathfrak{y}$ ein k-reihiger, $\mathfrak{x}$ ein n-reihiger Vektor; die Matrizen P und R sollen stetig und beschränkt sein. Die Reihenentwicklungen der Komponenten von $\mathfrak{g}$ und $\mathfrak{h}$ bezüglich $\mathfrak{y}$ und $\mathfrak{x}$ sollen im Bereich $\mathfrak{K}_{h,t_0}$ mit Gliedern von mindestens zweiter Ordnung beginnen. Die RL des linearen Hilfssystems

$$\dot{\mathfrak{x}} = P(t)\mathfrak{x} \tag{31.4}$$

sei exponentiell st. Neben (31.3) wird die *reduzierte* Dgl.

$$\dot{\mathfrak{y}} = \mathfrak{h}(\mathfrak{y}, \mathfrak{o}, t) \tag{31.5}$$

betrachtet. Unter diesen Voraussetzungen gilt

Satz 31.1 (Malkin [8, 19]). Die RL von (31.5) sei as. st., schwach st. oder inst., jeweils nach der m-ten Näherung. Wenn die Reihenentwicklungen von $\mathfrak{h}(\mathfrak{y}, \mathfrak{o}, t)$ mit Gliedern einer Ordnung $\geqq m+1$ beginnen, so zeigt die RL des vollständigen Dgl.-Systems (31.3) das gleiche St.-Verhalten wie die RL der reduzierten Dgl.

Enthält die erste Dgl. in (31.3) noch ein Glied $Q(t)\,\mathfrak{y}$ mit beschränktem $Q(t)$, das dann auch in (31.5) auftritt, so gilt Satz 31.1 nur unter der zusätzlichen Voraussetzung, daß das System der partiellen Dgl.n

$$\frac{\partial u_i}{\partial t} + \sum_{s=1}^{n}\left[\sum_{k=1}^{n} p_{sk}\,x_k + h_s\,(t, \mathfrak{u}, \mathfrak{x})\right]\frac{\partial u_i}{\partial x_s} = \sum_{j=1}^{k} q_{ij}\,u_j + g_i(\mathfrak{u}, \mathfrak{x}, t) \qquad (i = 1, 2, \ldots, k)$$

eine bzgl. t beschränkte analytische Lösung $\mathfrak{u}$ zuläßt. (Die hier zitierte Fassung des Satzes 31.1 stammt aus der deutschen Übersetzung von Malkin [19].)

Wenn die ursprünglichen Dgl.n anstatt von (31.3) die Gestalt

$$\begin{aligned} \dot{\mathfrak{y}} &= Q(t)\mathfrak{y} + \mathfrak{g}(\mathfrak{y}, \mathfrak{x}, t)\,, \\ \dot{\mathfrak{x}} &= P(t)\mathfrak{x} + R(t)\mathfrak{y} + \mathfrak{h}(\mathfrak{y}, \mathfrak{x}, t) \end{aligned} \tag{31.6}$$

haben, so sind die Voraussetzungen von Satz 31.1 nicht erfüllt. Man versucht dann, sie durch eine nichtlineare Transformation

$$\mathfrak{x} = \mathfrak{z} + \mathfrak{u}(\mathfrak{y}) \tag{31.7}$$

zu realisieren. Für die Komponenten u_i von $\mathfrak{u}$ sucht man solche formalen Potenzreihen

$$u_i = \sum a_i^{(m_1,\ldots,m_k)}(t)\, y_1^{m_1}\, y_2^{m_2} \cdots y_k^{m_k} \qquad (m_1 + \cdots + m_k \geqq 1) \tag{31.8}$$

mit beschränkten Koeffizienten $a_i(t)$ zu wählen, daß die partiellen Dgl.n

$$\begin{aligned}\frac{\partial u_s}{\partial t} + \sum_{i=1}^{n} \frac{\partial u_s}{\partial y_i}(q_{i1}y_1 + \cdots + q_{ik}y_k + g_i(\mathfrak{y}, \mathfrak{u}, t)) \\ = p_{s1}u_1 + \cdots + p_{sn}u_n + \\ + r_{s1}y_1 + \cdots + r_{sk}y_k + h_s(\mathfrak{y}, \mathfrak{u}, t) \qquad (s = 1, 2, \ldots, n)\end{aligned} \tag{31.9}$$

formal erfüllt sind. [Die linke Seite ist die Bildung $\frac{du_s}{dt}$ für (31.6) mit $\mathfrak{u}$ anstatt $\mathfrak{x}$.] Die Verwendung des Wortes „formal" soll andeuten, daß die Konvergenz der in Rede stehenden Reihen keine Rolle spielt. Ersetzt man nun in der ersten Gleichung von (31.6) die Größe $\mathfrak{x}$ durch $\mathfrak{u}(\mathfrak{y})$, so entsteht die reduzierte Gleichung

$$\dot{\mathfrak{y}} = Q(t)\mathfrak{y} + \mathfrak{g}(\mathfrak{y}, \mathfrak{u}(\mathfrak{y}), t), \tag{31.10}$$

und es gilt

Satz 31.2 (Malkin [8, 19]). Ist die RL der reduzierten Dgl. (31.10) as. st., schwach st. oder inst. nach der m-ten Näherung (m beliebig, aber endlich), so zeigt die RL der vollständigen Dgl. das entsprechende Verhalten. Dabei ist vorausgesetzt, daß sich die Dgl.n (31.9) durch Potenzreihen mit beschränkten Koeffizienten auflösen lassen.

Zum Beweis des Satzes 31.1 benutzt man eine L. F. für das lineare Hilfssystem (31.4). Zur Anwendung von Satz 31.2 muß man die partiellen Dgl.n (31.9) durch Potenzreihen (31.8) mit beschränkten Koeffizienten auflösen. Die Bedingungen dafür sind noch nicht vollständig bekannt; für einige wichtige Spezialfälle ist die Auflösbarkeit aber bewiesen. Das besagt

Satz 31.3 (Malkin [7, 8, 19]). Die Dgl.n 31.9 besitzen formale Lösungen der Gestalt (31.8) mit beschränkten Koeffizienten (mindestens) in folgenden Fällen: a) wenn die Matrix $Q(t)$ identisch verschwindet, b) wenn die Matrizen P, Q, R konstant sind. Im Fall b) existieren sogar unendlich viele Lösungen. Sind dabei $\mathfrak{g}$ und $\mathfrak{h}$ in t periodisch, so hat genau eine der formalen Lösungen periodische Koeffizienten und die entsprechende reduzierte Dgl. ebenfalls. Sind $\mathfrak{g}$ und $\mathfrak{h}$ von t unabhängig, so gibt es genau eine von t unabhängige Lösung der Dgl.n, und die entsprechende reduzierte Dgl. ist autonom.

§ 32. Einzeluntersuchungen über kritische Fälle

a) Das im § 31 behandelte Lösungsverfahren hat vorwiegend theoretischen Wert, da die zur reduzierten Dgl. führenden Rechnungen im allgemeinen sehr langwierig sind, ganz abgesehen davon, daß dann erst noch das St.-Problem für die reduzierte Dgl. zu entscheiden ist. In Spezialfällen kann man allerdings bisweilen, wie schon am Schluß von § 30 erwähnt wurde, das Verfahren verkürzen und das St.-Problem vollständig lösen. Insbesondere hat MALKIN [2, 6, 19] den Fall, daß die Matrix A in (29.1) einen doppelten Eigenwert Null mit zwei dazu gehörenden Elementarteilern erster Ordnung besitzt, erledigt und gezeigt (MALKIN [13, 19]), daß man zwei weitere kr. F. hierauf zurückführen kann, nämlich

α) die Matrix hat zwei verschiedene Paare rein imaginärer Eigenwerte,

β) die Matrix hat einen einfachen Eigenwert Null und ein Paar rein imaginärer Eigenwerte. ZUBOV [6] hat darüber hinaus das Auftreten eines mehrfachen Eigenwertes Null sowie von mehr als zwei Paaren rein imaginärer Eigenwerte studiert.

b) Für die zu dem erstgenannten Spezialfall gehörende reduzierte Dgl. (mit zwei skalaren Bestandteilen) kann man das St.-Verhalten durch eine **Regel** beschreiben (MALKIN [2, 6, 19]; vgl. auch KAMENKOV [1]). Man schreibt die Dgl. analog zu (30.9):

$$\dot{\mathfrak{y}} = \mathfrak{g}^{(m)}(y_1, y_2) + \mathfrak{g}^{(m+1)}(y_1, y_2) + \cdots \qquad (m \geqq 2); \qquad (32.1)$$

$g_i^{(k)}(y_1, y_2)$ $(i = 1, 2)$ ist eine Form der Ordnung k. Es sei ferner

$$f_1(\mathfrak{y}) = y_1 g_1^{(m)} + y_2 g_2^{(m)}; \qquad f_2(\mathfrak{y}) = y_1 g_2^{(m)} - y_2 g_1^{(m)}.$$

Man führt dann noch die Größe

$$\alpha = \frac{1}{2\pi} \int_0^{2\pi} \frac{f_1(\cos\varphi, \sin\varphi)}{f_2(\cos\varphi, \sin\varphi)}\, d\varphi \qquad (32.2)$$

ein und betrachtet die durch die Gleichung

$$f_2(y_1, y_2) = 0 \qquad (32.3)$$

definierten Geraden der (y_1, y_2)-Ebene. Dann gilt:

1. Wenn f_2 nicht definit ist und f_1 auf allen Geraden (32.3) außerhalb des Nullpunktes nur negative Werte annehmen kann, dann ist die RL von (32.1) as. st.

2. Ist f_2 nicht definit und f_1 auf mindestens einer der Geraden (32.3) positiver Werte fähig, so ist die RL instabil.

3. Ist f_2 definit und $\alpha \neq 0$, so ist die RL as. st., wenn $\alpha f_2 < 0$ ist, und instabil für $\alpha f_2 > 0$.

4. Ist f_2 definit und $\alpha = 0$ oder ist f_2 nicht definit und verschwindet f_1 auf einigen der Geraden (32.3), ohne positive Werte anzunehmen, so muß man zur Lösung des St.-Problems weitere Glieder der Entwicklung (32.1) heranziehen.

Wenn die Dgl. (29.1) komplexe Koeffizienten hat und A einen kr. Eigenwert Null besitzt, so läßt sich das St.-Problem mit Hilfe der Vergleichssätze auf das Studium der skalaren Dgl.

$$\dot{z} = c z^k + \text{Glieder höherer Ordnung } (c \text{ komplex}, k \geqq 2) \qquad (32.4)$$

zurückführen. Aus dem Fall 2. der eben angegebenen Regel ergibt sich, daß die RL von (32.4) immer instabil ist. Man kann das aber einfacher direkt beweisen (VEJVODA [1]).

c) Wenn die Matrix A in (29.1) einen doppelten Eigenwert Null besitzt und der dazu gehörende Elementarteiler die Ordnung zwei hat, wird die Betrachtung wesentlich komplizierter. Der Fall ist für die reduzierte Dgl. von LJAPUNOV [2], für die vollständige Dgl. von KAMENKOV [2] erledigt worden. Schreibt man die reduzierte Dgl. in der Gestalt

$$\dot{y}_1 = y_2 + g(y_1, y_2),$$

$$\dot{y}_2 = a y_1^{\alpha} + a' y_1^{\alpha+1} + \cdots + y_2(b y_1^{\beta} + b' y_1^{\beta+1} + \cdots) + y_2^2 h(y_1, y_2)$$

(g ist mindestens von der Ordnung zwei, α und β sind positive ganze Zahlen), so wird die St.-Frage durch die nachstehende, von LJAPUNOV [2] abgeleitete Übersicht beantwortet:

Die RL ist *instabil*, wenn eine der folgenden Bedingungen erfüllt ist:

1. α gerade,
2. α ungerade, $a > 0$,
3. α ungerade, $a < 0$, β gerade, $\alpha \geqq \beta + 1$, $b > 0$,
4. α ungerade, $a < 0$, β ungerade, $\alpha \geqq 2\beta + 2$,
5. α ungerade, $a < 0$, β ungerade, $\alpha = 2\beta + 1$, $b^2 + 4(\beta + 1)a \geqq 0$,
6. Die Gleichung für $\dot{y}_2$ enthält nur den Term $h(y_1, y_2)$.

Die RL ist as. st., wenn

7. α ungerade, $a < 0$, β gerade, $b < 0$, $\alpha \geqq \beta + 1$,
8. β gerade, $b < 0$, $a y_1^{\alpha} + a' y_2^{\alpha+1} + \cdots \equiv 0$

ist. In den Fällen

9. α ungerade, $a < 0$, β gerade, $\alpha < \beta$,
10. α ungerade, $a < 0$, β ungerade, $\alpha < 2\beta$,
11. α ungerade, β ungerade, $\alpha = 2\beta + 1$, $b^2 + 4(\beta + 1)a < 0$

muß man weitere Glieder der Entwicklungen heranziehen.

d) Wir betrachten nun eine Dgl. mit periodischen Koeffizienten. Hier liegt ein kr. F. vor, wenn die Wurzeln der charakteristischen Gleichung der linearisierten Dgl. (vgl. § 24) zwar keine Absolutbeträge größer als eins haben, wenn aber Wurzeln vom Betrag eins wirklich auftreten. Mit Rücksicht auf die Sätze des § 31 genügt es, lediglich die reduzierte Dgl.

$$\dot{\mathfrak{y}} = Q(t)\,\mathfrak{y} + \mathfrak{g}(\mathfrak{y}, t) \tag{32.5}$$

ins Auge zu fassen. Der Vektor $\mathfrak{y}$ enthält soviel Variable, wie kr. Wurzeln vorhanden sind. Mit Hilfe des Ljapunovschen Reduzibilitätssatzes (§ 24) kann man erreichen, daß der lineare Teil der Dgl. konstante Koeffizienten hat, und man kann annehmen, daß die Koeffizientenmatrix in der Jordanschen Normalform J vorliegt. Die Dgl. (32.5) kann also in der Gestalt

$$\dot{\mathfrak{z}} = J\mathfrak{z} + \mathfrak{f}^{(2)}(\mathfrak{z}, t) + \mathfrak{f}^{(3)}(\mathfrak{z}, t) + \cdots + \mathfrak{f}^{(m)}(\mathfrak{z}, t) + \mathfrak{g}^*(\mathfrak{z}, t)$$

angesetzt werden; $\mathfrak{z}$ umfaßt die neuen Variablen, die Komponenten von $\mathfrak{f}^{(r)}$ sind Formen r-ter Ordnung in $z_1, \ldots, z_k$, und es ist $|\mathfrak{g}^*| < a\,|\mathfrak{z}|^m$ mit konstantem a. Man kann nun noch durch eine nichtlineare Transformation erreichen, daß die Größen $\mathfrak{f}^{(2)}, \ldots, \mathfrak{f}^{(m)}$ konstante Koeffizienten erhalten, wobei man ähnlich wie im § 31 gewisse partielle Dgl.n aufzulösen hat. Damit ist das Problem für die periodische Dgl. (32.5) auf das entsprechende Problem bei einer autonomen Dgl. zurückgeführt.

In der Literatur sind bisher nur die beiden einfachsten kr. F. bei periodischen Dgl.n bis zum Ende behandelt worden, und zwar schon von Ljapunov unter Zurückführung auf autonome Dgl.n. Es sind dies die Fälle mit einer einfachen Wurzel 1 oder zwei konjugiert komplexen Wurzeln vom Betrage eins. Kalinin [1, 2] hat das Ljapunovsche Verfahren dadurch etwas abkürzen können, daß er in der Ebene der kr. Variablen Polarkoordinaten einführt und die Zeit t durch den Polarwinkel ersetzt. Aminov [2] untersucht einen Spezialfall der Dgl. (32.5): die charakteristische Gleichung hat eine einfache Wurzel eins, und die Dgl. selbst besitzt erste Integrale, so daß man (wie im § 7) versuchen kann, aus den Integralen eine L. F. zusammenzusetzen, die die Voraussetzungen des Satzes über schwache St. erfüllt.

Bestimmt man nach (2.6) die Dgl. der gestörten Bewegung für eine periodische Lösung einer autonomen Dgl., so entsteht eine periodische Dgl., deren linearisierte Dgl. wegen der Autonomie der Ausgangsdgl. stets eine periodische Lösung hat. Die charakteristische Gleichung hat also mindestens eine Wurzel eins, und es liegt ein kr. Fall vor. Das St.-Problem, das für die Anwendungen Bedeutung hat, löst hier der

Satz 32.1 (Andronov und Witt [1]). Wenn die charakteristische Gleichung der Dgl. der gestörten Bewegung für die periodische Lösung einer autonomen Dgl. $n-1$ Wurzeln hat, deren Betrag kleiner als eins ist, so ist diese periodische Lösung (schwach) stabil.

§ 33. Die Grenze des Stabilitätsbereichs im Parameterraum

Es sei eine von gewissen, zu dem Vektor $\mathfrak{a}$ zusammengefaßten Parametern stetig abhängende Dgl.

$$\dot{\mathfrak{x}} = \mathfrak{f}(\mathfrak{x}, \mathfrak{a}, t) \qquad (\mathfrak{f} \in E) \qquad (33.1)$$

gegeben. Die Dgl.

$$\dot{\mathfrak{x}} = A(\mathfrak{a}, t)\,\mathfrak{x} \qquad (33.2)$$

ihrer ersten Näherung sei autonom oder periodisch. Diejenigen Parameterwerte, für die (33.2) eine exponentiell st. RL hat, bilden den

Stabilitätsbereich im Parameterraum, für den im § 12ff. Abschätzungen gegeben wurden. Er wird durch eine Hyperfläche begrenzt, die man als die *Stabilitätsgrenze* bezeichnet. Sie ist von der St.-Grenze im Bereich der Anfangswerte zu unterscheiden. Die St.-Grenze ist dadurch ausgezeichnet, daß die entsprechenden Dgl.n (33.1) eine Näherungsgleichung (33.2) besitzen, die kritisches Verhalten zeigt. Die St.-Grenze entspricht also denjenigen Parameterwerten, in denen sich (33.2) kritisch verhält. Analytisch kann man sie mithin dadurch charakterisieren, daß die zu (33.2) gehörende charakteristische Gleichung Wurzeln mit verschwindenden Realteilen bzw. vom Absolutbetrag eins, aber keine Wurzeln mit positiven Realteilen bzw. vom Betrag größer als eins besitzt. Mit Hilfe der Hurwitzschen Determinanten (vgl. SCHMEIDLER [1]) kann man diese Bedingungen und damit die Gleichung der St.-Grenze in geschlossener Form aufschreiben.

Für die praktischen Anwendungen ist es von Bedeutung zu wissen, wie sich ein konkretes System verhält, wenn der Parameter $\mathfrak{a}$ den St.-Bereich verläßt. Es sei $\mathfrak{a}$ auf der Grenze gelegen und $\mathfrak{a} + \mathfrak{c}$ ein außerhalb der Grenze gelegener Nachbarpunkt. Die zu ihm gehörende Dgl. (33.1) hat die Form

$$\dot{\mathfrak{x}} = \mathfrak{f}(\mathfrak{x}, \mathfrak{a}, t) + \mathfrak{g}(\mathfrak{x}, \mathfrak{a}, \mathfrak{c}, t) . \tag{33.3}$$

Das Zusatzglied $\mathfrak{g}(\mathfrak{x}, \mathfrak{a}, \mathfrak{c}, t)$ nimmt für $\mathfrak{c} = \mathfrak{o}$ den Wert $\mathfrak{o}$ an, ist also wegen der Stetigkeit bzgl. $\mathfrak{a}$ sicher vom Charakter des Zusatzgliedes in (28.1). Man kann daher Satz 28.1 anwenden und erkennt:

Satz 33.1. Wenn die RL von (33.1) für den auf der St.-Grenze liegenden Wert $\mathfrak{a}$ as. st. ist (wenn also die RL von (33.2) as. st. ist), kann die durch die Überschreitung der Grenze verursachteMaximalabweichung der Bewegung von der RL beliebig klein gehalten werden, wenn man nur die Überschreitung hinreichend klein bleiben läßt.

Das konkrete System führt dann nach der Überschreitung ungedämpfte Schwingungen um die RL aus, deren Amplituden aber stetig von $\mathfrak{c}$ abhängen und durch passende Wahl von $\mathfrak{c}$ beliebig klein gemacht werden können. Eine hinreichend kleine Grenzüberschreitung wird also beim praktischen Betrieb im allgemeinen keine unerwünschten Folgen haben. Man sagt daher nach BAUTIN [1, 2], daß auf der St.-Grenze ein *ungefährlicher Abschnitt* liege, wenn die RL dort as. st. ist. Dagegen gehört ein Punkt der St.-Grenze, auf dem die RL nicht as. st. ist, einem *gefährlichen* Abschnitt an. In seiner Nähe können Schwingungen wachsender Amplitude, unstetige Übergänge in neue Gleichgewichtslagen oder andere Erscheinungen dieser Art eintreten. (Wegen einer geometrischen Interpretation des Sachverhaltes vgl. MALKIN [19], HAHN [4].)

Die Theorie der kritischen Fälle liefert Kriterien für die Gefährlichkeit bzw. Ungefährlichkeit eines Abschnittes der St.-Grenze. LUR'E [4, 7] hat sie für die durch (14.1) und (14.3) beschriebenen physikalischen Systeme explizit aufgestellt, und zwar unter Beschränkung auf die im § 30 behandelten einfachsten kr. F. Die Herleitung der Kriterien läuft darauf hinaus, daß die Konstanten g bzw. γ_4, auf deren Vorzeichen es ankommt, durch die Parameter der Ausgangsgleichungen in geschlossener Form dargestellt werden. Troickij [2] hat die entsprechende Aufgabe für Regelsysteme mit mehreren Stellgliedern [Gl. (14.15)] gelöst. Die Anwendung der Kriterien erfordert aber einen erheblichen Rechenaufwand, da man die Wurzeln der charakteristischen Gleichung kennen muß usw. Für die Praxis ist es daher zweckmäßiger, mit Näherungsverfahren zu arbeiten, die bei ausreichender Genauigkeit eine schnelle Beurteilung der „Gefährlichkeit" ermöglichen (Ajzerman [2], Magnus [1]).

Der Ansatz (33.3) läßt sich natürlich auch durchführen, wenn $\mathfrak{a}$ nicht auf der St.-Grenze liegt. Der Einfluß der Größe $\mathfrak{c}$ kennzeichnet ja überhaupt die Abhängigkeit der Lösungen von den Parametern. Zum Studium dieser Abhängigkeit betrachtet Dubošin [6] formal die Größe $\mathfrak{c}$ als Funktion von t und fügt der Dgl. (33.3) die Gleichung

$$\dot{\mathfrak{c}} = \mathfrak{o}$$

hinzu. Das entstehende System für die Größen $x_1, \ldots, x_n, c_1, \ldots, c_r$ kann dann in üblicher Weise mit Hilfe der direkten Methode untersucht werden.

Kapitel VIII

Verallgemeinerungen des Stabilitätsbegriffes

§ 34. Die Stabilität in einem endlichen Intervall

Die Definition 2.1 für die St. nach Ljapunov enthält eine Aussage über das Intervall $(0, \infty)$. Nun kann man aber ein gegebenes physikalisches System prinzipiell nur endliche Zeit hindurch beobachten, so daß die St.-Eigenschaft praktisch niemals verifiziert werden kann. Man hat deshalb versucht, die Begriffe so zu modifizieren, daß die Bewegung nur in einem endlichen Zeitintervall beobachtet zu werden braucht, und Kriterien für die *St. in einem endlichen Intervall* aufzustellen.

Die rechte Seite der Dgl.

$$\dot{\mathfrak{x}} = \mathfrak{f}(\mathfrak{x}, t) \tag{34.1}$$

soll für $|\mathfrak{x}| \leqq h$, $t' \leqq t \leqq t''$ zur Klasse E gehören. Ferner sei $v(\mathfrak{x}, t)$ eine positiv definite Funktion, und $v(\mathfrak{x}, t) =$ konst. bestimme einen Zyklus (vgl. § 3, Bem. 2). Unter dem *Durchmesser* $d(t)$ des durch den Zyklus begrenzten Gebietes

$$v(\mathfrak{x}, t) \leqq a \tag{34.2}$$

soll die obere Grenze des Abstandes zweier Punkte $\mathfrak{x}_1$, $\mathfrak{x}_2$ aus (34.2) bei festem t verstanden werden. Die Funktion $d(t)$ soll als beschränkt vorausgesetzt werden; a ist eine feste positive Zahl.

Definition 34.1 (LEBEDEV [2]). Es sei $t' \leqq t_0 \leqq t \leqq t_1 \leqq t''$ und $d(t) \leqq d(t_0)$. Die RL von (34.1) heißt *stabil im Intervall* $[t_0, t_1]$ *in bezug auf das Gebiet* (34.2), wenn aus $v(\mathfrak{x}_0, t_0) = a$ die Ungleichung

$$v(\mathfrak{p}(t, \mathfrak{x}_0, t_0), t) \leqq a \qquad (t_0 \leqq t \leqq t_1)$$

folgt. Wird diese Ungleichung verletzt, so heißt die RL im Intervall $[t_0, t_1]$ *bezüglich* (34.2) *instabil.*

Wenn die RL in jedem Intervall $[t_0, t'']$ $(t' \leqq t_0 \leqq t'')$ stabil ist, spricht LEBEDEV von gleichmäßiger St. bezüglich (34.2) im Intervall $[t', t'']$. Er nennt die St. monoton, wenn die Integralkurven die Zyklen $v =$ konst. immer von außen nach innen durchsetzen (vgl. dazu auch GORBUNOV [1]).

Zur Ableitung von Kriterien (KAMENKOV [3], LEBEDEV [1, 2]) schreibt man die Ausgangsgleichung etwas um:

$$\dot{\mathfrak{x}} = A(t)\,\mathfrak{x} + \mathfrak{g}(\mathfrak{x}, t)\,. \tag{34.3}$$

Im Intervall $[t_0, t_1]$ sei $A(t)$ stetig und beschränkt und habe beständig einfache Eigenwerte $\lambda_i(t)$. $A(t)$ braucht nicht notwendig die Matrix der Dgl. der ersten Näherung zu sein; doch sei außer $\mathfrak{g} \in E$ noch

$$|\mathfrak{g}| \leqq c\,|\mathfrak{x}|^{1+\alpha} \qquad (c > 0,\ \alpha > 0) \tag{34.4}$$

vorausgesetzt. Die nichtsinguläre Matrix $P(t)$ sei so gewählt, daß $PAP^I = D$ eine Diagonalmatrix wird. Da P durch diese Forderung noch nicht eindeutig bestimmt ist, kann noch zusätzlich verlangt werden, daß P in jeder Zeile und jeder Spalte ein konstantes Element enthält. Schließlich sei die differenzierbare Funktion $\varphi(t)$ im Intervall $[t_0, t_1]$ positiv und beschränkt. Für die Variable $\mathfrak{y} = \varphi(t)\,P(t)\,\mathfrak{x}$ ergibt sich aus (34.3) eine Dgl. der Form

$$\dot{\mathfrak{y}} = D\mathfrak{y} + M\mathfrak{y} + \mathfrak{g}^*(\mathfrak{y}, t) \tag{34.5}$$

mit

$$M = \dot{P}P^I + \frac{\dot{\varphi}}{\varphi} I\,. \tag{34.6}$$

Man setzt jetzt

$$v(\mathfrak{x}, t) = |\mathfrak{y}|^2 = \sum_{i=1}^{n} |y_i|^2 = (\varphi(t))^2 \mathfrak{x}^T P^T \bar{P} \mathfrak{x}\,. \tag{34.7}$$

Bezeichnet man den kleinsten Eigenwert der positiv definiten Hermiteschen Matrix $P^T\bar{P}$ mit $\gamma(t)$, so gilt für den Durchmesser $d(t)$ (LEBEDEV [2])

$$\frac{d(t)}{d(t_0)} = \frac{\varphi(t_0)}{\varphi(t)} \sqrt{\frac{\gamma(t_0)}{\gamma(t)}}\,.$$

Daraus folgt, daß $d(t)$ bei passender Wahl von $\varphi(t)$ beschränkt ist und die in Definition 34.1 geforderte Monotonie-Eigenschaft besitzt. Die

Ableitung von (34.7) für (34.5) hat die Gestalt

$$\dot{v} = \mathfrak{y}^T(D + \bar{D} + M^T + \bar{M})\,\mathfrak{y} + \mathfrak{h}(\mathfrak{y}, t)\,, \tag{34.9}$$

wobei wegen (34.4) $|\mathfrak{h}| < c_1 |\mathfrak{x}|^{2+\alpha}$ ist. Die Bildung $\dot{v}$ ist im Intervall (t_0, t_1) negativ definit, wenn ihr erster Term negativ definit ist, d. h. wenn die Hermitesche Matrix

$$D + \bar{D} + M^T + \bar{M} = D + \bar{D} + (\dot{P}P^I)^T + \dot{\bar{P}}\,\bar{P}^I + 2\,\frac{\dot{\varphi}}{\varphi}\,I \tag{34.10}$$

nur negative Eigenwerte hat. Das ist genau dann der Fall, wenn die negativ genommenen Eigenwerte der Matrix

$$H = \dot{P}P^I + (\dot{\bar{P}}\bar{P}^I)^T + D + \bar{D} \tag{34.11}$$

beständig größer als die Funktion $\frac{d}{dt}\log\varphi^2$ sind. Diese Bedingung ist zugleich auch hinreichend für die St. der RL im Intervall (t_0, t_1) bezüglich des mit (34.7) erklärten Gebietes (34.2). Ist die Bedingung für $t = t_0$ erfüllt, so reicht das St.-Intervall sicher bis zu dem Zeitpunkt, an dem erstmalig einer der Eigenwerte von (34.11) die Bedingung verletzt. (Lebedev [2] hat auch Bedingungen dafür abgeleitet, daß aus der St. in einem Intervall die St. in einem anschließenden Intervall folgt.)
Hat die Matrix (34.10) für $t = t_0$ einen positiven Eigenwert, so ist die RL in jedem mit t_0 beginnenden Intervall instabil. Handelt es sich bei der Dgl. $\dot{\mathfrak{x}} = A(t)\,\mathfrak{x}$ wirklich um die Dgl. der ersten Näherung für (34.1), so liefert die vorstehende Überlegung eine hinreichende Bedingung für die St. nach der ersten Näherung in einem endlichen Intervall: die negativ genommenen Eigenwerte von H müssen die Funktion $2\frac{\dot{\varphi}}{\varphi}$ beständig um eine feste positive Zahl δ übertreffen.

Wenn $A(t)$ in dem fest gegebenen Anfangspunkt t_0 mehrfache Eigenwerte hat, muß man die Betrachtung in folgender Weise modifizieren (Kamenkov [3], Lebedev [1]): Man bestimmt die Transformationsmatrix P so, daß die Kästchen der Jordanschen Normalform $N(t)$ für $A(t)$ im Zeitpunkt $t = t_0$ die Gestalt

$$\begin{matrix} \lambda(t_0) & \frac{1}{2} & 0 \ldots \\ \frac{1}{2} & \lambda(t_0) & \frac{1}{2} \ldots \\ 0 & \frac{1}{2} & \lambda(t_0) \ldots \\ \ldots\ldots & & \end{matrix}$$

bekommen. Sodann schreibt man die Dgl. für $\mathfrak{y}$ in der Form

$$\dot{\mathfrak{y}} = N(t_0)\,\mathfrak{y} + M^*\mathfrak{y} + \mathfrak{h}^*(\mathfrak{y}, t)$$

und bilde die Ableitung der L. F. (34.7). Ihr Vorzeichen wird für kleine $|\mathfrak{x}|$ und in der Nähe von t_0 durch das Verhalten der Hermiteschen Form

$\mathfrak{y}^T N(t_0)\,\bar{\mathfrak{y}}$ bestimmt. Für die Existenz eines St.-Intervalles ist also notwendig und hinreichend, daß diese Form negativ definit ist.

LETOV [7, 8] verwendet den Begriff der St. in einem endlichen Intervall bei der Behandlung des Problems von LUR'E (§ 14) für den Fall, daß die Koeffizienten der Bewegungsgleichungen (14.3) explizit von t abhängen. Die Aufgabe besteht wie im autonomen Fall darin, Bedingungen für die Größen $p_j = p_j(t)$ aufzustellen, die die St. in einem endlichen Intervall bei beliebigen Anfangswerten und beliebiger nur durch (14.2) bzw. (14.13) bestimmter Nichtlinearität garantieren. Für die in die St.-Definition 34.1 eingehende Funktion v wird eine quadratische Form der sämtlichen Variablen genommen. Es ergibt sich in üblicher Weise, also durch Diskussion des Vorzeichens der für die Bewegungsgleichungen gebildeten Ableitung von v, eine Bedingung für die absolute St. (S. 42): eine gewisse, aus den Größen $p_i(t)$ und einigen Hilfsparametern gebildete quadratische Form muß negativ definit sein. Die praktische Auswertung dieser Bedingung ist allerdings nicht ganz einfach.

§ 35. Die direkte Methode in allgemeinen metrischen Räumen

Ein großer Teil der in den vorstehenden Kapiteln entwickelten Theorie der direkten Methode ist nicht auf Bewegungen, die durch Dgl.n erklärt sind, beschränkt, sondern läßt sich erheblich verallgemeinern, und zwar in zweifacher Hinsicht. Die eine Möglichkeit dazu ist bereits in Definition 2.1 und im § 20 benutzt worden; die dort betrachteten Bewegungen sind nicht notwendig die Lösungskurven von Dgl.n. Eine zweite, davon ganz unabhängige Verallgemeinerung besteht in dem Verzicht auf die Endlichkeit der Dimensionszahl. Der die Bewegung beschreibende „Punkt" $\mathfrak{x}(t)$ braucht nicht Element des n-dimensionalen euklidischen Phasenraums bzw. des $(n+1)$-dimensionalen Bewegungsraumes zu sein. Man gelangt auf diesem Wege zu einer St.-Theorie in allgemeinen metrischen Räumen, die man (im Anschluß an ZUBOV [6]) etwa auf dem nachstehend skizzierten Wege aufbauen kann. (Zur Theorie der metrischen Räume vgl. z. B. LJUSTERNIK und SOBOLEV [1].)

Es sei $\mathfrak{x}$ ein Element des metrischen Raumes R und $\varrho(\mathfrak{x})$ seine Norm. Der Parameter t durchlaufe die nichtnegativen reellen Zahlen. Mit $F_{t_0}^t$ sei eine von zwei Parametern t_0 und $t \geqq t_0$ abhängende nicht notwendig eindeutige Abbildung bezeichnet, die dem Element $\mathfrak{x}$ die Menge $F_{t_0}^t(\mathfrak{x}) \subset R$ zuordnet.

Definition 35.1. Eine zweiparametrige Schar von Abbildungen des Raumes R auf sich heißt ein *vollständiges allgemeines System,* wenn folgende Bedingungen erfüllt sind:

1. Zu jedem $\mathfrak{x} \in R$, jedem $t_0 \geqq 0$ und jedem $t \geqq t_0$ ist die nichtleere Menge $F_{t_0}^t(\mathfrak{x}) \subset R$ definiert.

2. Es ist
$$\lim_{t \to t_0 + 0} F_{t_0}^t(\mathfrak{x}) = \mathfrak{x}\,.$$

3. Ist $t_1 > t_0$ und durchläuft $\mathfrak{x}_1$ die Menge $F_{t_0}^{t_1}(\mathfrak{x})$, so ist die Vereinigungsmenge der dazu gehörenden Mengen $F_{t_1}^t(\mathfrak{x}_1)$ gleich $F_{t_0}^t(\mathfrak{x})$:
$$\cup F_{t_1}^t(\mathfrak{x}_1) = F_{t_0}^t(\mathfrak{x}) \quad (t \geqq t_1;\ \mathfrak{x}_1 \in F_{t_0}^{t_1}(\mathfrak{x}))\,.$$
Schwächt man 1. dadurch ab, daß man die Abbildung nur für eine Teilmenge $R_1 \subset R$ definiert denkt, so spricht man auch von einem *unvollständigen allgemeinen System.*

Die Vereinigungsmenge der Mengen $F_{t_0}^t(\mathfrak{x})$ für $t \geqq t_0$ bildet eine *Bewegung*; eine aus Bewegungen bestehende Menge $\mathfrak{M} \subset R$ heißt *invariante Menge* des allgemeinen Systems. Der *Abstand* eines Punktes $\mathfrak{x}$ von einer Menge $\mathfrak{M}$ ist durch
$$\varrho\,(\mathfrak{x}, \mathfrak{M}) = \inf \varrho\,(\mathfrak{x}, \mathfrak{y}) \qquad (\mathfrak{y} \in \mathfrak{M})$$
erklärt, und eine *Umgebung* $\mathfrak{U}(\mathfrak{M}, r)$ von $\mathfrak{M}$ ist die Vereinigungsmenge aller Punkte $\mathfrak{x}$ mit $0 < \varrho(\mathfrak{x}, \mathfrak{M}) < r$. $\mathfrak{M}$ gehört also nicht zu $\mathfrak{U}(\mathfrak{M}, r)$; vgl. § 20. Der Abstand der Menge $F_{t_0}^t(\mathfrak{x}_0)$ von $\mathfrak{M}$ wird durch
$$\varrho\,(\mathfrak{x}_0, t, t_0; \mathfrak{M}) = \sup \varrho\,(\mathfrak{x}, \mathfrak{M}) \qquad (\mathfrak{x} \in F_{t_0}^t(\mathfrak{x}_0)) \tag{35.1}$$
definiert. Er ist bei festem $\mathfrak{M}$ eine Funktion von $\mathfrak{x}_0$ und den beiden Parametern.

Überträgt man die im § 20 gegebene Definition des dynamischen Systems im Euklidischen Raum dadurch auf den metrischen Raum R, daß man den Abstand $|\mathfrak{x}|$ durch die Norm $\varrho(\mathfrak{x})$ ersetzt, so kommt man zum dynamischen System im metrischen Raum. Es bildet einen Sonderfall des allgemeinen Systems.

Definition 35.2. Die invariante Menge $\mathfrak{M}$ eines allgemeinen Systems heißt *stabil* (im Sinne der Metrik des Raumes R), wenn sich zu jedem $\varepsilon > 0$ ein $\delta > 0$ derart finden läßt, daß
$$\varrho\,(\mathfrak{x}_0, t, t_0; \mathfrak{M}) < \varepsilon \qquad (t \geqq t_0 \geqq 0)$$
ist, sofern nur
$$\varrho\,(\mathfrak{x}_0, \mathfrak{M}) < \delta$$
ausfällt.

In ganz analoger Weise überträgt man die übrigen grundlegenden Definitionen (2.2, 2.3, 2.5, 17.1, 17.3, § 17, Bem. 7).

An die Stelle der L. F. tritt ein von dem Parameter t abhängiges *Funktional* $v(\mathfrak{x}, t)$; anstatt der in § 1, i) erklärten Zeitfunktion $v(t)$, die die L. F. längs einer Bewegung darstellt, arbeitet man mit
$$v(\mathfrak{x}, t, t_0) = \sup v(\mathfrak{y}, t) \qquad (\mathfrak{y} \in F_{t_0}^t(\mathfrak{x}))\,. \tag{35.2}$$

Um die St.-Eigenschaften einer invarianten Menge $\mathfrak{M}$ zu charakterisieren, betrachtet man ein reelles Funktional mit den folgenden Eigenschaften:

a) $v(\mathfrak{x}, t)$ ist für alle $t \geqq 0$ und alle $\mathfrak{x}$ aus einer gewissen Umgebung $\mathfrak{U}(\mathfrak{M}, r)$ von $\mathfrak{M}$ definiert.

b) Zu jedem hinreichend kleinen $\eta_1 > 0$ läßt sich ein $\eta_2 > 0$ so angeben, daß $v(\mathfrak{x}, t) > \eta_2$ wird, falls $\varrho(\mathfrak{x}, \mathfrak{M}) > \eta_1$ ausfällt, und zwar für alle $t \geqq 0$.

c) Es ist

$$\lim v(\mathfrak{x}, t) = 0 \quad \text{für} \quad \varrho(\mathfrak{x}, \mathfrak{M}) \to 0,$$

und zwar gleichmäßig hinsichtlich $t \geqq t_0$.

d) Die durch (35.2) definierte Funktion $v(\mathfrak{x}, t, t_0)$ von t nimmt für $t \geqq t_0$ nicht zu.

e) Die Funktion $v(\mathfrak{x}, t, t_0)$ strebt mit wachsendem t gegen Null, wenn $\mathfrak{x}$ einer gewissen Umgebung $\mathfrak{U}(\mathfrak{M}, \delta)$ von $\mathfrak{M}$ angehört.

f) Es ist

$$\lim_{t - t_0 \to \infty} v(\mathfrak{x}, t, t_0) = 0$$

gleichmäßig hinsichtlich t_0 und für $\varrho(\mathfrak{x}, \mathfrak{M}) \leqq \delta$.

Die vorstehenden Bedingungen sind notwendig und hinreichend, und zwar a) bis d) für St., a) bis e) für as. St. und a) bis f) für gl. as. St. der invarianten Menge $\mathfrak{M}$ (Zubov [6]).

Eine noch stärkere Analogie zu den Sätzen der direkten Methode zeigt

Satz 35.1 (Zubov [6]). Notwendig und hinreichend dafür, daß die invariante Menge $\mathfrak{M}$ des allgemeinen Systems gl. as. st. und gl. anziehend (vgl. § 17, Bem. 6) ist, ist die Existenz von zwei Funktionalen $v(\mathfrak{x}, t)$ und $w(\mathfrak{x}, t)$, die die Eigenschaften a) bis c) haben, während die zugeordneten Funktionen (35.2) die Beziehung

$$\frac{d}{dt} v(\mathfrak{x}, t, t_0) = -w(\mathfrak{x}, t, t_0)$$

befriedigen.

Ein entsprechender Satz besteht für die Instabilität.

Bei näherer Kenntnis des allgemeinen Systems kann man unter Umständen noch weiter gehende Aussagen machen. Beispielsweise läßt sich das Konstruktionsverfahren des § 21 auf dynamische Systeme eines metrischen Raumes übertragen. Zubov hat auch gezeigt, daß man die Funktion (35.1) mit Hilfe des in Satz 35.1 eingeführten Funktionals $v(\mathfrak{x}, t)$ abschätzen kann.

Aus den eleganten Sätzen der Theorie der allgemeinen Systeme kann man viele der in den Kapiteln II und IV direkt abgeleiteten Ergebnisse durch Spezialisierung gewinnen. Man muß sich aber vor Augen halten, daß die Ableitung von St.-Kriterien im engeren Sinn gar nicht das eigentliche Ziel der Theorie der allgemeinen bzw. dynamischen Systeme ist. Dieser kommt es vielmehr in erster Linie auf die Charakterisierung der Bewegungen des Systems an. Deswegen wird der unmittelbare Beweis eines St.-Kriteriums oft einfacher sein als seine Herleitung aus allgemeinen topologischen Sätzen.

Wichtige Spezialfälle der allgemeinen Systeme bilden die Trajektorien von Dgl.n

$$\dot{\mathfrak{x}} = \mathfrak{f}(\mathfrak{x}, t) \qquad (\mathfrak{f}(\mathfrak{o}, t) \equiv \mathfrak{o}) \tag{35.3}$$

n linearen metrischen, insbesondere in Banachschen Räumen. Dabei ist $\mathfrak{f}$ als ein Operator anzusehen, der auf das Element $\mathfrak{x}$ des Raumes anzuwenden ist und von einem Parameter t abhängt (vgl. LJUSTERNIK und SOBOLEV [1]). Wenn man die direkte Methode auf derartige Dgl.n anwenden will, ohne erst die Theorie der allgemeinen Systeme zu entwickeln, so läßt sich das in folgender Weise tun: man untersucht, welche Sätze in den Kapitel II bis V bewiesen werden, ohne daß von der Endlichkeit der Dimensionszahl Gebrauch gemacht wird. Die derart bewiesenen Sätze gelten dann bei entsprechender Erweiterung der grundlegenden Definitionen auch für Dgl.n in allgemeinen Räumen. MASSERA [3, 4] hat auf diesem Wege festgestellt, daß u. a. folgende Sätze in Banachschen Räumen erhalten bleiben: Die Sätze 4.1 bis 4.3 und 5.1 (hinreichende Bedingungen für St., as. St. und as. St. im Ganzen sowie für Instabilität der RL, der letzte Satz sogar in der von MASSERA [4] gegebenen etwas allgemeineren Fassung), Satz 17.6 (hinreichende Bedingung für gl. as. St.), die Umkehrsätze 18.3 und 18.4 mit der etwas schwächeren Aussage $v \in C_0$ (der Masserasche Beweis für die beliebige Differenzierbarkeit von v benutzt wesentlich die Endlichkeit der Dimensionszahl); setzt man $\mathfrak{f} \in C_s$ voraus, so existiert $v \in C_s$ (MASSERA [3]). Zusatz 2 zu Satz 18.3 bleibt ebenfalls erhalten, ebenso Satz 24.3. In allen diesen Sätzen ist die „Ableitung des Funktionals $v(\mathfrak{x}, t)$ für die Dgl. (35.3)" durch den Frechetschen Differentiationsprozeß

$$\dot{v} = \lim_{h \to 0} \frac{v(\mathfrak{x} + h\mathfrak{f}, t + h) - v(\mathfrak{x}, t)}{h}$$

bzw. durch den Limes superior des Differenzenquotienten für $h \to 0+$ zu erklären. (Vgl. auch KRASOVSKIJ [16].)

Manche Sätze sind nicht übertragbar. Beispielsweise ist der Satz 17.5 (Äquivalenz von as. St. und gl. as. St. bei autonomen Dgl.n) in allgemeinen Räumen nicht ohne weiteres richtig. Ein Gegenbeispiel liefert die Dgl.

$$\dot{x}_n = -\frac{1}{n} x_n \qquad (n = 1, 2, \ldots) \tag{35.4}$$

im Hilbertschen Folgenraum (MASSERA [4]). Der oben angegebene Beweis zu Satz 17.5 versagt deswegen, weil die Funktion $\varrho(\mathfrak{p}(t, \mathfrak{x}_0, t_0))$

nicht gleichmäßig für $\varrho(\mathfrak{x}_0) \leqq r$ durch eine monoton fallende Funktion von $t - t_0$ abgeschätzt werden kann. Auch der Satz 19.4 (notwendige Bedingung für vollständige Instabilität) braucht in allgemeinen Räumen nicht richtig zu sein (S. K. PERSIDSKIJ [1]). Ebenfalls nicht übertragbar sind die Überlegungen, die sich an § 8 anschließen, da es zu den Sätzen 8.1 und 8.2 über das St.-Verhalten der RL autonomer Dgl.n kein Analogon gibt.

Die ersten Ausweitungen der direkten Methode auf Räume von allgemeinerem Typ stammen von K. P. PERSIDSKIJ [6, 7]. Er sieht (35.3) als ein System von abzählbar vielen Dgl.n für die Komponenten $x_1, x_2, \ldots$ des Vektors $\mathfrak{x}$ an. Als Norm benutzt er den Ausdruck

$$\varrho(\mathfrak{x}) = \sup(|x_1|, |x_2|, \ldots) .$$

In dem so erklärten Raum gilt ein St.-Satz, der kein Analogon im Euklidischen Raum hat:

Satz 35.2 (K. P. PERSIDSKIJ [7]). Es existiere ein stetiges positiv semidefinites Funktional $v(\mathfrak{x}, t) \in C_1$ mit folgenden Eigenschaften: a) Aus $v(\mathfrak{x}, t) \leqq \alpha$ folgt $|x_1| \leqq g(\alpha)$, wobei $g(r)$ eine beliebig, aber fest gewählte positive stetige Funktion von r mit $g(0) = 0$ ist. b) Zu jedem Wert $s = 1, 2, \ldots$ gibt es eine Folge $x_s, x_{s1}, x_{s2}, \ldots$ von Komponenten des Lösungsvektors derart, daß die für (35.1) gebildete totale Ableitung $\dot{v}(\mathfrak{x}, t)$ negativ semidefinit ist, wenn man $\mathfrak{x} = (x_s, x_{s1}, \ldots)$ setzt. Dann ist die RL stabil. Ist die Ableitung sogar definit, so ist die RL as. st.

K. P. PERSIDSKIJ [7, 8] hat außerdem die Sätze 18.1 bzw. 18.2 sowie Satz 26.2 (St. nach der ersten Näherung) für ein System von abzählbar vielen Dgl.n bewiesen, Satz 26.2 allerdings, ohne die direkte Methode zu verwenden. Ein Beweis, der eine L. F. benützt, rührt von CHARASACHAL [1] her. Die Übertragung des Begriffes der totalen St. ist von GORŠIN [1] gegeben worden.

§ 36. Stabilität bei partiellen Differentialgleichungen

Es sei

$$\frac{\partial u_s}{\partial t} = f_s\left(x_1, \ldots, x_k;\ u_1, \ldots, u_n;\ \ldots, \frac{\partial u_i}{\partial x_j}, \ldots\right) \qquad (36.1)$$
$$(s = 1, 2, \ldots n;\quad i = 1, 2, \ldots, n;\quad j = 1, 2, \ldots, k)$$

ein System von partiellen Dgl.n erster Ordnung. Die rechten Seiten seien in einem gewissen Gebiet des Raumes ihrer Argumente stetig. Es sei R ein metrischer Raum, dessen Elemente Funktionenvektoren $\mathfrak{z}(\mathfrak{x})$ mit den Komponenten $z_1(\mathfrak{x}), \ldots, z_n(\mathfrak{x})$ sind. Jedem $\mathfrak{z}$ sei eine Lösung $\mathfrak{u} = \mathfrak{u}(t, \mathfrak{z})$ von (36.1) zugeordnet; diese sei für alle t $(-\infty < t < +\infty)$ als Element von R erklärt, und zwar sei $\mathfrak{u}(t, \mathfrak{z})$ ein stetiges Funktional seiner Argumente mit der Maßgabe $\mathfrak{u}(0, \mathfrak{z}) = \mathfrak{z}$ und $\mathfrak{u}(t, \mathfrak{o}) \equiv \mathfrak{o}$. Die so erklärten

Lösungen des Systems (36.1) definieren in R ein dynamisches System, das die Lösung $\mathfrak{u} = \mathfrak{o}$ als invariante Menge besitzt (vgl. § 20). Die Lösung $\mathfrak{u} = \mathfrak{o}$ heißt stabil (im Sinne der Metrik von R), wenn man zu jedem $\varepsilon > 0$ ein $\delta > 0$ so angeben kann, daß aus $\varrho(\mathfrak{z}, \mathfrak{o}) < \delta$ die Ungleichung $\varrho(\mathfrak{u}(t, \mathfrak{z}), \mathfrak{o}) < \varepsilon$ für $t \geqq 0$ folgt. Entsprechend definiert man die as. St. usw.

Wenn die unabhängige Variable t in den rechten Seiten der Dgl.n explizit auftritt, hängt die Lösung nicht nur von t und $\mathfrak{z}$, sondern auch noch von dem „Anfangspunkt" t_0 ab, so daß man $\mathfrak{u} = \mathfrak{u}(t, \mathfrak{z}, t_0)$ mit $\mathfrak{u}(t_0, \mathfrak{z}, t_0) = \mathfrak{z}$ schreiben muß. Die Lösungen, die jetzt nur für $t \geqq t_0$ erklärt sind, bilden kein dynamisches, sondern ein allgemeines System in R, das wieder $\mathfrak{u} = \mathfrak{o}$ als invariante Menge enthält. Die St.-Theorie der dynamischen bzw. der allgemeinen Systeme kann also unmittelbar angewandt werden. Die explizite Formulierung der allgemeinen Sätze für den vorliegenden Sonderfall findet sich bei Zubov [6].

Es sei anstelle von (36.1) das speziellere System

$$\frac{\partial u_s}{\partial t} = f_s(u_1, \ldots, u_n) + \sum_{i=1}^{k} b_i \frac{\partial u_s}{\partial x_i} \quad (s = 1, 2, \ldots, n) \tag{36.2}$$

mit den konstanten Koeffizienten b_i $(i = 1, 2, \ldots, k)$ vorgelegt und daneben das System

$$\frac{d u_s}{d t} = f_s(u_1, \ldots, u_n) \quad (s = 1, 2, \ldots, n) \tag{36.3}$$

von gewöhnlichen Dgl.n. Die Funktionen f_s sind stetig, beschränkt und verschwinden im Nullpunkt. Bezeichnet man die allgemeine Lösung von (36.3) mit $\mathfrak{p}(t, \mathfrak{u}_0, t_0)$ (vgl. § 1), so erhält man die Lösung von (36.2) mit den Anfangswerten $\mathfrak{z}(\mathfrak{x})$ in der Gestalt

$$\mathfrak{p}(t, \mathfrak{z}(\mathfrak{x} + t\mathfrak{b}), 0) \tag{36.4}$$

(Zubov [6]). Die Konstanten $b_1, \ldots, b_n$ sind zu dem Vektor $\mathfrak{b}$ zusammengefaßt. Die durch (36.4) beschriebene Zuordnung gestattet es, das St.-Verhalten der trivialen Lösung der Dgl.n (36.2) und (36.3) miteinander zu vergleichen. Wenn die RL von (36.3) as. st. ist, so kann man mit Hilfe der durch Satz 20.1 garantierten Funktionen $v(\mathfrak{x})$ und $w(\mathfrak{x})$ zwei Funktionale konstruieren, die die Voraussetzungen des Satzes über die as. St. für die partielle Dgl. (36.2) erfüllen; es gilt auch das Umgekehrte (Zubov [6]). Die Dgl. (36.2) hat somit eine as. st. RL, wenn das für (36.3) gilt, und umgekehrt. Für (36.2) besteht also gewissermaßen der Satz von der St. nach der ersten Näherung.

Zubov [6] beweist noch einen ähnlichen Satz, der die St. der RL eines Systems von linearen partiellen Dgl.n höherer Ordnung

$$\frac{\partial u_s}{\partial t} = \sum_{i=1}^{n} \sum_{\alpha_i} a_{s\,i}^{(\alpha_1, \ldots, \alpha_k)}(t) \frac{\partial^{\alpha_1 + \cdots + \alpha_k} u_i}{\partial x_1^{\alpha_1} \ldots \partial x_n^{\alpha_k}}$$

$$(s = 1, 2, \ldots, n; \quad 0 \leqq \alpha_1 + \cdots + \alpha_k \leqq m)$$

in Beziehung setzt zur RL des Systems

$$\frac{du_s}{dt} = \sum_{i=1}^{n} a_{si}^{(0,\ldots,0)} u_i \qquad (s = 1, 2, \ldots, n)$$

von gewöhnlichen Dgl.n.

§ 37. Die direkte Methode bei Differential-Differenzengleichungen

Es sei ein System von Differential-Differenzengleichungen (DDgl.n)

$$\begin{gathered} \dot{x}_i(t) = f_i(x_1(t-h_{11}), \ldots, x_1(t-h_{m1}), \ldots, x_j(t-h_{kj}), \ldots; t) \\ (i = 1, 2, \ldots, n; \quad j = 1, 2, \ldots, n; \quad k = 1, 2, \ldots, m) \end{gathered} \tag{37.1}$$

vorgelegt. Die Funktionen f_i sind für $(\mathfrak{x}, t)$-Werte im Bereich $\mathfrak{K}_{a,0}$ des BR definiert und sollen als Funktionen ihrer $n \cdot m + 1$ Argumente

$$y_{ik} = x_i(t - h_{ki}) \quad (i = 1, 2, \ldots, n; \quad k = 1, 2, \ldots, m) \tag{37.2}$$

gleichmäßig in $\mathfrak{K}_{a,0}$ einer Lipschitzbedingung

$$|f_i(\mathfrak{y}_1, t) - f_i(\mathfrak{y}_2, t)| < l\, |\mathfrak{y}_1 - \mathfrak{y}_2| \tag{37.3}$$

genügen ($\mathfrak{y}$ ist die vektorielle Zusammenfassung der Größen y_{ik}; die Indizes 1 und 2 bezeichnen verschiedene solche Wertesysteme); ferner sei $f_i(\mathfrak{o}, t) = 0$. Charakteristisch für DDgl.n sind die *Verzögerungsfunktionen* $h_{ki}(t)$, auch *Spannen* genannt, für die

$$0 \leqq h_{ki}(t) \leqq h_i \leqq h \qquad (t \geqq 0) \tag{37.4}$$

und stückweise Stetigkeit vorausgesetzt sei. Besonders für die Anwendungen wichtig ist der Spezialfall konstanter Spannen.

Eine für $t > t_0 \geqq h$ gültige Lösung von (37.1) ist durch die *Anfangswerte*

$$\lim_{t \to t_0 + 0} x_i(t) = x_{io} \tag{37.5}$$

und die *Vorlauffunktionen*

$$x_i(t) = z_i(t) \qquad (t_0 - h_i \leqq t \leqq t_0) \tag{37.6}$$

eindeutig bestimmt (Myškis [1], Hahn [1]). Die Vorlauffunktionen, die zu dem Vektor $\mathfrak{z}(t)$ zusammengefaßt werden, sollen stetig und beschränkt sein, und es sei

$$\lim_{t \to t_0 - 0} z_i(t) = x_{i0}\,.$$

(Diese letzte Annahme bringt einige Vereinfachungen mit sich, ist aber nicht von grundsätzlicher Bedeutung.)

Die Lösung der DDgl., die von dem willkürlichen Vorlaufvektor $\mathfrak{z}(t)$ abhängt, wird analog zu der im § 1 erklärten Schreibweise durch

$$\mathfrak{p}(t, \mathfrak{z}(t_0), t_0) \tag{37.7}$$

bezeichnet; der Vorlaufvektor ist im Intervall $(t_0 - h, t_0)$ erklärt. Die Lösung bzw. Bewegung entsteht durch „Fortsetzung" von $\mathfrak{z}(t)$ aus diesem Intervall heraus. Sie kann als Element eines metrischen Raumes mit der Norm

$$\varrho(\mathfrak{x}(t)) = \sup |x_i(t-\tau)| \qquad (0 \leqq \tau \leqq h; \quad i = 1, 2, \ldots, n) \tag{37.8}$$

angesehen werden; t ist als Parameter anzusehen.

Ähnlich wie die Lösung einer Dgl. vermittelt (37.7) eine zweiparametrige Abbildung des Raumes mit der Norm (37.8) auf sich selbst. Sie definiert aber kein allgemeines System im Sinne der Definition 35.1, weil die Eigenschaft 3. nicht notwendig erfüllt ist. Nicht alle bei $t_1 > t_0$ beginnenden Trajektorien können als Fortsetzungen von bei t_0 anfangenden Lösungen angesehen werden. Damit entfällt die im § 2, Bemerkung 1. erwähnte Eigenschaft der St.: es kann sein, daß eine ausgezeichnete Lösung unter Berücksichtigung aller im Intervall $(t_0 - h, t_0)$ erklärten Vorlauffunktionen st. ist, während die gleiche Lösung instabil ist, wenn man sie auf den Anfangspunkt $t_1 > t_0$ bezieht (Beispiele dazu s. bei El'sgol'c [2] und Krasovskij [16]). Deswegen nimmt El'sgol'c [1, 2] die Abhängigkeit vom Anfangspunkt in die Definition der St. hinein.

Definition 37.1. Die Lösung (37.7) heißt *stabil*, wenn sich zu jedem $\varepsilon > 0$ und jedem $t_1 > t_0$ eine von t_1 und ε (und t_0) abhängende Zahl $\delta > 0$ mit folgender Eigenschaft finden läßt: Für jede Funktion $\tilde{\mathfrak{z}}(t)$, die die Ungleichung

$$\varrho\,[\tilde{\mathfrak{z}}(t_1) - \mathfrak{p}(t_1, \mathfrak{z}(t_0), t_0)] < \delta$$

befriedigt, ist

$$\varrho\,[\mathfrak{p}(t, \tilde{\mathfrak{z}}(t_1), t_1) - \mathfrak{p}(t, \mathfrak{z}(t_0), t_0)] < \varepsilon \quad (t \geqq t_1 \geqq t_0)\,.$$

Wählt man als ausgezeichnete Lösung die RL, so kann die Definition etwas einfacher gefaßt werden:

Definition 37.2. Die RL von (37.1) heißt *stabil*, wenn sich zu jedem $\varepsilon > 0$ und jedem $t_1 \geqq t_0 \geqq h$ ein $\delta(\varepsilon, t_1)$ so bestimmen läßt, daß

$$\varrho\,(\mathfrak{p}(t, \mathfrak{z}(t_1), t_1)) < \varepsilon \qquad (t > t_1)$$

wird, wenn

$$\varrho(\mathfrak{z}(t_1)) < \delta$$

ist.

In gleicher Weise überträgt man die Definitionen für die Begriffe gl. st., as. st., gl. as. st. und exponentiell st. Aus den oben genannten Gründen kann man die St.-Theorie der DDgl.n nicht einfach aus der St.-Theorie der allgemeinen Systeme durch Spezialisieren gewonnen werden, wie das bei gewöhnlichen Dgl.n möglich ist. Trotzdem sind die St.-Theorien der beiden Gleichungstypen sehr ähnlich. Zunächst hat

El'sgol'c [1, 2] gezeigt, daß man die Sätze 4.1, 4.2 und 5.1 wörtlich übernehmen kann. Allerdings hängt die Ableitung

$$\dot{v} = \sum_{i=1}^{n} \frac{\partial v}{\partial x_i} f_i + \frac{\partial v}{\partial t}$$

der L. F. v für die DDgl. (37.1) nicht nur von den Argumenten $x_1, \ldots, x_n, t$, sondern auch von den Größen (37.2) ab. Zur Bestimmung des Vorzeichens von $\dot{v}$ muß man also entweder die Größen y_{ik} längs einer Bewegung kennen, was der Idee der direkten Methode widerspricht, oder $\dot{v}$ muß als Funktion der Vektoren $\mathfrak{x}$ und $\mathfrak{y}$ definit sein, und das ist eine sehr starke Forderung. Schon bei ganz einfachen DDgl.n mit $n = 1$, deren Lösungen oszillierend gegen Null gehen, sind die Voraussetzungen des Satzes 4.2 grundsätzlich nicht realisierbar; denn dieser Satz sichert ja bereits die as. St. im Sinne der euklidischen Norm der Lösung, wegen $n = 1$ also monotone Annäherung von $x(t)$ gegen Null.

Krasovskij [17] hat die St.-Theorie der DDgl.n mit Hilfe Ljapunovscher *Funktionale* aufgebaut, was der Sachlage besser angemessen ist. Die Funktionale sind im Raum der Vorlauffunktionen definiert und hängen außerdem von dem Parameter t ab. Sie seien mit $v(\mathfrak{z}(-\tau), t)$ bezeichnet. Die Hilfsvariable τ im Argument von z_i variiert im Intervall $0 \leqq \tau \leqq h_i$. Das Funktional v soll in einem Bereich

$$\mathfrak{K}_{b,t_0}: \varrho(\mathfrak{z}) \leqq b, \; t \geqq t_0$$

seiner Argumente definiert und stetig hinsichtlich der Norm (37.8) sein. Die Begriffe „definit" und „dekreszent" werden analog zu (1.8) und (1.9) eingeführt: das Funktional v heißt *definit*, wenn

$$v(\mathfrak{z}(-\tau), t) > \varphi(\varrho(\mathfrak{z}(0))) \qquad (t \geqq t_0)$$

ist, wobei φ zur Klasse K gehört usw. Es gilt dann

Satz 37.1 (Krasovskij [17]). Wenn ein positiv definites dekreszentes Funktional v derart existiert, daß seine für (37.1) gebildete totale Ableitung

$$\dot{v} = \frac{d}{dt} v(\mathfrak{p}(t-\tau, \mathfrak{z}(t_0), t_0), t)$$

ein negativ definites Funktional ist, dann ist die RL as. st., und zwar gleichmäßig.

Der Satz ist ebenso wie Satz 4.2 verschiedener Verallgemeinerungen fähig. Man kann anstelle von $\dot{v}$ die zu (1.11) analoge Bildung verwenden. Die Bedingung „$\dot{v}$ negativ definit" läßt sich durch $\dot{v} < -\varphi_1(\mathfrak{x}(t))$ ersetzen, wobei $\mathfrak{x}(t)$ die Lösung und φ_1 eine positiv definite Funktion der Argumente $x_1, \ldots, x_n$ darstellt.

Die Beweise für diese Aussagen verlaufen ebenso wie die Beweise der entsprechenden Sätze bei Dgl.n. Das gilt auch für die Umkehrung des Satzes 37.1, die ebenso wie der Beweis zu Satz 19.3 auf der Methode von Massera [1] beruht.

Satz 37.2 (KRASOVSKIJ [17]). Wenn die RL von (37.1) gl. as. st. ist, so existiert ein Funktional v, das die Voraussetzungen von Satz 37.1 erfüllt und außerdem einer Lipschitzbedingung

$$|v(\mathfrak{z}_1(-\tau), t) - v(\mathfrak{z}_2(-\tau), t)| < l_1 \varrho(\mathfrak{z}_1(0) - \mathfrak{z}_2(0))$$

genügt.

Wenn man zu den rechten Seiten von (37.1) noch Störglieder addiert, entstehen Gleichungssysteme, die die Definition der totalen St. für DDgl.n nahelegen. Sie ist ganz entsprechend der Definition 28.1 zuerst von EL'SGOL'C [1, 2] formuliert worden; KRASOVSKIJ [17] hat die Definition noch etwas verallgemeinert.

Definition 37.3. Es sei neben (37.1) das „gestörte" System

$$\begin{aligned}\dot{x}_i = f_i\,&(x_1(t-h_{11}^*), \ldots, x_n(t-h_{mn}^*); t)\\ &+ g_i(x_1(t-h_{11}^*), \ldots, x_n(t-h_{mn}^*), t)\end{aligned} \tag{37.9}$$

vorgelegt. Die RL von (37.1) heißt *total stabil*, wenn sich zu jedem $\varepsilon > 0$ drei positive Zahlen $\delta > 0$, $\eta_1 > 0$ und $\eta_2 > 0$ derart bestimmen lassen, daß für die Lösung $\mathfrak{p}(t, \mathfrak{z}(t_0), t_0)$ der gestörten DDgl.n (37.9) die Ungleichung

$$\varrho\,[\mathfrak{p}(t, \mathfrak{z}(t_0), t_0)] < \varepsilon \qquad (t \geqq t_0)$$

gilt, falls die Bedingungen

$$\begin{gathered}\varrho\,[\mathfrak{z}(t_0)] < \delta\,, \ |g_i(\mathfrak{x})| < \eta_1 \quad \text{in} \quad \mathfrak{R}_{\varepsilon, t_0}\,,\\ |h_{jk}(t) - h_{kj}^*(t)| < \eta_2,\ h_{jk}^*(t) \geqq 0\end{gathered}$$

erfüllt sind.

Für die so definierte totale St. (und auch für die mit (28.5) erklärte Verallgemeinerung) gilt

Satz 37.3 (KRASOVSKIJ [17], GERMANIDZE und KRASOVSKIJ [1]). Gl. as. St. bedingt totale St.

Hieraus folgt als Spezialfall der schon früher von BARBAŠIN und KRASOVSKIJ [1] (vgl. auch KRASOVSKIJ [16]) im Rahmen der direkten Methode für Dgl.n bewiesene

Satz 37.4. Wenn die RL der gewöhnlichen Dgl.n

$$\dot{x}_i = f_i(x_1, \ldots, x_n, t)$$

gl. as. st. ist, dann gilt das auch für die RL der DDgl.n

$$\dot{x}_i = f_i(x_1(t-h_{i1}), \ldots, x_n(t-h_{in}), t)\,,$$

falls die Spannen h_{ij} hinreichend klein sind.

Von besonderem Interesse ist der Fall, daß das ungestörte System linear ist. Es sei (37.9) von der Form

$$\begin{aligned}\dot{x}_i = p_{i1}(t)\, x(t-h_{i1}) + \cdots + p_{in}(t)\, x_n(t-h_{in}) +\\ + g_i(\ldots, x_j(t-h_{jk}^*), \ldots, t)\end{aligned} \tag{37.10}$$

$$(i = 1, 2, \ldots, n;\quad j = 1, 2, \ldots, n;\quad k = 1, 2, \ldots, m)\,.$$

Darin sind die Größen $p_{ij}(t)$ stetige beschränkte Funktionen, die einer Lipschitzbedingung

$$|p_{ij}(t') - p_{ij}(t'')| < a\,|t' - t''| \qquad (37.11)$$

genügen. Die Spannen h_{ij}, h_{ij}^* sind positive Konstanten, und für die Funktionen g_i bestehen Abschätzungen

$$|g_i(x_1, \ldots, x_n, t)| < a_1(|x_1| + \ldots + |x_n|)^{1+\gamma} \qquad (\gamma > 0)\,.$$

Neben (37.10) wird das autonome System

$$\dot{y}_i\,(t) = p_{i1}(\beta)\;y_1(t - h_0) + \cdots + p_{in}(\beta)\;y_n(t - h_0) \qquad (37.12)$$

betrachtet. Die Zahl β ist als Parameter anzusehen, und für die konstante Spanne h_0 gilt mit festem k

$$|h_{ij} - h_0| < k, \quad |h_{ij}^* - h_0| < k\,. \qquad (37.13)$$

Unter diesen Voraussetzungen besteht

Satz 37.5 (Krasovskij [17]). Es sei die RL von (37.12) exponentiell stabil, d. h. es sei

$$\varrho\;[\mathfrak{p}\,(t, \mathfrak{z}\,(t_0), t_0)] < b\,\varrho\,(\mathfrak{z}\,(t_0))\,\exp\,(-\,\alpha(t - t_0))\,, \qquad (37.14)$$

und zwar sei diese Ungleichung für alle $\beta > 0$ mit den gleichen Zahlen $b > 0$, $\alpha > 0$ erfüllt. Dann kann man die Zahlen a und k aus (37.11) bzw. (37.13) so wählen, daß die RL von (37.10) as. st. wird.

Wenn die Koeffizienten und die Spannen des linearen Systems periodische Funktionen mit der gleichen Periode sind und wenn die RL exponentiell stabil ist, so besitzt ein hinreichend benachbartes nichtlineares System mit periodischen Koeffizienten und Spannen eine as. st. periodische Lösung (Krasovskij [22]).

Für die exponentielle St. der RL von (37.12) ist hinreichend, daß die „charakteristische Gleichung"

$$\det\,(p_{ij}(\beta) - \lambda e^{\lambda h_0} I) = 0$$

nur Wurzeln $\lambda_1, \lambda_2, \ldots$ besitzt, deren Realteile alle kleiner als eine feste negative Zahl λ_0 sind (Wright [1]). Die Voraussetzung von Satz 37.5 ist also gesichert, wenn die im allgemeinen von β abhängende Zahl $\lambda_0 = \lambda_0(\beta)$ größer als eine von β unabhängige positive Zahl ist. Ist nur die schwächere Bedingung $Re\,\lambda_i < 0$ erfüllt, so ist die St. nicht immer exponentiell stabil, ja nicht einmal immer gleichmäßig stabil, wie eine von Hahn [5] angegebene lineare Dgl. n-ter Ordnung erkennen läßt, die eine Schar von Lösungen der Form

$$\exp\,(\lambda_k(t - t_0))$$

mit

$$\lambda_k = \pm\,2\pi\,i\,(k + a) - b\,k^{-\alpha} + o\,(k^{-\alpha}) \quad (a > 0, b > 0, \alpha > 0, k = 1, 2, \ldots)$$

besitzt. Der Sachverhalt ist hier ähnlich wie bei dem Beispiel (35.4). Satz 17.5 ist also für DDgl.n nicht ohne weiteres richtig. (Die von Krasovskij [17] ohne Beweis ausgesprochene gegenteilige Behauptung scheint auf einem Irrtum zu beruhen.)

Wenn die DDgl.n linear sind und konstante Koeffizienten und Spannen haben und wenn die RL exponentiell st. ist, kann man ähnlich wie im § 22 für das Funktional ein Integral der Gestalt

$$\int_t^\infty \varrho^2(\mathfrak{p}(\tau, \mathfrak{z}(t), t))\, d\tau$$

wählen. Es empfiehlt sich dabei, die Norm nicht durch (37.8) zu erklären, sondern mit der Norm

$$\varrho(\mathfrak{x}(t)) = \sqrt{|\mathfrak{x}(t)|^2 + \int_0^h |\mathfrak{x}(t-\tau)|^2 d\tau}$$

oder ähnlichen Bildungen zu arbeiten. Da man in dem angenommenen Fall die allgemeine Lösung der DDgl. explizit aufschreiben kann, kann man auch das Funktional v explizit angeben, und zwar entweder als Integralausdruck oder als quadratische Form in unendlich vielen Veränderlichen; die Variablen sind dabei die Größen (37.5) und beispielsweise die Fourier-Koeffizienten der Funktionen (37.6).

Die Anwendung von Satz 37.1 wird dadurch erschwert, daß man bisher nur für einige wenige spezielle DDgl.n geeignete Funktionale v hat angeben können. Ein Versuch, die Krasovskijschen Sätze etwas anwendungsfähiger zu machen, stammt von Razumichin [4]. Er nimmt anstelle des Funktionals eine im BR erklärte Ljapunovsche Funktion $v(\mathfrak{x}, t)$ und sieht deren Ableitung $\dot{v}$ als Funktional an. Dieses Funktional $\dot{v}$ braucht nun nicht schlechthin negativ definit zu sein, sondern es genügt, wenn dies längs gewisser Lösungen von (37.1) der Fall ist. Beispielsweise gilt

Satz 37.6. (Razumichin [4]). Es existiere eine positiv definite Funktion $v(\mathfrak{x}, t)$, deren für (37.1) gebildete Ableitung $\dot{v}$ folgende Eigenschaft hat: Längs jeder Lösung $\mathfrak{x}(t)$, für die die Bedingung

$$v(\mathfrak{x}(s), s) \leqq v(\mathfrak{x}(t), t) \quad (t_0 \leqq s \leqq t) \tag{37.15}$$

erfüllt ist, ist das Funktional $\dot{v}$ nicht positiv (oder identisch Null). Dann ist die RL von (37.1) stabil. Ist sogar v dekreszent und $\dot{v}$ für die Lösungen, die (37.15) befriedigen, negativ definit, so ist die RL as. st.

Beispiel. Es sei $\dot{x}(t) = -a\,x(t) - b\,x(t-h)$. Wählt man $v = x^2$, so ist

$$\dot{v} = -2x(ax + by) \qquad (y = x(t-h))\,.$$

Die Bedingung (37.15) lautet hier

$$x(s)^2 \leqq x(t)^2 \qquad (0 \leqq s \leqq t);$$

sie ist für diejenigen Lösungen erfüllt, für die $|x(t-h)| \leqq |x(t)|$, d. h. $|y| \leqq |x|$ ist. (Es genügt hier, die Werte $s \leqq t-h$ zu betrachten.) Hinreichend für as. St. der RL ist mithin die Ungleichung $|b| \leqq a$, $a > 0$.

Anstelle von (37.15) lassen sich auch noch andere Bedingungen aufstellen (RAZUMICHIN [4], KRASOVSKIJ [18]).

Man kann, wie RAZUMICHIN [7] gezeigt hat, aus dem Satz **37.6** Kriterien für St. nach der ersten Näherung ableiten. Das System (37.1) sei so beschaffen, daß seine Gleichung der ersten Näherung die Gestalt

$$\dot{\mathfrak{x}}(t) = A(t)\,\mathfrak{x}(t) + B(t)\,\mathfrak{x}(t-h) \tag{37.16}$$

hat, also nur *eine* Spanne aufweist. Die gewöhnliche Dgl.

$$\dot{\mathfrak{x}}(t) = (A(t) + B(t))\,\mathfrak{x}(t) \tag{37.17}$$

habe eine exponentiell stabile RL, und

$$v(\mathfrak{x}, t) = \mathfrak{x}^T P(t)\,\mathfrak{x}$$

sei eine nach Satz **24.5** gebildete L. F. für (37.17). Dann ist die für (37.16) gebildete Ableitung von der Form

$$\dot{v}_{(37.16)} = \mathfrak{x}^T(t)\,Q(t)\,\mathfrak{x}(t) + \mathfrak{x}^T(t)\,R(t)\,\mathfrak{x}(t-h)\,. \tag{37.18}$$

Die Bedingung des Satzes **37.6** fordert, daß (37.18) für alle diejenigen $\mathfrak{x}(t-h)$ negativ definit ist, die die Ungleichung

$$v(\mathfrak{x}(t-h)\,,\,t-h) \leqq v(\mathfrak{x}(t), t) \tag{37.19}$$

befriedigen. Man erhält daraus z. B. eine hinreichende Bedingung für St. nach der ersten Näherung, wenn man das Maximum von (37.18) unter der Nebenbedingung (37.19) abschätzt (RAZUMICHIN [7]).

KRASOVSKIJ [23] hat darauf hingewiesen, daß man die St.-Theorie der DDgl.n in Banachschen Räumen analog zu der Theorie im euklidischen Raum aufbauen kann.

§ 38. Die direkte Methode bei Differenzengleichungen

Wir schreiben die Differenzengleichung (Dzgl.) in der Form

$$\Theta\,\mathfrak{x} = \mathfrak{f}(\mathfrak{x}, t)\,. \tag{38.1}$$

Darin sei t die unabhängige Variable, und der Operator $\Theta\,\mathfrak{x}(t) \equiv \mathfrak{x}(t+1)$ bezeichne den Übergang von t zu $t+1$ in allen Argumenten. Die Funktion $\mathfrak{f}(\mathfrak{x}, t)$ sei reell und bei festem t hinsichtlich $\mathfrak{x}$ stetig für $|\mathfrak{x}| < h$; ferner sei $\mathfrak{f}(\mathfrak{o}, t) = \mathfrak{o}$. Die Gleichung und dementsprechend die Lösung sei entweder für eine Folge diskreter t-Werte

$$t_0,\ t_0 + 1,\ t_0 + 2, \ldots \tag{38.2}$$

oder für alle $t \geqq t_0$ erklärt. Im ersten Fall ist die Lösung durch den Anfangswert $\mathfrak{x}_0$, im zweiten Fall ähnlich wie (37.7) durch eine Vorlauffunktion festgelegt. Da aber auch im zweiten Fall der Funktionswert der Lösung an einer Stelle t_1 nur von dem Wert der Vorlauffunktion an einer einzigen Stelle abhängt, bringt Fall zwei nichts grundsätzlich Neues, und es genügt, sich auf den ersten Fall zu beschränken. Der Anfangspunkt t_0 ist als ganzzahlig variabler Parameter anzusehen, dessen Werte in einer festen Zahlenfolge t^*, $t^* + 1, \ldots$ enthalten sind.

Die grundlegenden Definitionen der §§ 2 und 17 für die St. der RL usw. lassen sich ohne weiteres auch auf Dzgl.n übertragen. Allerdings muß man ebenso wie bei DDgl.n beachten, daß eine für den Anfangspunkt t_1 erklärte Lösung nicht immer als Fortsetzung einer mit $t_0 < t_1$ beginnenden Lösung aufgefaßt werden kann. Man muß daher die Unabhängigkeit der St.-Definition vom Anfangspunkt besonders fordern (vgl. Definition 37.1 und Definition 37.2).

Über das St.-Verhalten bei Dzgl.n ist bisher wenig gearbeitet worden. Die ersten grundlegenden Ergebnisse wurden von PERRON [3] und TA LI [1] gefunden, und zwar nicht mit Hilfe der direkten Methode. Die erste Verwendung einer L. F. findet sich in einer Einzeluntersuchung von MEREDITH [1]; der Darlegung ist nicht zu entnehmen, ob dem Autor die direkte Methode bekannt war. Außerdem hat KRASOVSKIJ [13] einige für Dgl.n abgeleitete Ergebnisse auf Dzgl.n übertragen. Eine systematische Benutzung der direkten Methode bringt HAHN [8].

Man arbeitet zum Studium des St.-Verhaltens der RL von (38.1) mit einer L. F. $v(\mathfrak{x}, t)$, die bzgl. t nur für die Werte (38.2) erklärt zu sein braucht. Die Ungleichungen (1.8) und (1.9) zur Definition der Begriffe „definit“ und „dekreszent“ gelten auch nur für diese t-Werte. An die Stelle der totalen Ableitung $\dot{v}$ tritt die „totale“ Differenz

$$\Delta v = \Theta v - v = v(\Theta \mathfrak{x}, t+1) - v(\mathfrak{x}, t) . \tag{38.3}$$

Von dieser Abänderung abgesehen, bleiben die Sätze 4.1, 4.2, 5.1, 5.2 wörtlich bestehen. Das gilt auch für die Beweise; die in diesen auftretenden Integrale sind natürlich durch die zu (38.3) gehörende Umkehroperation, d. h. durch die Summen zu ersetzen. Für die autonome lineare Dzgl.

$$\Theta \mathfrak{x} = A \mathfrak{x} \tag{38.4}$$

kann man ähnlich wie für die Dgl. (8.1) leicht eine L. F. konstruieren. Man setzt dazu

$$v(\mathfrak{x}) = \mathfrak{x}^T B \mathfrak{x} \tag{38.5}$$

und bestimmt die symmetrische Matrix B aus der zu (8.3) analogen Gleichung

$$A^T B A - A = -C; \tag{38.6}$$

C ist eine vorgegebene symmetrische positiv definite Matrix. Es ist dann $\Delta v = -\mathfrak{x}^T C \mathfrak{x}$. Die quadratische Form (38.5) ist genau dann positiv definit, wenn die Eigenwerte von A sämtlich dem Betrage nach kleiner als eins sind. Man verwendet diese Form zum Studium von (38.4) ebenso wie im § 8 und gelangt zu den Sätzen 8.1 bis 8.3 mit dem einzigen Unterschied, daß an die Stelle von Eigenwert jetzt „Logarithmus des Eigenwertes" tritt. Die RL von (38.4) ist also as. st., wenn alle Eigenwerte dem Betrage nach kleiner als eins sind usw. Man kann auch ebenso wie im § 10 die St. der gestörten Gleichung untersuchen; insbesondere bleibt der Satz 10.1 über die St. nach der ersten Näherung erhalten. (Dieser Satz ist zuerst von PERRON [3] auf anderem Wege bewiesen worden.)

Die Umkehrbarkeit der Stabilitätssätze ist bisher noch nicht untersucht worden.

Wenn die RL der nichtautonomen linearen Dzgl.

$$\Theta \mathfrak{x} = A(t)\mathfrak{x} \qquad (A(t) \text{ beschränkt und nichtsingulär}) \tag{38.7}$$

exponentiell st. ist, kann man nach der Vorschrift von Satz 24.5 leicht eine L. F. angeben. Ist $\mathfrak{x}^T C(t)\mathfrak{x}$ eine positiv definite quadratische Form mit beschränkter Matrix, so ist

$$v(\mathfrak{x}, t) = \sum_{k=0}^{\infty} \mathfrak{p}^T(t+k, \mathfrak{x}, t)\, C(t+k)\, \mathfrak{p}(t+k, \mathfrak{x}, t) \tag{38.8}$$

eine positiv definite dekreszente Form mit $\Delta v = -\mathfrak{x}^T C \mathfrak{x}$ (HAHN [8]). Mit Hilfe der Funktion (38.8) beweist man den Satz über die St. nach der ersten Näherung (das Analogon zu Satz 26.2) auch für nicht autonome Dzgl.n. Dieser Satz ist in anderer, aber gleichwertiger Formulierung (sie entspricht dem in § 26 angeführten Kriterium von PERRON [4]) von TA LI [1] bewiesen worden.

Betrachtet man die durch (24.2) gegebene Beziehung als Dzgl. für die Fundamentalmatrix X bzw. für die Zeilen dieser Matrix, so kann man aus dem Satz über die RL von (38.4) auf das Stabilitätsverhalten der RL der periodischen Dgl. (24.1) schließen: es wird durch die Eigenwerte der Matrix S bedingt, die dem Betrage nach kleiner als eins sein müssen, wenn die RL von (24.2) bzw. (24.1) as. st. sein soll. Das ist die eine Aussage von Satz 24.2; die Aussage über die Instabilität bekommt man entsprechend. Man kann also auf diesem Umwege den Hauptsatz über das St.-Verhalten bei linearen periodischen Dgl.n mit Hilfe der direkten Methode gewinnen.

Bei der angenäherten Auflösung einer Dgl.

$$\dot{\mathfrak{x}} = \mathfrak{g}(\mathfrak{x}, t) \tag{38.9}$$

durch das sog. Differenzenverfahren ordnet man der Dgl. die Dzgl.

$$\mathfrak{x}(t+w) = w\mathfrak{g}(\mathfrak{x}, t) + \mathfrak{x} \tag{38.10}$$

zu; w ist die Spanne der Differenzenbildung. Dabei gilt folgender

Satz 38.1 (Skalkina [1], Krasovskij [13]). Wenn die RL der Dgl. (38.9) exponentiell st. ist, so gilt bei hinreichend kleiner Spanne w die gleiche Aussage für die Ersatzdzgl. (38.10).

Beweis. Man wähle eine L.F. für (38.9), die den Abschätzungen des Satzes 22.1 genügt. Ihre für (38.10) gebildete totale Differenz

$$\Delta v = v(\mathfrak{x} + w\mathfrak{g}, t + w) - v(\mathfrak{x}, t)$$

läßt sich mit Hilfe des Mittelwertsatzes in die Form

$$\Delta v = \sum_{i=1}^{n} w \left(\frac{\partial v}{\partial x_i}\right)_0 g_i(\mathfrak{x}, t) + w \left(\frac{\partial v}{\partial t}\right)_0$$

bringen. Der Index 0 deutet an, daß in den partiellen Ableitungen die Argumente $\mathfrak{x} + \delta w \mathfrak{g}$ und $t + \delta w (0 < \delta < 1)$ einzusetzen sind. Infolge der Voraussetzungen über v stimmt für hinreichend kleine w und hinreichend kleine $|\mathfrak{x}|$ das Vorzeichen von Δv mit dem Vorzeichen von

$$\dot{v}_{(38.9)} = \sum_{i=1}^{n} \frac{\partial v}{\partial x_i} g_i(\mathfrak{x}, t) + \frac{\partial v}{\partial t}$$

überein. Die Ableitung $\dot{v}$ ist aber negativ definit. Mithin ist auch Δ negativ, und die RL von (38.10) ist as. st. Daß sie sogar exponentiell st. ist, schließt man unter Verwendung von Satz 22.1 (für Dzgl.n) daraus, daß v eine L. F. auch für (38.10) ist; die Existenz einer solchen Funktion sichert die exponentielle St. der RL.

Nachträge bei der Korrektur

Zu § 7. Die Frage, wann es überhaupt möglich ist, aus bekannten ersten Integralen der Bewegungsgleichung ein definites erstes Integral zu konstruieren, beantwortet der

Satz 7.1 (Požarickij [3]): Von der Bewegungsgleichung $\dot{\mathfrak{x}} = \mathfrak{f}(\mathfrak{x}, t)$ seien die p unabhängigen ersten Integrale $u_1(\mathfrak{x}, t), \ldots, u_p(\mathfrak{x}, t)$ $(p < n)$ bekannt. Notwendig und hinreichend dafür, daß ein definites erstes Integral der Gestalt $\varphi(u_1, \ldots, u_p)$ existiert, ist die Definitheit der Funktion $u_1^2 + u_2^2 + \cdots + u_p^2$.

Diese Funktion ist selbstverständlich immer semidefinit. Mit Hilfe des Satzes 7.1 zeigt Požarickij u. a.: Wenn die bekannten Integrale nicht explizit von t abhängen und die Gestalt

$$u_i = \mathfrak{a}_i^T \mathfrak{x} + \text{Glieder höherer Ordnung}$$

haben und wenn dabei der Rang der Matrix $(\mathfrak{a}_1, \ldots, \mathfrak{a}_p)$ gleich p ist, dann kann man aus $u_1, \ldots, u_p$ kein definites erstes Integral konstruieren.

Magnus [2] hat mit Hilfe der Methode der definiten ersten Integrale die Stabilitätsverhältnisse beim schweren symmetrischen Kreisel in kardanischer Aufhängung genau untersucht. An seine Arbeit schließen sich Rumjancev [7] und Četaev [9] an.

Zu § 9. Rojtenberg [1] betrachtet ein System linearer Dgl.n von höherer Ordnung als der ersten in der Gestalt

$$\sum_{k=1}^{n} f_{jk}(D)\, x_k = \sum_{k=1}^{n} l_{jk}(D)\, x_k \qquad \left(j = 1, 2, \ldots, n;\; D = \frac{d}{dt}\right).$$

Dabei sind die f_{jk} gewisse Polynome mit konstanten Koeffizienten, die l_{jk} Polynome mit veränderlichen Koeffizienten. Durch geeignete lineare Transformationen wird das System auf die Form

$$\dot{\mathfrak{y}} = (J + B(t))\, \mathfrak{y}$$

gebracht. Die Matrix J ist von t unabhängig und hat die Jordansche Normalform. Die Transformationsformeln werden explizit angegeben. Die Anwendung von Satz 4.2 mit der L. F. $v = |\mathfrak{y}|^2$ liefert hinreichende St.-Bedingungen.

Zu § 10, b. Bei der Lösung der im Anschluß an (10.4) gestellten Aufgabe ist die Matrix C willkürlich wählbar, sofern sie nur positiv definit ist. Lehnigk [1] hat durch Berechnung einiger spezieller Systeme nachgewiesen, daß die Güte des Ergebnisses, d. h. die Schranken für die Elemente von G, sehr von C abhängen. Die Wahl $C = I$, die für die Rechnung besonders bequem ist, ist keineswegs immer die günstigste.

Zu § 12. Razumichin [8] betrachtet eine lineare Dgl.

$$\dot{\mathfrak{x}} = A(t)\, \mathfrak{x} \tag{12.5}$$

und deutet die Matrix $A(t) = (a_{ik}(t))$ für $t \geqq t_0$ als Parameterdarstellung einer Kurve in einem n^2-dimensionalen Raum der Koeffizienten a_{ik}. Es sei $v(\mathfrak{x}, t)$ eine positiv definite Funktion und $\dot{v}$ ihre für (12.5) gebildete Ableitung. Wenn diese Ableitung für den Wert $t_1 \geqq t_0$ nichtpositiv ist, soll der entsprechende „Punkt" $A(t_1)$ *zum Gebiet* $\mathfrak{L}(v)$ *gehören.* Das Gebiet $\mathfrak{L}(v)$ ist also die Menge aller Punkte des Koeffizientenraumes, in denen $\dot{v} \leqq 0$ ist. Hinreichend für St. der RL von (12.5) ist offenbar die Existenz einer definiten Funktion v, deren Gebiete $\mathfrak{L}(v)$ die Kurve $A(t)$ $(t \geqq t_0)$ ganz enthält. Wenn man eine solche Funktion kennt und das entsprechende Gebiet $\mathfrak{L}(v)$ beschreiben oder wenigstens abschätzen kann, erhält man hinreichende St.-Bedingungen in Gestalt von Ungleichungen für die $a_{ik}(t)$. Für eine quadratische Form $v = \mathfrak{x}^T B\, \mathfrak{x}$ (B konstant) ist $\mathfrak{L}(v)$ beispielsweise vom Typ eines elliptischen Paraboloides. Razumichin [8] hat mit dieser Methode St.-Bedingungen für die Dgl.

$$x^{(n)} + a_1\, x^{(n-1)} + \cdots + a_{n-1}\, \dot{x} + a_n(t)\, x = 0$$

in der nur der letzte Koeffizient $a_n(t)$ nicht konstant ist, angegeben.

Literatur

Die Zeitschriftentitel sind so wie im „Zentralblatt für Mathematik" abgekürzt. Die folgenden Titel sind stärker gekürzt:

Prikladnaja Matematika i Mechanika, Moskau (PMM).

Doklady Akademii Nauk SSSR, Moskau (DAN).

Vestnik Moskovskogo Universiteta, Serija fiziko-matematičeskich i estestvennich nauk (VMU).

Ein Stern am Namen des Verfassers zeigt an, daß die Publikationen (bis auf etwaige besonders angegebene Ausnahmen) in russischer Sprache erschienen sind. Die Titel sind, soweit keine Übersetzung durch den Autor vorliegt, vom Referenten übersetzt. Lehrbücher und Berichte sind durch + bezeichnet.

AJZERMAN, M. A.*: [1] Über ein Problem, das die Stabilität dynamischer Systeme „im Ganzen" betrifft. Usp. mat. Nauk **4**, Nr. 4, 187—188 (1949). [2] Zur Bestimmung der gefährlichen und der ungefährlichen Abschnitte auf der Stabilitätsgrenze. PMM **14**, 444—448 (1950). [3] Hinreichende Bedingungen für die Stabilität einer Klasse dynamischer Systeme mit veränderlichen Parametern. [4]+ Theorie der automatischen Regelung von Motoren. Moskau 1952.

— u. F. R. GANTMACHER*: [1] Die Stabilität nach der linearen Näherung einer periodischen Lösung eines Systems von Differentialgleichungen mit unstetigen rechten Seiten. PMM **21**, 658—669 (1957) [Voranzeige: DAN **116**, 527—530 (1957)].

AMINOV, M. S.*: [1] Über die Stabilität einiger mechanischer Systeme. PMM **12**, 643—646 (1948). [2] Über eine Methode, hinreichende Stabilitätsbedingungen für instationäre Bewegungen zu erhalten. PMM **19**, 621—622 (1955).

ANDRONOW, A. A., u. A. WITT: [1] Zur Stabilität nach LIAPOUNOW. Phys. Z. Sowjetunion **4**, 606—608 (1933).

ANTOSIEWICZ, H. A.: [1] Stable systems of differential equations with integrable perturbation term. J. London math. Soc. **31**, 208—212 (1956).

— and P. DAVIS: [1] Some implications of Liapunov's conditions of stability. J. rat. Mech. Analysis 3, 447—457 (1954).

BARBAŠIN, E. A.*: [1] Die Methode der Schnitte in der Theorie der dynamischen Systeme. Mat. Sbornik (2) **29**, 233—280 (1951). [2] Über die Stabilität der Lösung einer nichtlinearen Gleichung dritter Ordnung. PMM **16**, 629—632 (1952).

— u. N. N. KRASOVSKIJ*: [1] Über die Stabilität einer Bewegung „im Ganzen". DAN **86**, 453—456 (1952). [2] Über die Existenz Ljapunovscher Funktionen bei asymptotischer Stabilität im Ganzen. PMM **18**, 345—350 (1954).

— u. M. A. SKALKINA*: [1] Zur Frage der Stabilität nach der ersten Näherung. PMM **19**, 623—624 (1955).

BASS, R. W.: [1] Diskussionsbeitrag zum Vortrag von A. M. LETOV. Regelungstechnik. Ber. Tagung Heidelberg 1956, 209—210.

BAUTIN, N. N.*: [1] Über das Verhalten dynamischer Systeme bei kleinen Störungen der Stabilitätsbedingungen von ROUTH-HURWITZ. PMM **12**, 613—632 (1948). [2] Kriterien für die gefährlichen und ungefährlichen Grenzen des Stabilitätsbereichs. PMM **12**, 691—728 (1948).

BEDEL'BAEV, A. K.*: [1] Über die Konstruktion einer Ljapunovschen Funktion als quadratische Form. Izv. Kazach. Akad. Nauk SSR **1956**, Ser. Mat. Mech. Nr. 4 (8), 27—37.

BELECKIJ, V. V.*: [1] Einige Fragen der Bewegung eines starren Körpers in einem Newtonschen Kraftfeld. PMM **21**, 749—758 (1957).

BENDIXSON, H.: [1] Sur les courbes définies par des équations différentielles. Acta math. **24**, 1—88 (1900).

BEREZKIN, E. N.*: [1] Einige Fragen der Stabilität der Bewegung. VMU (Ser. mat.) **11**, Nr. 1, 23—31 (1956).

BROMBERG, P. V.*: [1] Zum Problem der Stabilität einer Klasse nichtlinearer Systeme. PMM **14**, 561—562 (1950).

CARTWRIGHT, M. L.: [1] The stability of solution of certain equations of the fourth order. Quart. J. Mech. appl. Math. **9**, 185—194 (1956).

ČETAEV, N. G.*: [1] Un théorème sur l'instabilité. C. R. (Doklady) Acad. Sci. URSS **1934 I**, 529—531 (1934) (Französisch). [2] Über die Instabilität des Gleichgewichts in gewissen Fällen, in denen die Kraftfunktion kein Maximum hat. Uč. Zapiski Kazansk. Univ. 1938. [3] The smallest characteristic number. PMM **9**, 193—196 (1945) (engl. Auszug). [4] Über das Vorzeichen der kleinsten charakteristischen Zahl. PMM **12**, 101—102 (1948). [5] Über die Wahl der Parameter eines stabilen mechanischen Systems. PMM **15**, 371—372 (1951). [6] Über die Instabilität des Gleichgewichts in gewissen Fällen, in denen die Kraftfunktion kein Maximum hat. PMM **16**, 89—93 (1952). [7] Über die Stabilität der Rotation eines starren Körpers mit einem festen Punkt im Fall von Lagrange. PMM **18**, 123—124 (1954). [8]+ Die Stabilität der Bewegung. Moskau 1955, 2. Aufl. [9] Über den Kreisel in kardanischer Aufhängung. PMM **22**, 379—381 (1958).

CHARASACHAL, V.*: [1] Über die Stabilität der Lösungen abzählbarer Systeme von Differentialgleichungen nach der ersten Näherung. Izv. Akad. Nauk Kazach. SSR **60**, Nr. 3, Ser. Mat. Mech. 77—84 (1949).

CHARLAMOV, P. V.*: [1] Ein Fall der Integrabilität der Bewegungsgleichungen eines starren Körpers in einer Flüssigkeit. PMM **19**, 231—233 (1955).

DUBOŠIN, G. N.*: [1] Essay on the investigation of stability of solutions of non-holomorph systems. Mat. Sbornik **42**, 601—612 (1935) (engl. Ausz.). [2] On the stability of solutions of canonical systems. C. R. (Doklady) Acad. Sci. URSS **1935 I**, 276—287 (Englisch). [3] Sur certaines conditions de la stabilité pour l'équation $\ddot{x} + px = 0$. C. R. (Doklady) Acad. Sci. URSS **1935 III**, 390—392 (Französisch). [4] Zur Frage der Stabilität der Bewegung bezüglich konstant wirkender Störungen. Trudy gos. astron. Inst. Šternberg **14**, Nr. 1 (1940). [5] Einige Bemerkungen zu den Sätzen der zweiten Methode von LJAPUNOV. VMU **1950**, Nr. 10, 27—31. [6] Ein Problem über die Stabilität bei beständig wirkenden Störungen. VMU **7**, Nr. 2, 35—40 (1952). [7]+ Grundlagen der Theorie der Stabilität der Bewegung. Moskau 1952.

DUVAKIN, A. P., u. A. M. LETOV*: [1] Über die Stabilität von Regelsystemen mit zwei ausführenden Organen. PMM **18**, 162—166 (1954).

EL'SGOL'C, A. E.*: [1] Die Stabilität der Lösungen von Differential-Differenzengleichungen. Usp. mat. Nauk **9**, Nr. 4, 95—112 (1954). [2]+ Qualitative Methoden in der mathematischen Analysis. Moskau 1955.

ERGEN, W. K., H. J. LIPKIN and J. A. NOHEL: [1] Applications of Liapounov's second method in reactor dynamics. J. Math. Phys. **36**, 36—48 (1957).

ERŠOV, B. A.*: [1] Über die Stabilität im Ganzen bei einem automatischen Regelsystem. PMM **17**, 61—72 (1953). [2] Ein Satz über die Stabilität einer Bewegung im Ganzen. PMM **18**, 381—383 (1954).

ERUGIN, N. P.*: [1] Über die asymptotische Stabilität der Lösung eines gewissen Systems von Differentialgleichungen. PMM **12**, 157—164 (1948). [2] Über einige Fragen der Stabilität der Bewegung und der qualitativen Theorie der Differentialgleichungen. PMM **14**, 459—512 (1950). [3] Qualitative Untersuchung der Integralkurven eines Systems von Differentialgleichungen. PMM **14**, 659—664 (1950). [4] Instabilitätssätze. PMM **16**, 355—361 (1952). [5] Über ein Problem der Stabilitätstheorie der automatischen Regelsysteme. PMM **16**,

620—628 (1952). [6]+ Die Methoden von A. M. LJAPUNOV und die Fragen der Stabilität im Ganzen. PMM **17**, 389—400 (1953). [7]+ Qualitative Methoden in der Stabilitätstheorie. PMM **19**, 599—616 (1955). [8]+ Methoden zur Behandlung der Frage der Stabilität im Großen. Trudy II. vsesojuz. sov. teor. avtom. regul. I, 133—141 (1955).

FELDBAUM, A. A.*: [1] Integralkriterien für die Qualität der Regelung. Avt. Telemech. **9**, 3—19 (1948).

GERMANIDZE, V. E.*: [1] Über asymptotische Stabilität nach der ersten Näherung. PMM **21**, 133—135 (1957).

— u. N. N. KRASOVSKIJ*: [1] Über die Stabilität bei beständig wirkenden Störungen. PMM **21**, 769—774 (1957).

GORBUNOV, A. D.*: [1] Über Bedingungen für monotone Stabilität eines Systems gewöhnlicher linearer homogener Differentialgleichungen. VMU **6**, Nr. 3, 15—24 (1951). [2] Über einige Eigenschaften der Lösungen eines Systems gewöhnlicher linearer homogener Differentialgleichungen. VMU **6**, Nr. 6, 3—16 (1951). [3] Über Bedingungen für asymptotische Stabilität der Null-Lösung eines Systems von gewöhnlichen linearen homogenen Differentialgleichungen. VMU **8**, Nr. 9, 46—55 (1953). [4] Abschätzungen für den charakteristischen Exponenten der Lösungen eines Systems von gewöhnlichen linearen homogenen Differentialgleichungen. VMU **11**, Nr. 2, 7—13 (1956).

GORŠIN, S.*: [1] Über die Stabilität der Bewegung bei beständig wirkenden Störungen. Izv. Akad. Nauk Kazach. SSR **56**, Ser. mat. mech. 2, 46—73 (1948). [2] Über die Stabilität der Lösungen eines abzählbaren Systems von Differentialgleichungen bei beständig wirkenden Störungen. Izv. Akad. Nauk Kazach. SSR **60**, Ser. mat. mech. 3, 32—38 (1949).

GRADŠTEJN, I. S.*: [1] Anwendung der Stabilitätstheorie von A. M. LJAPUNOV auf die Theorie der Differentialgleichungen mit kleinen Faktoren bei den Ableitungen. Mat. Sbornik (2) **32**, 262—286 (1952) (Voranzeige dazu: Usp. mat. Nauk **6**, Nr. 6, 156—157 (1951)].

HAHN, W.: [1]+ Bericht über Differential-Differenzengleichungen mit festen und veränderlichen Spannen. J.-Ber. deutsche Math.-Verein. **57**, 55—84 (1954). [2] Über Stabilität bei nichtlinearen Systemen. Z. angew. Math. Mech. **35**, 459—462 (1955). [3] Eine Bemerkung zur zweiten Methode von LJAPUNOV. Math. Nachr. **14**, 349—354 (1956). [4] Behandlung von Stabilitätsproblemen mit der zweiten Methode von LJAPUNOV. Beiheft „Nichtlineare Regelungsvorgänge" der „Regelungstechnik" 51—66 (1956). [5] Über Differential-Differenzengleichungen mit anomalen Lösungen. Math. Ann. **133**, 251—25 (1957). [6]+ Probleme und Methoden der modernen Stabilitätstheorie. MTW-Mitt. TH Wien **4**, 119—134 (1957). [7] Bemerkungen zu einer Arbeit von Herrn VEJVODA. Erscheint in den Math. Nachr. [8] Über die Anwendung der Methode von LJAPUNOV auf Differenzengleichungen. Math. Ann. **136**, 430—441 (1958).

HERSCHEL, R.: [1] Über ein verallgemeinertes quadratisches Optimum. Regelungstechnik **4**, 190—195 (1956). [2] Über die Grenzen des quadratischen Optimums. Regelungstechnik **5**, 469—472 (1957).

JAKUBOVIČ, V. A.*: [1] Ein Kriterium für die Reduzibilität eines Systems von Differentialgleichungen. DAN **66**, 577—580 (1948). [2] On a class of non-linear differential equations. DAN **117**, 44—46 (1957).

KALININ, S. V.*: [1] Über die Stabilität periodischer Bewegungen in dem Fall, daß eine Wurzel gleich Null ist. PMM **12**, 671—672 (1948); **13**, 247—253 (1949). [2] Über die Stabilität periodischer Bewegungen in dem kritischen Fall, wo die charakteristische Gleichung ein Paar rein imaginärer Wurzeln hat (abgekürztes Verfahren). PMM **21**, 125—128 (1957).

KAMENKOV, G. V.*: [1] Sur la stabilité du mouvement dans un cas particulier. Sbornik nauč̌. trud. av. Inst. Kazan **4**, 3—18 (1935). [2] Über die Stabilität der Bewegung. Sbornik nauč. trud. av. Inst. Kazan **9** (1939). [3] Über die Stabilität der Bewegung in einem endlichen Zeitintervall. PMM **17**, 529—540 (1953).

— u. A. A. LEBEDEV*: [1] Eine Bemerkung zu der Arbeit über die Stabilität in einem endlichen Zeitintervall. PMM **18**, 512 (1954).

KAMKE, E.: [1]+ Differentialgleichungen reeller Funktionen. 2. Aufl. Leipzig 1948.

KARTVELIŠVILI, N. A.*: [1] Die Stabilität im Großen bei stationären Zuständen in Wasserkraftwerken mit Ausgleichsbecken. Inž. Sbornik **20**, 25—30 (1954).

KRASOVSKIJ, N. N.*: [1] Sätze über die Stabilität von Bewegungen, die durch ein System von zwei Gleichungen bestimmt sind. PMM **16**, 547—554 (1952). [2] Über die Stabilität der Lösungen eines nichtlinearen Systems von drei Gleichungen bei beliebigen Anfangsstörungen. PMM **17**, 339—350 (1953). [3] Über die Stabilität der Lösungen eines Systems von zwei Differentialgleichungen. PMM **17**, 651—672 (1953). [4] Über ein Problem der Stabilität einer Bewegung im Ganzen. DAN **88**, 401—404 (1953) (Voranzeige zu [3]). [5] Über die Stabilität der Lösungen eines Systems zweiter Ordnung in kritischen Fällen. DAN **93**, 965—967 (1953). [6] Über die Stabilität im Ganzen bei ständig wirkenden Störungen. PMM **18**, 95—102 (1954). [7] Über das Verhalten im Ganzen der Integralkurven eines Systems von Differentialgleichungen. PMM **18**, 149—154 (1954). [8] Über die Umkehrung der Sätze von A. M. LJAPUNOV und N. G. ČETAEV über Instabilität bei stationären Systemen von Differentialgleichungen. PMM **18**, 513—532 (1954). [9] Über die Stabilität im Ganzen der Lösungen eines nichtlinearen Systems von Differentialgleichungen. PMM **18**, 735—737 (1954). [10] Hinreichende Bedingungen für die Stabilität der Lösungen eines Systems von nichtlinearen Differentialgleichungen. DAN **98**, 901—904 (1954). [11] Über die Stabilität der Bewegung im kritischen Fall einer verschwindenden Wurzel. Mat. Sbornik (2) **37**, 83—88 (1955). [12] Über die Umkehrung des Satzes von K. P. PERSIDSKIJ über gleichmäßige Stabilität. PMM **19**, 273—278 (1955). [13] Über die Stabilität nach der ersten Näherung. PMM **19**, 516—530 (1955). [14] Über Bedingungen für die Umkehrung der Sätze von A. M. LJAPUNOV über die Instabilität bei stationären Systemen von Differentialgleichungen. DAN **101**, 17—20 (1955). [15] On the theory of Ljapunov's second method in studying the steadiness of motion. DAN **109**, 460—463 (1956) (Voranzeige zu [16]). [16] Die Umkehrung der Sätze der zweiten Methode von A. M. LJAPUNOV und die Fragen der Stabilität einer Bewegung nach der ersten Näherung. PMM **20**, 255—265 (1956). [17] Über die Anwendung der zweiten Methode von A. M. LJAPUNOV auf Gleichungen mit verzögertem Argument. PMM **20**, 315—327 (1956). [18] Über asymptotische Stabilität bei Systemen mit Nachwirkung. PMM **20**, 513—518 (1956). [19] Zur Frage der Umkehrung der Sätze der zweiten Methode von A. M. LJAPUNOV bei der Untersuchung der Stabilität einer Bewegung. Usp. mat. Nauk **9**, Nr. 3, 159—164 (1956). [20] Zur Theorie der zweiten Methode von A. M. LJAPUNOV zur Untersuchung der Stabilität. Mat. Sbornik **40**, (82), 57—64 (1956). [21] Über die Stabilität bei großen Anfangsstörungen. PMM **21**, 309—319 (1957). [22] On periodical solutions of differential equations involving a time lag. DAN **114**, 252—255 (1957). [23] The stability of quasi-linear systems with aftereffects. DAN **119**, 435—438 (1958).

KUNIN, I. A.*: [1] Bestimmung eines endlichen Bereiches für die Anfangsauslenkungen, bei denen die Bewegungen asymptotisch stabil bleiben, für ein System von zwei Gleichungen erster Ordnung. PMM **16**, 539—546 (1952).

KURZWEIL, J.*: [1] On the reversibility of the first theorem of Lyapunov concerning the stability of motion. Czechoslov. math. J. **5** (80), 382—398 (1955) (engl. Auszug). [2] On the reversibility of the second theorem of Lyapunov concerning the stability of motion. Czechoslov. math. J. **5** (80), 435—438 (1955) (engl. Auszug, Voranzeige zu [3]). [3] The converse second Lyapunov's theorem concerning the stability of motion. Czechoslov. math. J. **6** (81), 217 bis 259; 455—473 (1956) (engl. Auszug).

— and I. VRKOČ*: [1] The converse theorems of LYAPUNOV and PERSIDSKIJ concerning the stability of motion. Czechoslov. math. J. **7** (82), 254—274 (1957) (engl. Auszug).

KUZMIN, P. A*: [1] Zur Theorie der Stabilität der Bewegung. PMM **18**, 125—127 (1954).

LEBEDEV, A. A.*: [1] Zum Problem der Stabilität in einem endlichen Zeitintervall. PMM **18**, 139—148 (1954). [2] Über die Stabilität einer Bewegung in einem gegebenen Zeitintervall. PMM **18**, 139—148 (1954). [3] Über eine Methode zur Konstruktion Ljapunovscher Funktionen. PMM **21**, 121—124 (1957).

LEFSCHETZ, S .:[1]+ Differential equations. Geometric theory. New York 1957.

LEHNIGK, S.: [1] Über quadratische Formen mit Parametern als Ljapunovsche Trägerfunktionen. Bericht **106** Deutsche Ges. Luftfahrtforsch. 36 S. (1958).

LETOV, A. M.*: [1] Zur Theorie des isodromen Reglers. PMM **12**, 363—368 (1948). [2] Die Regelung des stationären Zustandes bei einem System, das der Wirkung konstanter Störkräfte unterworfen ist. PMM **12**, 149—156 (1948). [3] Über einen singulären Fall bei der Untersuchung der Stabilität von Regelsystemen. PMM **12**, 729—736 (1948). [4] Eigentlich instabile Regelsysteme. PMM **14**, 183—192 (1950). [5] Schranken für die kleinste charakteristische Zahl bei einer Klasse von Regelsystemen. PMM **15**, 591—600 (1951). [6] Die Stabilität von Regelsystemen mit zwei ausführenden Organen. PMM **17**, 401—410 (1953). [7] Die Stabilität nichtstationärer Bewegungen von Regelsystemen. PMM **19**, 257—264 (1955). [8]+ Stabilität nichtlinearer Regelsysteme. Moskau 1955. [9]+ Der gegenwärtige Stand des Stabilitätsproblems in der Theorie der automatischen Regelung. Trudy II. vsesojuz. sov. teor. avtom. reg. I, 79—104 (1955). [10] Die Stabilität von Regelsystemen mit nachgebender Rückführung. Regelungstechnik. Ber. Tagung Heidelberg 1956, 201—210 (1947) (russisch u. deutsch). [11]+ Stabilität und Qualität nichtlinearer Systeme der automatischen Regelung. Kap. 1 in „Probleme der Theorie der nichtlinearen Systeme der automatischen Regelung und Steuerung". Moskau 1957, herausg. von JA. Z. CYPKIN. Bemerkung: Nr. [8] enthält die Ergebnisse der meisten früheren Arbeiten des Autors.

LEVINSON, N.: [1] On a non-linear differential equation of the second order. J. math. Phys. Massachusetts **22**, 181—187 (1943).

LIAPOUNOFF (LJAPUNOV), M. A.: [1] Problème général de la stabilité du mouvement. Ann. Fac. Sci. Toulouse **9**, 203—474 (1907) (Übersetzung der 1893 in den Comm. Soc. math. Kharkow erschienenen Arbeit). Neudruck: Ann. math. Studies 17, Princeton 1949. [2] Untersuchung eines singulären Falls des Problems der Stabilität einer Bewegung. Mat. Sbornik **17**, 252—333 (1893) [Russisch].

LJAŠČENKO, N. JA*: [1] Über die asymptotische Stabilität der Lösungen eines Systems linearer Differentialgleichungen. DAN **96**, 237—239 (1954).

LJUSTERNIK, L. A., u. W. I. SOBOLEW: [1]+ Elemente der Funktionanalysis. Berlin 1955 (Übersetzung aus dem Russischen).

LUR'E (LOURIE), A. I.*: [1] On the stability of one type of systems under control PMM **9**, 353—367 (1945) (engl. Auszug). [2] Investigation of the stability of motion of a dynamic system. PMM **11**, 445—448 (1947) (engl. Auszug). [3] Über die kanonische Form der Gleichungen in der Theorie der automatischen Regelung. PMM **12**, 651—666 (1948). [4] Über den Charakter der Grenzen des Stabilitätsbereichs von Regelsystemen. PMM **14**, 371—382 (1950). [5] Zum Problem der Stabilität von Regelsystemen. PMM **15**, 67—74 (1951). [6] Über eigentlich instabile Regelsysteme. PMM **15**, 251—254 (1951). [7]+ Einige nichtlineare Probleme aus der Theorie der automatischen Regelung. Moskau 1951 (deutsche Übersetzung, Berlin 1957). [8]+ Die direkte Methode von LJAPUNOV und ihre Anwendung in der Theorie der automatischen Regelung. Trudy II. vsesojuz. sov. teor. avt. reg. I, 142—148 (1955).

— and V. N. POSTNIKOV*: [1] Concerning the stability of regulating systems. PMM **8**, 246—248 (1944).

MAGNUS, K.: [1] Das A-Kurvenverfahren zur Berechnung nichtlinearer Regelungsvorgänge. Beiheft „Nichtlineare Regelungsvorgänge" der „Regelungstechnik", 9—28 (1956). [2] Über die Stabilität der Bewegung eines schweren symmetrischen Kreisels in kardanischer Aufhängung. PMM **22**, 173—178 (1958) [Russisch].

MAJZEL, A. D*: [1] Über die Stabilität nach der ersten Näherung. PMM **14**, 171—182 (1950). [2] Über die Stabilität der Lösungen von Differentialgleichungssystemen. Ural. polytechn. Inst. Trudy **51**, 20-60 (1946).

MAKAROV, I. P.*: [1] Quelques généralisations des théorèmes fondamentaux de LIAPOUNOFF sur la stabilité du mouvement. Bull. Soc. phys.-math. Kazan III **10**, 139—159 (1938) (französ. Auszug).

MALKIN, I. G.*: [1] Das Existenzproblem von Ljapunovschen Funktionen. Izv. fiz.-mat. Obsč. Kazan III **4**, 51—62 (Deutsch), III **5**, 63—84 (1931). [2] Über die Stabilität der Bewegung im Sinne von LIAPOUNOFF. C. R. (Doklady) Acad. Sci. URSS (2) **15**, 437—439 (1937) (Deutsch, Voranzeige zu [6]). [3] Einige Probleme zur Theorie der Stabilität einer Bewegung im Sinne von LJAPUNOV. Sborn. nauč. trudov Kazansk. av. Inst. **7** (1937) (engl. Übersetzung New York 1950). [4] Über die Bewegungsstabilität nach der ersten Näherung. C. R. (Doklady) Acad. Sci. URSS (2) **18**, 159—162 (1938) (Deutsch). [5] Verallgemeinerung des Fundamentalsatzes von LIAPOUNOFF über die Stabilität der Bewegungen. C. R. (Doklady) Acad. Sci. URSS **18**, (2) 162—164 (1938) (Deutsch). [6] Über die Stabilität der Bewegung im Sinne von LIAPOUNOFF. Mat. Sbornik **3**, 47—100 (1938) (deutscher Auszug). [7] Sur un théorème d'existence de POINCARÉ-LIAPOUNOFF. C. R. (Doklady) Acad. Sci. (2) **27**, 307—310 (1940) (Französisch). [8] Basic theorems of the theory of stability of motion. PMM **6**, 411—448 (1942) (engl. Auszug). [9] Stability in the case of constantly acting disturbances. PMM **8**, 241—245 (1944) (engl. Auszug). [10] Zur Theorie der Stabilität von Regelsystemen. PMM **15**, 59—66 (1951). [11] Über die Lösung des Stabilitätsproblems im kritischen Fall eines Paares rein imaginärer Wurzeln. PMM **15**, 255—257 (1951). [12] Über ein Verfahren zur Lösung des Stabilitätsproblems in dem kritischen Fall eines Paares rein imaginärer Wurzeln. PMM **15**, 473—484 (1951). [13] Lösung einiger kritischer Fälle des Problems der Stabilität der Bewegung. PMM **15**, 575—590 (1951). [14] Ein Satz über die Stabilität nach der ersten Näherung. DAN **76**, 783—784 (1952). [15] Zur Konstruktion Ljapunovscher Funktionen für Systeme linearer Gleichungen. PMM **16**, 239—242 (1952). [16] Über ein Problem aus der Stabilitätstheorie der automatischen Regelung. PMM **16**, 365—368 (1952). [17] Über die Stabilität von Systemen der automatischen Regelung. PMM **16**, 495—499 (1952). [18] Über einen Satz von der Stabilität der Bewegung. DAN **84**, 877—878 (1952). [19]+ Theorie der Stabilität einer Bewegung. Moskau 1952. (Deutsche Übersetzung in Vorbereitung.) [20] Zur Frage der Umkehrbarkeit der Sätze von LJAPUNOV über asymptotische Stabilität. PMM **18**, 129—138 (1954). Bemerkung: Nr. [19] enthält viele der früheren Ergebnisse des Verf.

MARAČKOV, V.*: [1] Über einen Liapounoffschen Satz. Bull. Soc. phys.-math. Kazan III, **12**, 171—174 (1940) (deutscher Auszug).

MASSERA, J. L.: [1] On Liapounoff's condition of stability. Ann. of Math. (2) **50**, 705—721 (1949). [2] Total stability and approximately periodic vibrations. Fac. Ing. Montevideo, Publ. Inst. Mat. Estad. **2**, 135—145 (1954) (Spanisch., engl. Auszug). [3] Sobre la estabilidad en espacios de dimension infinita. Rev: Un. mat. Argentina **17**, 135—147 (1955). [4] Contribution to stability theory. Ann. of Math. (2) **64**, 182—206 (1956). Correction. Ann. of Math. (2) **68**, 202 (1958).

MELNIKOV, G. I.*: [1] Some problems concerning the Ljapunov's direct method. DAN **110**, 326—329 (1956).

MEREDITH, C. A.: [1] On a nonlinear difference equation. J. London math. Soc. **15**, 260—272 (1942).

MOISSEEV, N. D.: [1] Über den unwesentlichen Charakter einer der Beschränkungen, welche den topographischen Systemen in der Liapounoffschen Stabilitätstheorie auferlegt werden. C. R. (Doklady) Acad. Sci. URSS $\mathbf{1936_I}$, 165—166. [2] Über die Wahrscheinlichkeit der Stabilität nach LIAPOUNOFF. C. R. (Doklady) Acad. Sci. URSS $\mathbf{1936_I}$, 215—217. [3] Über die Stabilität der Lösungen eines Systems von Differentialgleichungen. Math. Ann. **113**, 452—460 (1936). [4] Über Stabilitätswahrscheinlichkeitsrechnung. Math. Z. **42**, 513—537 (1937). [5] Abriß der Geschichte der Stabilität. Moskau 1949 (Russisch).

MOROSOVA, E. P.*: [1] Über die Stabilität eines rotierenden starren Körpers, der an einer Saite hängt. PMM **20**, 621—626 (1956).

MYŠKIS, A. D.*: [1] Allgemeine Theorie der Differentialgleichungen mit verzögertem Argument. Usp. mat. Nauk **4**, Nr. 5, 99—141 (1949).

NEMYCKIJ, V. V.*: [1]+ Einige Probleme der qualitativen Theorie der Differentialgleichungen. (Bericht über die moderne Literatur.) Usp. mat. Nauk **9**, Nr. 3, 39—56 (1954). [2] Eine Abschätzung für das Gebiet der asymptotischen Stabilität nichtlinearer Systeme. DAN **101**, 803—804 (1954). [3] Die Methode der rotierenden Ljapunovschen Funktionen zur Ermittlung von Schwingungszuständen. DAN **97**, 33—36 (1954). [4] Über einige Methoden zur qualitativen Untersuchung der mehrdimensionalen autonomen Systeme „im Großen". Trudy Moskovsk. mat. obšč. **5**, 455—482 (1956).

NEMYCKIJ, V. V., u. V. V. STEPANOV*: [1]+ Qualitative Theorie der Differentialgleichungen. Moskau 1949.

NOUGMANOVA, CH.: [1] Sur la stabilité des mouvements périodiques. C. R. (Doklady) Acad. Sci. URSS **42**, 202—204 (1944).

PERRON, O.: [1] Über Stabilität und asymptotisches Verhalten der Integrale von Differentialgleichungssystemen. Math. Z. **29**, 129—160 (1928). [2] Die Ordnungszahlen linearer Differentialgleichungssysteme. Math. Z. **31**, 748—766 (1929). [3] Über Stabilität und asymptotisches Verhalten der Lösungen eines Systems endlicher Differenzengleichungen. J. reine angew. Math. **161**, 41—61 (1929). [4] Die Stabilitätsfrage bei Differentialgleichungen. Math. Z. **32**, 703 bis 728 (1930).

PERSIDSKIJ, K. P.*: [1] Au sujet du problème de stabilité. Bull. Soc. phys.-math. Kazan III **5**, Nr. 3, 56—62 (1931) (Französisch). [2] Über die Stabilität nach der ersten Näherung. Mat. Sbornik **40**, 284—293 (1933) (deutscher Auszug). [3] Un théorème sur la stabilité du mouvement. Bull. Soc. phys.- math. Kazan III **6**, 76—79 (1934) (Französisch). [4] Zur Stabilitätstheorie der Integrale von Systemen von Differentialgleichungen. Bull. Soc. phys.-math. Kazan III **8**

(1936). [5] Über einen Satz von LJAPUNOV. C. R. (Doklady) Acad. Sci. URSS **14**, 541—544 (1937). [6] Zur Theorie der Stabilität der Lösungen von Differentialgleichungen. Diss. Moskau 1946. Auszug: Usp. mat. Nauk **1**, Nr. 1, 5—6, 250—255 (1946). [7] Über die Stabilität der Lösungen eines unendlichen Gleichungssystemes. PMM **12**, 597—612 (1948). [8] Über die Stabilität der Lösungen eines abzählbaren Systems von Differentialgleichungen. Izv. Akad. Nauk Kazach. SSR **56**, Ser. Mat. Mech. Nr. 2, 3—35 (1948). [9] Abzählbare Systeme von Differentialgleichungen und die Stabilität ihrer Lösungen. Uč. Zapiski Kazach. Gos. Univ. Mat. Fiz. Nr. 2 (1949). [10] Gleichmäßige Stabilität nach der ersten Näherung. PMM **13**, 229—240 (1949). [11] Über die Stabilität der Lösungen von Differentialgleichungen. Izv. Akad. Nauk Kazach. SSR **60**, Ser. Mat. Mech. Nr. 4, 3—18 (1950).

PERSIDSKIJ, S. K.*: [1] Über die zweite Methode von LJAPUNOV. Izv. Akad. Nauk Kazach. SSR **1956**, Nr. 4 (8), 43—47.

PESTEL, E.: [1] Anwendung der Ljapunovschen Methode und des Verfahrens von KRYLOV-BOGOLJUBOV auf ein technisches Beispiel. Beiheft „Nichtlineare Regelungsvorgänge" der „Regelungstechnik" 67—85 (1956).

PLIŠKIN, JU. M.*: [1] Zur Frage der Abschätzung von Integralkriterien für die Qualität der Regelung von nichtlinearen Systemen. Avtom. Telemech. **16**, 19—26 (1955).

PLISS, V. A.*: [1] Qualitative Karte der Integralkurven im Ganzen und beliebig genaue Konstruktion des Stabilitätsgebietes für ein System von zwei Differentialgleichungen. PMM **17**, 541—554 (1954). [2] An investigation of a non-linear system of three differential equations. DAN **117**, 184—187 (1957).

POPOV, E. P.*: [1]+ Dynamik der Systeme automatischer Regelung. Moskau 1954. (Deutsche Übersetzung Berlin 1957.)

POPOV, V.-M.*: [1] On relaxation of sufficient conditions of absolute stability. Avtom. Telemech. **19**, 3—9 (1958) (engl. Auszug).

POŽARICKIJ, G. K.*: [1] Über instationäre Bewegungen konservativer holonomer Systeme. PMM **20**, 429—433 (1956). [2] Über die Stabilität dissipativer Systeme. PMM **21**, 503—512 (1957). [3] Über die Konstruktion Ljapunovscher Funktionen aus Integralen der Gleichungen der gestörten Bewegung. PMM **22**, 145—154 (1958).

RAZUMICHIN, B. S.*: [1] Über die Stabilität der trivialen Lösung von Systemen gewöhnlicher Differentialgleichungen zweiter Ordnung. PMM **19**, 279—288 (1955). [2] On stability of automatic control systems possessing one control unit. Avtom. Telemech. **17**, 958—968 (1956) (engl. Auszug). [3] Über die Stabilität nichtstationärer Bewegungen. PMM **20**, 266—270 (1956). [4] Über die Stabilität von Systemen mit Verzögerung. PMM **20**, 500—512 (1956). [5] Abschätzungen für die Lösungen eines Systems von Differentialgleichungen der gestörten Bewegung mit variablen Koeffizienten. PMM **21**, 119—120 (1957). [6] Über die Stabilität der Systeme mit kleinen Faktoren. PMM **21**, 578—580 (1957). [7] Die Stabilität nach der ersten Näherung bei Systemen mit Verzögerung. PMM **22**, 155—166 (1958). [8] Über die Anwendung der Ljapunovschen Methode auf Stabilitätsprobleme. PMM **22**, 338—349 (1958).

REISSIG, G.: [1] Über eine nichtlineare Differentialgleichung zweiter Ordnung. Math. Nachr. **13**, 313—318 (1955).

RJABOV, G. A.*: [1] Über die Stabilität einer Partikularlösung des Dreikörperproblems. Astronom. Žurn. **29**, 341—349 (1952).

ROJTENBERG, J. N.: [1] Über eine Methode zur Konstruktion Ljapunovscher Funktionen für lineare Systeme mit veränderlichen Koeffizienten. PMM **22**, 167—172 (1958).

ROZENVASSER, E. N.*: [1] Stability of nonlinear control systems described by differential equations of the 5th and 6th order. Avtomat. Telemech. **19**, 101 bis 113 (1958) (engl. Auszug).

RUMJANCEV, V. V.*: [1] Über die Stabilität der Schraubenbewegung eines starren Körpers in einer Flüssigkeit unter den Bedingungen von S. A. ČAPLYGIN. PMM **19**, 229—230 (1955). [2] Über die Stabilität permanenter Drehungen eines schweren starren Körpers. PMM **20**, 51—66 (1956). [3] Zur Theorie der Stabilität von Regelsystemen. PMM **20**, 714—722 (1956). [4] Über die Stabilität permanenter Drehungen eines starren Körpers um einen festen Punkt. PMM **21**, 339—346 (1957). [5] Die Stabilität der Rotation eines starren Körpers mit einem ellipsoidischen Hohlraum, der mit Flüssigkeit gefüllt ist. PMM **21**, 740—748 (1957). [6] Über die Stabilität einer Bewegung bezüglich eines Teils der Veränderlichen. VMU Ser. mat. mech. **1957**, Nr. 4, 9—16. [7] Über die Stabilität der Bewegung eines Kreisels in kardanischer Aufhängung. PMM **22**, 374—381 (1958).

SALTYKOW, N. N.: [1] Le théorème de LIAPOUNOV sur la stabilité des solutions des équations différentielles. J. Math. pur. appl. IX **36**, 229—234 (1957).

SANSONE, G., e R. CONTI: [1]+ Equazioni differenziali non lineari. Roma 1956. (Cap. IX.)

SCHMEIDLER, W.: [1]+ Vorträge über Determinanten und Matrizen mit Anwendungen in Physik und Technik. Berlin 1949.

ŠESTAKOV, A. A.*: [1] Einige Sätze über Instabilität im Sinne von LJAPUNOV. DAN **79**, 25—28 (1951).

ŠIMANOV, S. N.*: [1] Über die Stabilität der Lösung einer nichtlinearen Gleichung dritter Ordnung. PMM **17**, 369—372 (1953). [2] Über die Stabilität der Lösungen eines nichtlinearen Gleichungssystems. Usp. mat. Nauk **8**, Nr. 6, 155—157 (1955).

SKALKINA, M. A.*: [1] Über die Erhaltung der asymptotischen Stabilität beim Übergang von Differentialgleichungen zu den entsprechenden Differenzengleichungen. DAN **104**, 505—508 (1955).

SKAČKOV, B. N.: [1] Questions of stability in the large and regulating properties for a certain system of differential equations. Vestnik Leningradsk. Univ. Ser. Mat. Mech. Astron. **13**, Nr. 3, 67—80 (1957) (engl. Auszug).

SKIMEL, V. V.*: [1] Zum Problem der Stabilität der Bewegung eines schweren starren Körpers um einen festen Punkt. PMM **20**, 130—132 (1956).

SPASSKIJ, R. A.*: [1] Über eine Klasse von Regelsystemen. PMM **18**, 329—344 (1954).

STARŽINSKIJ, V. M.*: [1] Hinreichende Bedingungen für die Stabilität eines mechanischen Systems mit einem Freiheitsgrad. PMM **16**, 369—374 (1952). [2] Über die Stabilität nichtstationärer Bewegungen in einem Fall. PMM **16**, 500—504 (1952). [3] Über die Stabilität nichtstationärer Bewegungen in einem speziellen Fall. PMM **19**, 471—480 (1955).

STEPANOFF, V.: [1] Zur Definition der Stabilitätswahrscheinlichkeit. C. R. (Doklady) Acad. Sci. URSS **18**, 151—154 (1938).

TA LI: [1] Die Stabilitätsfrage bei Differenzengleichungen. Acta math. **63**, 99—141 (1934).

TROICKIJ, V. A.*: [1] Über die kanonische Transformation der Gleichungen in der Theorie der automatischen Regelungen. PMM **17**, 49—60 (1953). [2] Über das Verhalten von dynamischen Systemen und von Systemen automatischer Regelung mit mehreren regelnden Organen an der Grenze des Stabilitätsbereichs. PMM **17**, 673—684 (1953).

TUZOV, A. P.*: [1] Fragen der Stabilität für ein Regelsystem. Vestnik Leningradsk. Univ. Ser. mat.-fiz. **10**, Nr. 22, 43—70 (1955). [2] On the stability in the large of a certain regulation system. Vestnik Leningradsk. Univ. Ser. mat.-fiz. **12**, Nr. 1, 57—75 (1957) (engl. Auszug).

VEJVODA, O.: [1] The stability of a system of differential equations in the complex domain. Czechoslov. math. J. **7** (82), 137—159 (1957) (tschechisch, engl. und russ. Auszug).

VOREL, Z.: [1] On some applications of Liapounoff's theory in electrical machinery. Aplicare Matematiky, Praha **1956**, 59—78 (tschechisch, russ. und engl. Auszug).

VOROVIČ, I. I.*: [1] Über die Stabilität einer Bewegung bei zufälligen Störungen. Izv. Akad. Nauk SSSR Ser. mat. **20**, 17—32 (1956).

VRKOČ, J.*: [1] On the inverse theorem of Četaev. Czechoslov. math. J. **5** (80), 451—461 (1955) (engl. Auszug).

WRIGHT, E. M.: [1] The linear difference differential equation with constant coefficients. Proc. roy. Soc. Edinburgh A **62**, 387—393 (1949).

YOSHIZAVA, T.: [1] On the stability of solutions of a system of differential equations. Mem. Coll. Sci. Univ. Kyoto A **29**, 27—33 (1955).

ŽAK, S. V*.: [1] Über die Stabilität einiger Spezialfälle der Bewegung eines symmetrischen Kreisels, der flüssige Massen enthält. PMM **22**, 245—249 (1958).

ZUBOV, V. I. (ZOOBOW)*: [1] Einige hinreichende Kriterien für die Stabilität nichtlinearer Systeme von Differentialgleichungen. PMM **17**, 506—508 (1953). [2] Zur Theorie der zweiten Methode von LJAPUNOV. DAN **99**, 341—344 (1954). [3] Fragen der Theorie der zweiten Methode. Konstruktion der allgemeinen Lösung im Bereich der asymptotischen Stabilität. PMM **19**, 179—210 (1955). [4] Zur Theorie der zweiten Methode von LJAPUNOV. DAN **100**, 857—859 (1955). [5] An investigation of the stability problem for systems of equations with homogenous right hand members. DAN **114**, 942—944 (1957). [6] Die Methoden von A. M. LJAPUNOV und ihre Anwendung. Leningrad 1957. [7] Conditions for asymptotic stability in case of non-stationary motion and estimate of the rate of decrease of the general solution. Vestnik Leningradsk. Univ. Ser. Mat. Mech. Astron. **12**, Nr. 1, 110—129 (1957).

Bemerkung zu S. 43

Die Matrix B läßt sich in der angegebenen Weise nur dann bestimmen, wenn $\mathfrak{p}$ zu keinem der Eigenvektoren von A orthogonal ist. Der Satz 14.1 bleibt aber in jedem Fall richtig. Liegt nämlich der von LUR'E nicht berücksichtigte Ausnahmefall vor, daß $\mathfrak{p}$ zu $l \geqq 1$ Eigenvektoren von A orthogonal ist, so bezeichne man mit $\mathfrak{m}$ den Vektor mit $n - l$ Komponenten 1 und l Komponenten 0 und verfahre wie oben mit $\mathfrak{m}$ anstelle von $\mathfrak{n}$. Setzt man in der entstehenden kanonischen Gestalt der Gleichung l Komponenten von $\mathfrak{r}$ gleich Null, so zerfällt die Gleichung in zwei voneinander unabhängige Gleichungen der Ordnungen $n - l$ und l, deren eine linear ist. Diese braucht bei der weiteren Untersuchung, die sich wie im Normalfall abspielt, nicht mehr berücksichtigt zu werden.

Namenverzeichnis

Sachverzeichnis